元素ブロック材料の
創出と応用展開

Synthesis of New Materials Based on Element-Blocks and Their Applications

監修:中條善樹
Supervisor : Yoshiki Chujo

シーエムシー出版

は じ め に

　有機ポリマーなどの有機材料とガラスなどに代表される無機材料をナノレベルあるいは分子レベルで融合させた物質を「有機-無機ハイブリッド材料」と呼び，プラスチックスの機能性や軽量性，易成型性と，セラミックスの耐久性や機械的特性など，各々の成分の長所を併せ持った材料を得ることができる。この有機-無機ハイブリッド材料をさらに進化させた概念として提案されたのが「元素ブロック材料」である。有機化学の手法と無機元素ブロック作製技術を巧みに利用した革新的合成プロセスにより，多彩な元素群で構成される「元素ブロック」を開拓し，その精密結合法の開発によって「元素ブロック高分子」を合成する。さらに，非共有結合による相互作用や異種高分子成分のナノ相分離などを利用した固体状態での材料の高次構造の制御を行う。このようにして，独創的なアイデアに基づく「元素ブロック材料」を創出することができる。すなわち，無機元素から成る機能単位ユニットを抽出し，機能性高分子と「混合」する各種の手法を見出すことでハイブリッド材料とし，「新しいハイブリッド」でしか実現できない新奇機能の導出を目指すことが提案された。これが「元素ブロック材料」の概念である。

　このような考え方を基礎に，平成24年度から文部科学省科学研究費の新学術領域研究として「元素ブロック高分子材料の創出」が採択され，すでに大きな成果が次々と生み出されてきている。この元素ブロックの概念と実例，その合成法と特性について，これまでの領域の研究成果を中心にまとめたものが，平成27年12月に「元素ブロック高分子：有機-無機ハイブリッド材料の新概念」と題してシーエムシー出版から書籍化されている。

　本書は，それに続く第2弾として，元素ブロック材料の光学材料や電子材料，さらには生医学材料としての応用展開についてまとめたものである。具体的には，元素ブロック材料を用いた発光材料，光電変換材料，感光性材料，電子・磁性材料，そしてスマート機能材料と呼ぶべき生医学分野への応用例について，領域内のそれぞれの専門家に，得られた成果を中心に解説してもらっている。これらの成果は，「元素ブロック材料」という新しい学術領域の拡がりを示しているのと同時に，今後の産業的利用が強く期待されているものばかりである。日本発の「元素ブロック材料」によって，人類の未来が明るく元気になることを強く願っている。

　本書の出版にあたり，多忙な中にもかかわらず執筆を快諾し，貴重な原稿を寄せて頂いた，主として領域内の研究者である執筆者各位に心より御礼申し上げたい。また，本書の企画から出版まで絶えず強い熱意と大きな努力を注いで頂いたシーエムシー出版の伊藤雅英氏に深く感謝申し上げる次第である。

2016年6月

京都大学　中條善樹

執筆者一覧（執筆順）

中條 善樹	京都大学	大学院工学研究科　教授
田中 一生	京都大学	大学院工学研究科　准教授
小野 利和	九州大学	大学院工学研究院　応用化学部門　助教
久枝 良雄	九州大学	大学院工学研究院　応用化学部門　教授
小泉 武昭	東京工業大学	科学技術創成研究院　化学生命科学研究所　准教授
八木 繁幸	大阪府立大学	大学院工学研究科　物質・化学系専攻　応用化学分野　教授
清水 宗治	九州大学	大学院工学研究院　応用化学部門（機能）　准教授
森末 光彦	京都工芸繊維大学	分子化学系　助教
梅山 有和	京都大学	大学院工学研究科　分子工学専攻　准教授
長谷川 靖哉	北海道大学	大学院工学研究院　教授
渡瀬 星児	大阪市立工業研究所	電子材料研究部　ハイブリッド材料研究室　研究室長
内藤 裕義	大阪府立大学	大学院工学研究科　教授
佐伯 昭紀	大阪大学	大学院工学研究科　応用化学専攻　准教授
郡司 天博	東京理科大学	理工学部　工業化学科　教授
塚田 学	東京理科大学	理工学部　工業化学科　助教
五十嵐 隆浩	東京理科大学大学院	理工学研究科
大山 俊幸	横浜国立大学	大学院工学研究院　教授
榎本 航之	山形大学	大学院理工学研究科　有機材料工学専攻
菊地 守也	山形大学	工学部技術部　計測技術室　技術専門職員
川口 正剛	山形大学	大学院有機材料システム研究科　教授
伊藤 彰浩	京都大学	大学院工学研究科　分子工学専攻　准教授
渡辺 明	東北大学	多元物質科学研究所　准教授
磯田 恭佑	香川大学	工学部材料創造工学科　講師
山岡 龍太郎	香川大学大学院	工学研究科　材料創造工学専攻
舟橋 正浩	香川大学	工学部材料創造工学科　教授
松井 淳	山形大学	理学部　物質生命化学科　准教授
宮田 隆志	関西大学	化学生命工学部　教授
浦上 忠	関西大学	化学生命工学部　教授
木田 敏之	大阪大学	大学院工学研究科　応用化学専攻　教授
小野田 晃	大阪大学	大学院工学研究科　応用化学専攻　准教授
林 高史	大阪大学	大学院工学研究科　応用化学専攻　教授
三木 康嗣	京都大学	大学院工学研究科　物質エネルギー化学専攻　准教授
大江 浩一	京都大学	大学院工学研究科　物質エネルギー化学専攻　教授

目次

第 1 章　発光材料

1　凝集誘起型発光特性を有するホウ素元素ブロック材料の創出
　　………………田中一生，中條善樹…1
　1.1　はじめに …………………………… 1
　1.2　発光性元素ブロック高分子………… 1
　1.3　光吸収性元素ブロック高分子……… 3
　1.4　電子輸送材料となる元素ブロック高分子 …………………………………… 4
　1.5　カルボランを含む元素ブロック高分子 …………………………………… 6
　1.6　AIE 性ホウ素元素ブロックの設計と AIE 性共役系高分子 ……………… 8
　1.7　バイオセンサーとしての応用…… 10
　1.8　おわりに ………………………… 11

2　ヘテロ分子集積化技術を利用した有機固体発光材料の開発
　　………………小野利和，久枝良雄…13
　2.1　はじめに ………………………… 13
　2.2　多成分結晶と包接結晶 ………… 13
　2.3　包接現象を用いた有機固体発光材料の創製 …………………………… 14
　　2.3.1　包接結晶の調製と構造特性 … 14
　　2.3.2　多成分結晶の光化学特性 …… 17
　2.4　まとめ …………………………… 20

3　複数の相互作用部位を持つ元素ブロックを用いた超分子ポリマーの創製
　　…………………………小泉武昭…21
　3.1　はじめに ………………………… 21
　3.2　複数の Orthogonal な非共有結合性相互作用を含む超分子ポリマー … 21
　3.3　水素結合と π スタッキングによる超分子ポリマーの創製 …………… 27
　3.4　今後の展望 ……………………… 31

4　有機エレクトロニクスを指向した有機金属元素ブロック材料の創出
　　…………………………八木繁幸…33
　4.1　はじめに ………………………… 33
　4.2　芳香族系補助配位子によるシクロメタル化白金錯体の発光特性制御… 35
　4.3　芳香族系補助配位子によるビスシクロメタル化イリジウム錯体の発光特性制御 ……………………………… 36
　4.4　共役鎖をシクロメタル化配位子に組み込んだりん光性有機金属錯体… 38
　4.5　ジピリドフェナジン骨格を用いた新規りん光性有機金属錯体の創出… 39
　4.6　おわりに ………………………… 40

5　ラクタム分子を基盤とした元素ブロック材料の創出 ……………清水宗治…43
　5.1　はじめに ………………………… 43
　5.2　ラクタム分子と含窒素芳香族アミンを用いた Schiff 塩基形成反応 …… 45
　5.3　ベンゾ[c,d]インドール骨格を有する aza-BODIPY の合成および発光特性 ………………………………… 46
　5.4　ジケトピロロピロールを基体とした aza-BODIPY 類縁体の合成と発光特性 ………………………………… 48

5.5 おわりに …………………… 54

6 積層π電子構造の階層的配列化に基づく形状・機能制御 ………… 森末光彦…57
6.1 はじめに ………………………… 57
6.2 二重鎖形成型ポルフィリンアレー ………………………………… 58
6.3 形状制御した一次元直線構造の構築 ……………………………… 60
6.4 固体薄膜中における特異機能の発現 ……………………………… 62
6.5 おわりに ………………………… 63

7 炭素で構成された一次元および二次元ナノ元素ブロックの化学修飾と光機能 ……………… 梅山有和…65
7.1 はじめに ………………………… 65
7.2 ポルフィリン-SWNT連結系 …… 65
7.3 ポルフィリン-C_{60}@SWNT連結系 …………………………………… 67
7.4 ポルフィリン-グラフェン連結系 ………………………………… 68
7.5 ピレンダイマー-SWNT連結系 … 70
  7.5.1 合成 …………………… 70
  7.5.2 吸収スペクトル ……… 71
  7.5.3 直接観察 ……………… 72
  7.5.4 光ダイナミクス ……… 73
7.6 おわりに ………………………… 74

8 新型発光体創成を目指した希土類元素ブロックの三次元空間配列 ……………………… 長谷川靖哉…76
8.1 希土類錯体を元素ブロックとするポリマー材料 ……………… 76
8.2 熱耐久性を有する希土類元素ブロック高分子 ………………… 78
8.3 温度センシングが可能な希土類元素ブロック高分子 ………… 79
8.4 希土類元素ブロックナノ粒子 … 81
8.5 ガラス形成能を示す希土類元素ブロック高分子 ……………… 83
8.6 さいごに ………………………… 84

9 元素ブロックのハイブリッド化による発光材料の創出とデバイスへの応用 …………………… 渡瀬星児…86
9.1 はじめに ………………………… 86
9.2 元素ブロックとしてのポリシルセスキオキサン ………………… 86
9.3 ポリシルセスキオキサンへの発光特性の付与 ………………… 88
  9.3.1 ポリシルセスキオキサンへのカルバゾール基の導入 … 88
  9.3.2 ポリシルセスキオキサンと金属錯体のハイブリッド化 … 89
  9.3.3 ハイブリッド薄膜の発光特性 …………………………… 90
9.4 ポリシルセスキオキサンへの半導体特性の付与 ……………… 92
9.5 電流注入発光素子への応用 …… 93
9.6 おわりに ………………………… 95

第2章　光電変換材料

1　有機太陽電池の太陽電池特性と電子物性
　……………………内藤裕義…97
　1.1　はじめに ……………………… 97
　1.2　太陽電池特性……………………… 98
　　1.2.1　太陽電池特性評価……………… 98
　　1.2.2　太陽電池等価回路解析 ……… 99
　1.3　有機太陽電池の物性予測 ………100
　1.4　電子物性評価……………………101
　1.5　インピーダンス分光によるドリフト
　　　移動度評価………………………102

2　有機無機ハイブリッド・ペロブスカイト
　太陽電池の光電気特性評価
　………………………佐伯昭紀…107
　2.1　はじめに ………………………107
　2.2　ペロブスカイト膜中の電荷キャリア
　　　移動度 ……………………………109
　2.3　結晶サイズと電荷キャリア移動度の
　　　相関 ………………………………110
　2.4　電荷再結合ダイナミクス ………111
　2.5　周波数変調と電荷輸送メカニズム
　　　………………………………………111
　2.6　有機無機・異種界面ホール輸送材料
　　　の探索 ……………………………112
　2.7　おわりに ………………………113

第3章　感光性材料

1　有機-無機ハイブリッドを用いるポリシ
　ルセスキオキサンの機能化とその特性評
　価 …………… 郡司天博，塚田　学，
　　　　　　　　　　五十嵐隆浩…116
　1.1　はじめに …………………………116
　1.2　実験 ………………………………117
　　1.2.1　水ガラスを用いる Q_8^{DMS} の合成
　　　　　………………………………117
　　1.2.2　かご型オクタシリケートポリ
　　　　　マーの合成 ………………118
　　1.2.3　二段階反応によるDPS-OSの
　　　　　合成 ………………………118
　　1.2.4　かご型オクタシリケートポリ
　　　　　マーからの自立膜の調製 ……118
　1.3　結果および考察 …………………118
　　1.3.1　水ガラスからの Q_8^{DMS} の合成
　　　　　………………………………118
　　1.3.2　Q_8^{DMS} と水の反応によるかご型オク
　　　　　タシリケートポリマーの合成
　　　　　結果 ………………………119
　　1.3.3　かご型オクタシリケートポリ
　　　　　マーからの自立膜の調製結果
　　　　　………………………………122
　1.4　おわりに ………………………123

2　反応現像画像形成を利用したエンプラ/
　元素ブロック系への感光性付与
　………………………大山俊幸…125
　2.1　はじめに ………………………125
　2.2　ポリイミド-シリコーン共重合体へ
　　　のRDP適用によるネガ型微細
　　　パターン形成 ……………………127
　2.3　ポジ型RDPとゾル-ゲル反応を利
　　　用したハイブリッド微細パターンの

　　　　形成 ………………………… 130
　2.4　おわりに ………………… 135

3　ZrO₂ナノ微粒子を用いた高透明光学樹脂
　の設計
　　　…榎本航之，菊地守也，川口正剛…137
　3.1　はじめに ………………… 137
　3.2　ZrO₂ナノ微粒子の水相からトルエ
　　　ン相への相移動とその場疎水化技術
　　　………………………………… 141
　3.3　カルボン酸修飾ZrO₂ナノ微粒子含
　　　有高屈折率透明材料の合成 ……… 145
　3.4　表面処理剤フリーハイブリッド化
　　　………………………………… 147
　3.5　おわりに ………………… 148

第4章　電子・磁性材料

1　カルボランを基盤とする機能性分子材料
　の展開 ………………伊藤彰浩…152
　1.1　はじめに ………………… 152
　1.2　磁性材料への応用 ………… 153
　1.3　発光材料への応用 ………… 156
　1.4　おわりに ………………… 159

2　金属および無機半導体系元素ブロックを
　用いた光・電子材料 ……渡辺　明…161
　2.1　はじめに ………………… 161
　2.2　POSS-金属ナノ粒子ハイブリッド系
　　　における階層構造形成とSERSセン
　　　サーへの応用 ……………… 161
　2.3　酸化チタンのミスト堆積による特異
　　　な表面テクスチャ形成 ………… 168
　2.4　金属ナノ粒子を用いた透明導電膜形
　　　成 ………………………… 170
　2.5　おわりに ………………… 172

3　N-Heteroaceneを基盤とした機能性材料
　　　……………………磯田恭佑…174
　3.1　はじめに ………………… 174
　3.2　N-Heteroaceneの性質 ……… 175
　3.3　様々なN-heteroacene誘導体の構造
　　　およびその物性 ……………… 177
　　3.3.1　単純な基幹骨格からなる
　　　　　N-heteroacene誘導体 ……… 177
　　3.3.2　化学修飾を施された
　　　　　N-heteroacene誘導体 ……… 178
　　3.3.3　自己組織性N-heteroacene
　　　　　誘導体 ………………… 180
　3.4　金属錯体を形成するN-heteroacene
　　　誘導体 …………………… 183
　3.5　結言 ……………………… 184

4　オリゴシロキサン鎖を活用した重合性ナ
　ノ相分離型液晶性半導体
　　　………山岡龍太郎，舟橋正浩…187
　4.1　はじめに ………………… 187
　4.2　オリゴシロキサン部位を導入したナ
　　　ノ相分離型液晶 ……………… 188
　4.3　摩擦転写法による液晶材料の分子配
　　　向制御とデバイス応用 ………… 190
　4.4　環状シロキサン部位を利用した開環
　　　重合 ……………………… 192
　4.5　低分子液晶の高分子化による構造安
　　　定化とその機能性 …………… 194
　4.6　まとめ …………………… 194

5 元素ブロックポリマーの階層化と電気化学機能発現 …………松井　淳…196
　5.1 はじめに …………………………196
　5.2 高分子ナノシート積層体における2次元プロトン伝導材料 …………196
　5.3 アクリル酸を導入した高分子ナノシート積層体の構造解析 …………197
　5.4 エレクトロクロミック高分子ナノシートの階層構造化による多色エレクトロクロミズム ……………200
　5.5 bilayer electrode とは……………200
　5.6 3層構造を用いた多色エレクトロクロミズム …………………………202
　5.7 まとめ ……………………………205

第5章　スマート機能材料

1 シロキサン系元素ブロック高分子膜の構造制御と透過分離特性
　………………宮田隆志，浦上　忠…206
　1.1 はじめに …………………………206
　1.2 シロキサン系元素ブロック高分子のミクロ相分離構造と透過分離特性 …………………………………207
　　1.2.1 ミクロ相分離構造と選択透過性 …………………………207
　　1.2.2 共重合体構造の影響 ………210
　　1.2.3 熱処理効果 …………………211
　1.3 シロキサン系元素ブロック高分子を用いた膜の表面改質と透過分離特性 …………………………………213
　　1.3.1 PDMS膜の表面改質 ………213
　　1.3.2 PTMSP膜の表面改質 ………215
　　1.3.3 ミクロ相分離膜の表面改質 ‥216
　1.4 分子認識素子を導入したシロキサン系元素ブロック高分子膜の透過分離特性 …………………………217
　1.5 液晶性を示すシロキサン系元素ブロック高分子膜の構造と透過分離特性 …………………………………219
　1.6 イオン液体含有シロキサン系元素ブロック高分子膜の透過分離特性 ‥221

2 高分子カプセルの一次元融合を利用した新規高分子チューブの作製
　………………………………木田敏之…225
　2.1 はじめに …………………………225
　2.2 ポリ乳酸（PLA）ステレオコンプレックス積層膜からなるナノカプセルの一次元融合によるナノチューブ創製 ……………………………226
　2.3 ポリビニルアルコール（PVA）積層膜からなるナノカプセルの一次元融合挙動 ……………………………227
　2.4 異なる表面組成をもつポリ乳酸（PLA）カプセル間の一次元融合による元素ブロック高分子チューブの作製 ……231
　2.5 おわりに …………………………232

3 ヘムタンパク質の自己組織化機能を介したハイブリッド材料の構築
　……………小野田　晃，林　高史…234
　3.1 はじめに …………………………234
　3.2 ヘムタンパク質超分子ポリマー ‥234
　3.3 ヘムタンパク質と金ナノ粒子とのハイブリッド形成 ………………236
　3.4 ヘムタンパク質とCdTe半導体ナノ粒子とのハイブリッド形成 ………241

3.5 超分子相互作用を介したヘムタンパク質とCdTe半導体ナノ粒子とのハイブリッド形成 …………………244	4.2 アルキル鎖を持つ多糖類縁高分子を用いる光腫瘍イメージング………250
3.6 まとめ …………………………246	4.3 ポリメタクリレートを側鎖に持つ多糖類縁高分子を用いる光腫瘍イメージング …………………………252
4 元素ブロック高分子材料を用いる光腫瘍イメージング ……………三木康嗣,大江浩一…248	4.4 Janus型多糖類縁高分子を用いる光腫瘍イメージング ……………254
4.1 はじめに ………………………248	4.5 おわりに ………………………257

第6章　元素ブロック材料の将来展望　　中條善樹

1 はじめに …………………………259	4 元素ブロック材料への期待 …………262
2 有機-無機ナノハイブリッド材料 ……259	5 未来を元気にする「元素ブロック材料」…………………………………264
3 元素ブロック材料の考え方 …………260	

第1章 発光材料

1 凝集誘起型発光特性を有するホウ素元素ブロック材料の創出

田中一生[*1], 中條善樹[*2]

1.1 はじめに

　主鎖がsp, sp^2炭素のみで構成される高分子は共役系高分子と呼ばれ，主鎖上にπ共役系が伸長しているというユニークな電子構造に由来して，様々な特性を有している。例えば，可視光領域の光を吸収することからそれ自体が色素として働くことや，発光を示すものも多い。また，共役系高分子薄膜はそのままでも金属半導体と同程度の電荷移動度を示すことや，さらにドーピングにより金属と同程度まで導電性を引き上げることが出来る。また，色素などの機能性分子を導入することや，主鎖上で電子求引・供与基による相互作用を行うことで，光・電子機能において特異な物性を発現できる。これらの特性から有機太陽電池や有機発光素子における基盤物質として使われており，新規共役系高分子の開発は現在でも盛んに研究が行われている。特に，有機ディスプレイの開発において，既存の蒸着法に代わり安価で簡便な作成法として，塗布や印刷による素子作成法が提案されている。共役系高分子の有機半導体としての性質や，製膜性や加工性の高さから，これらの作成法における「インク」として理想的な性能を数多く有しており，次世代ディスプレイ作成の基盤材料としても注目が集まっている。ここで，無機元素が規則的・空間的に配置されたクラスター化合物から，従来の有機物では達成できない機能が報告されている。これらの無機元素の特徴を活かした機能性ユニットを「元素ブロック」として捉え，有機化学の手法により共役系高分子に組み込むことができれば，従来の有機高分子材料では不可能な電子・光学・磁気特性と，従来の無機材料の欠点である成形加工性と自在設計性を，高度なレベルで共有する高分子材料（元素ブロック高分子材料）の創出が期待できる[1]。本稿では，特に有機ホウ素錯体を元素ブロックとして捉え，機能性の元素ブロック高分子材料が得られた例について，最近の研究を紹介する。

1.2 発光性元素ブロック高分子

　有機ホウ素化合物のほとんどは，ホウ素上に空のp軌道を有する三配位化合物と，ルイス塩基性の配位子により安定化された四配位化合物に分類される。そして，π共役系配位子により形成される四配位ホウ素化合物は優れた発光特性や電子輸送能を示すことが多い[2〜4]。まず，有機ホウ素錯体を基盤とした光機能性元素ブロックの説明と，それらを高分子化することで得られた

[*1] Kazuo Tanaka　京都大学　大学院工学研究科　准教授
[*2] Yoshiki Chujo　京都大学　大学院工学研究科　教授

元素ブロック材料の創出と応用展開

光・電子機能性元素ブロック高分子材料について述べる。近赤外光は空気中での散乱が小さく，また水やガラスなどの物質への透過性も高いという特徴から，バイオプローブや光通信などへの応用が期待されている。現在まで，様々な近赤外発光分子や高分子が報告されているが，発光の量子収率が低く発光領域が非常に広く，純度の高い色彩は得られにくい。ここで，ボロンジピロメテン錯体（BODIPY，図1）は高い蛍光量子収率に加え，非常に狭い波長領域で発光を示す。この性質に着目し，近赤外発光を示す BODIPY 誘導体の合成が頻繁に行われている[5,6]。筆者らは，イソインドール骨格から誘導した BODIPY 誘導体（BODIN）を用いて，近赤外領域で狭い発光バンドと高い蛍光量子収率を備え持つ近赤外発光ポリマーの開発を行った[7]。合成手順は，種々のジヨード BODIN モノマーとコモノマーをパラジウム・銅触媒存在下，薗頭－萩原カップリング反応により行った（図2）。得られたポリマー**1a-f**においてコモノマー部位の吸収である 400 nm 付近で励起することで，深い赤色から近赤外領域（686 nm〜714 nm）の強い発光が得られ，さらに蛍光量子収率は 40〜79％と高い値であった。特に，714 nm 付近の近赤外領域ではその量子収率は非常に高く（40％），発光スペクトルにおける半値幅も極めて狭い（40 nm）ことが明らかとなった。さらに，BODIN 誘導体はメトキシ基の脱保護反応によってホウ素部位に環化反応が起こる（図2）。この反応条件で高分子反応を行うことで，分子内環化構造を有する高分子を合成した。得られたポリマー**1'c**において発光スペクトルの長波長化がみられ，近赤外領域（758 nm）に強い発光が得られた。さらに蛍光量子収率は37％となり，特に発光スペクトルにおける半値幅も極めて狭い（24 nm）発光材料を得ることが出来た。すべてのポリマーは UV 光（365 nm）を1週間以上継続的に照射しても退色が見られない程高い耐久性を有していることが分かった。

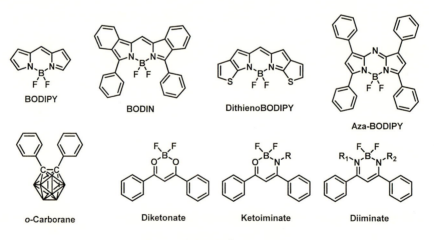

図1　ホウ素元素ブロックの例

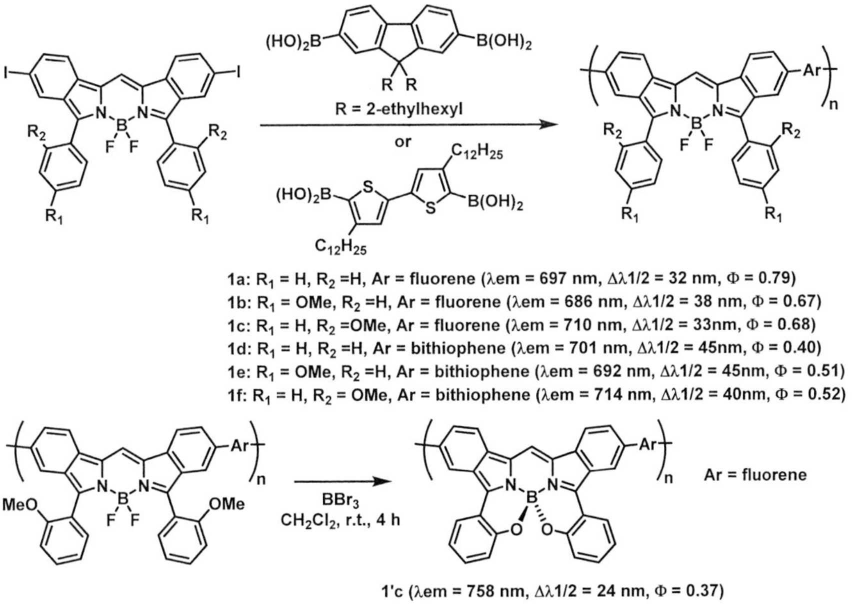
(HO)2B
B(OH)2
R R
R = 2-ethylhexyl
or
C12H25
(HO)2B
B(OH)2
C12H25
Ar
n
R1
R2
N
B
F F
1a: R1 = H, R2 =H, Ar = fluorene (λem = 697 nm, Δλ1/2 = 32 nm, Φ = 0.79)
1b: R1 = OMe, R2 =H, Ar = fluorene (λem = 686 nm, Δλ1/2 = 38 nm, Φ = 0.67)
1c: R1 = H, R2 =OMe, Ar = fluorene (λem = 710 nm, Δλ1/2 = 33nm, Φ = 0.68)
1d: R1 = H, R2 =H, Ar = bithiophene (λem = 701 nm, Δλ1/2 = 45nm, Φ = 0.40)
1e: R1 = OMe, R2 =H, Ar = bithiophene (λem = 692 nm, Δλ1/2 = 45nm, Φ = 0.51)
1f: R1 = H, R2 = OMe, Ar = bithiophene (λem = 714 nm, Δλ1/2 = 40nm, Φ = 0.52)
MeO
OMe
BBr3
CH2Cl2, r.t., 4 h
Ar = fluorene
1'c (λem = 758 nm, Δλ1/2 = 24 nm, Φ = 0.37)

図2　BODIN 含有共役系高分子の合成スキームと光学特性

1. 3　光吸収性元素ブロック高分子

上述の BODIPY は強い吸収と高い量子収率を有する蛍光色素である。最近，BODIPY の優れた光吸収能に着目した研究が進められている。通常酸素はビラジカルの状態で存在し，三重項励起状態の分子と相互作用することで高エネルギーの一重項酸素に変換される。この一重項酸素は強い酸化力を有し，有害物質の酸化分解や殺菌作用などを示す。このような分子は光増感剤と呼ばれ，光線力学療法に応用することで部位特異的に細胞を死滅させることに役立つ。したがって，高効率で光を吸収し三重項励起状態を形成する分子は生体内で光照射による酸素との増感反応を経由することで，高効率に一重項酸素を生成させ，腫瘍を除去することに役立つ。You らは，チオフェンが縮環した BODIPY 類縁体を合成した[8]。これらの分子は BODIPY 由来の高い光吸収能と，臭素と硫黄の重原子効果によって励起状態では項間交差を起こし易く，三重項励起状態が形成することが明らかとなった。さらに筆者らもチオフェン縮環型の BODIPY である DithienoBODIPY（図 1）の合成を行った[9]。これらの分子は赤色領域にモル吸光係数が 72,000 $M^{-1}cm^{-1}$ から最大 184,000 $M^{-1}cm^{-1}$ 以上と極めて高い光吸収能を持ち，さらにほとんど発光が見られなかったことから高効率の光増感剤として働くことや，分子プローブでシグナルのオンオフを司る光消光剤としての利用が考えられる。

さらにチオフェン縮環型 BODIPY を元素ブロックとして用い，共役系高分子の合成を行った（図 3）[10]。酸化重合を用いてモノマーを直接連結させた。側鎖に長鎖アルキル基を導入することで，ホモポリマーでも溶解性や成膜性の向上を狙った。得られた高分子を薄膜化し，光吸収能を

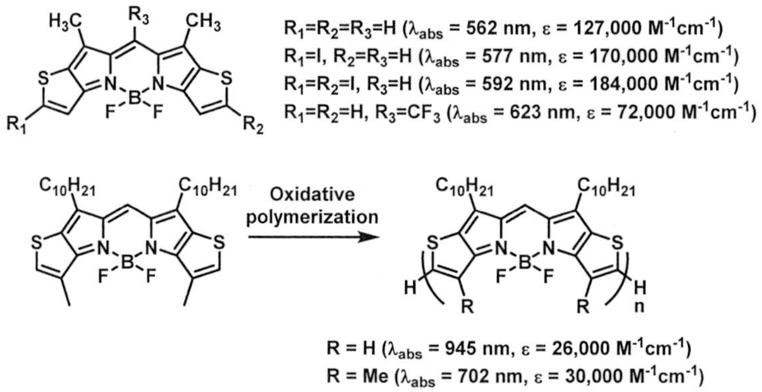

図3 DithienoBODIPY類縁体と高分子の構造と光吸収特性

調べたところ,近赤外領域(945 nm)にまで吸収を示す物質も得られた。さらに,モル吸光係数は 26,000 $M^{-1}cm^{-1}$ と高い値が得られた。今回得られた高分子はチオフェン部位で立体障害が少ない構造を有している。したがって,主鎖が高い平面性を保持していると予想されることから,強い主鎖共役を形成することで長波長領域での光吸収能を獲得したと考えられる。このような材料は特に太陽光の捕集能に優れているため,太陽電池の高効率化に有用であると期待される。

1.4 電子輸送材料となる元素ブロック高分子

近年,製造コストの削減に有利な塗布プロセスを用いたデバイス作製に関する研究が多く行われている。ここで,共役系高分子は高い成膜性と電子特性を両立させやすいことから有機発光デバイスの電荷輸送材料としての応用が検討されている。しかしながら,一般に高分子薄膜状態では高分子鎖はアモルファス状態となることから,蒸着で作成した有機結晶相に比べ電荷輸送性が低い。また,有機発光素子で素子効率向上のためにはホールと電子それぞれを効率よく輸送する材料が必要とされるが,十分に高い電子輸送性と塗布プロセスに適用可能な溶解性や成膜性を併せ持った高分子材料についての報告は少なく,これらの特性を満たす電子輸送材料の開発が渇望されている。TangとVanSlkyeらによって初めて報告されたアルミニウムキノレート錯体(Alq_3,図4a)類縁体は,高い電子輸送能と発光特性を有しており,現在でも有機発光素子の研究において多用されていることや,比較のためのベンチマークとなる重要な化合物である[11, 12]。一方,Alq_3は二つの構造異性体を有しており,これらの存在は発光特性を変化させてしまう原因となることが知られている。また,溶液中での安定性は低く,塗布法への適用は難しい。ここで,Alq_3に類似した構造を有するホウ素キノレート錯体(BPh_2q)が代替として注目された。この分子は優れた発光特性や高い溶液安定性を有していることと,異性体を持たないことからAlq_3を越える機能の発現が期待されている。また,1985年に田中らはポリアセチレンの共役系にホウ素を導入することで,高い電気伝導性が発現することを予測している[13]。このような背景

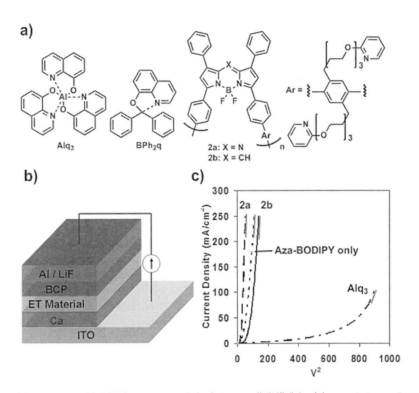

図4 (a) 既存の電子輸送材料や BODIPY 含有ポリマーの化学構造と (b) エレクトロンオンリーデバイスの模式図と (c) Alq_3 とホウ素錯体含有ポリマーの電流－電圧曲線

のもと，現在まで，筆者らを含め，各種 BPh_2q 類似化合物の高分子導入が達成され，特異な発光特性が明らかとなってきた[14]。さらに筆者らは BODIPY 類縁体が高い電子輸送能を示す元素ブロックであることを見出したのでこれらの結果について説明する。

図1に示される Aza-BODIPY 含有高分子 **2a** と，LUMO 準位の調節が可能であることを示すための **2b** を合成した[15]。目的のポリマーは $Pd_2(dba)_3$/S-Phos 触媒存在下，ポリエーテル鎖を有するベンゼンジボロン酸誘導体とそれぞれ窒素雰囲気下，テトラヒドロフラン（THF）：水＝5：1溶媒中 60℃で 24 時間撹拌することで合成し，エタノールを貧溶媒として用いた再沈殿によって精製した。得られたポリマーの構造は各種 NMR 測定によって同定し，分子量は GPC 測定の結果から，ポリスチレン換算で **2a**：M_n = 4,300, M_w/M_n = 2.5, **2b**：M_n = 6,200, M_w/M_n = 2.0 と見積もられた。得られたポリマーは THF やクロロホルムなどの汎用有機溶媒やフッ素系溶媒に対して高い溶解性を示し，容易に成膜可能であった。これらの性質から塗布プロセスによるデバイス作製への適用が容易であると考えられる。得られたポリマーを電子輸送層として用いて多層構造から成るエレクトロンオンリーデバイスを作製し（図4b），ポリマーの電子輸送特性を評価した（図4c）[16]。その結果，ポリマー**2a** と **2b** は共に Alq_3（電子移動度 ＝ 7.9×10^{-5} [$cm^2/V \cdot s$]）よりも高い電子移動度を示した（**2a**：2.2×10^{-4} [$cm^2/V \cdot s$], **2b**：1.5×10^{-4} [$cm^2/$

V・s])。さらに，素子の駆動電圧はAlq₃を用いた素子（閾値電圧 ≈ 15［cm/V］）に比べ，低い値（**2a**：4［cm/V］，**2b**：7［cm/V］）が得られ，素子の省エネルギー化に寄与できることが明らかとなった。以上のことから，Alq₃は蒸着法により作られたのに対し，修飾BODIPYを含む共役系高分子は塗布プロセスで作成された。この報告は，ホウ素含有元素ブロックは高効率な電子輸送材料開発におけるリード化合物として有用な分子であることを明らかにした初めての例である。

1．5 カルボランを含む元素ブロック高分子

カルボラン（図1）は正二十面体型のホウ素クラスター化合物であり，三中心二電子結合によって骨格電子がクラスター全体に非局在化している特異な電子構造を持つ。そのため三次元芳香族性を有していることや，熱的・化学的に非常に安定な化合物であることが知られている。これらの基本物性と機能の両面で興味深い物質であることから，実際，カルボラン化合物はこれまで，耐熱性材料や金属錯体，あるいはホウ素中性子線捕捉療法などの分野においては盛んに研究されてきた。また，球形構造を利用することで，例えば分子自動車などの分子マシン構築のためのビルディングブロックの一つとしても利用が行われてきた[17]。一方，カルボランの特異な電子状態による共役系高分子の吸収発光特性への影響に関する研究は，近年までほとんど例が無かった。ここでは o-カルボランをπ共役系高分子へ導入することで観測された凝集誘起型発光（AIE）特性について説明する。

ほとんどの有機発光色素は溶液やガラス，透明高分子との混合状態など，希薄条件下では強い発光を示す。一方，薄膜や貧溶媒中で沈殿形成させる等の凝集状態ではこれらの発光の大部分は失われる。ここで，o-カルボランのヨードベンゼンの二置換体と各種ジエチニル化合物を用い，薗頭‐萩原カップリングを行った[18]。得られたポリマー**3a**，**3b**は，THF等の汎用有機溶媒には可溶であるが，蛍光発光はほとんど示さない（図5）。一方，ここに貧溶媒である水を添加して

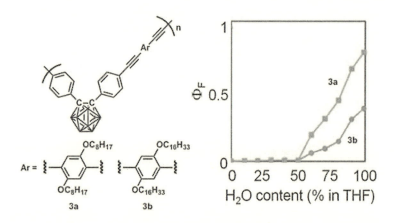

図5　o-カルボラン含有高分子の化学構造と溶液の組成と発光量子収率の関係

第1章 発光材料

いくとポリマーの凝集が始まり，水99%/THF1%の溶媒中では興味深いことにオレンジ色の強い発光が観られた。量子収率を算出すると，THF溶液中では0.02%以下であったが，水99%/THF1%中では12%に上昇した。このように一般的な有機発光色素とは逆の挙動を示すものをAIEと呼び，センシング材料や高輝度固体発光特性を利用した高効率有機EL素子への応用が進められている。

AIEはTangらが2001年にペンタフェニルシロールで発現することを報告した現象であり，分子運動が抑制されることで発光強度が増大するという機構が明らかになってきている[19]。o-カルボランでのAIEの発現は次の様な機構によると考えられる。電子供与性の高分子主鎖上のπ電子が光励起された後に，o-カルボラン特有の結合長の変化し易い炭素−炭素結合の反結合性軌道への分子内電荷移動によって分子振動が励起され，溶液中では無放射減衰する。一方，固体状態では分子運動が抑制されるため放射減衰することができ，分子内電荷移動に由来した発光が観測されたと考えられる。電子求引性のコモノマーを用いると溶液中でも強い発光が観測されることもこの機構を支持する。

次に，外部刺激に応答したAIE性の制御を行った。o-カルボランを架橋剤としてヒドロゲルを作成した（図6）[20]。得られたゲルは乾燥状態で強い発光が得られた。一方，水により膨潤させると発光が低下した。さらに乾燥・膨潤を何度も繰り返しても発光挙動に変化はみられなかった。これは乾燥状態では架橋部位のo-カルボランにおける分子運動が抑制されたため発光が得られたのに対し，膨潤状態では分子運動が回復したために消光が起こったと説明できる。以上のように，o-カルボラン特有の分子内電荷移動に基づくAIE特性は，様々な刺激応答性を併せ持

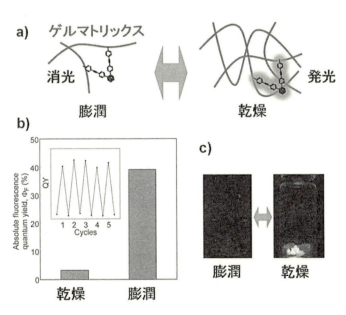

図6 (a) カルボラン含有ゲルの膨潤収縮挙動に伴うAIE特性変化の模式図と (b) 発光強度変化。
(c) UV照射下における実際の変化

つ固体発光材料の構築に非常に有用なツールであると考えられると共に，三中心二電子結合による三次元芳香族性とπ平面の二次元芳香族性との相互作用に立脚した次世代の発光材料の創出が強く期待できる。

1.6 AIE性ホウ素元素ブロックの設計とAIE性共役系高分子

発光性高分子はディスプレイや照明など我々の身近な用途から，光通信や光医療など，現代の産業的基盤を担う重要な物質である。一方上述のように，濃厚溶液や薄膜等の凝集状態では発光の大部分が失われる。このような濃度消光は励起状態での無秩序なエネルギー移動や，励起子同士・基底状態の分子との非特異的相互作用によるエネルギーの散逸に由来すると言われている。一般的な電子素子内部では薄膜の様な固体状態で機能発現が求められ，溶液ではほとんど使用されないため，濃度消光により輝度が低下すると，結果的に素子の効率低下が予想される。この問題を解決するための一つの戦略として前項のAIEの固体発光性の利用が考えられる。筆者らはカルボラン以外にも汎用的な発光性有機ホウ素錯体であるホウ素ジケトネート類縁体（図1）において，他の一般的な色素と同様に濃度消光を起こす分子を，化学修飾によりAIE性分子へと変換し，高分子化とその応用について研究を展開してきた。本項では，それらの成果についてまとめる。なお，これらの関連分野では「濃度消光（Concentration Quenching）」の代わりに，凝集起因消光（Aggregation-Caused Quenching, ACQ）という用語が用いられていることから，以下ACQの方を使用する。また，溶液状態でもある程度発光が見られるが，凝集形成により発光強度が大きく増加するものは凝集誘起型発光増強（Aggregation-Induced Emission Enhancement, AIEE）と呼ばれるが，ここでは全てAIEに含める。

ホウ素ジケトネート錯体はホウ素錯体の中でも安定で簡便な構造を持つものの一つであり，高い発光の量子収率を示すものが多い[21]。一方，他の一般的な有機発光色素と同様にACQを示すことから，固体状態では発光がみられない場合が多い。したがって，ホウ素ジケトネート錯体を高分子化し薄膜を調製しても，効率の良い発光材料を得ることは難しい。そこで，有機ホウ素錯体が持つ優れた発光特性を固体状態でも得るために，このホウ素ジケトネート錯体を基盤としてAIE性の分子に変換することを行った[22]。ホウ素と配位結合を形成している酸素原子のうち片方を窒素原子に入れ替えたホウ素ケトイミネート錯体を設計した（図7a）。ホウ素－酸素間の結合に比べ窒素との結合は弱いため，溶液中では分子運動により励起エネルギーの失活が起こると考えられる（図7b）。一方，固体状態では錯体の構造が固定されるため，振動失活が抑制されると予想される。さらに，窒素上の置換基により凝集状態でACQの原因となり易い分子間相互作用を阻害することが可能となるため，発光が回復すると期待した。これらの考えの元，ホウ素錯体分子を実際に合成し，光学特性の評価を行った。まず，ジケトネート錯体（**DK**）は良溶媒であるテトラヒドロフラン（THF）溶液中では発光の量子収率 $\Phi = 0.91$ を示したが，凝集状態では $\Phi = 0.36$ と大きく低下することが明らかとなった（図7c）。一方，ホウ素ケトイミネート（**KI**）はTHF溶液状態では発光がみられなかったが（$\Phi < 0.01$），凝集状態では0.76に上昇す

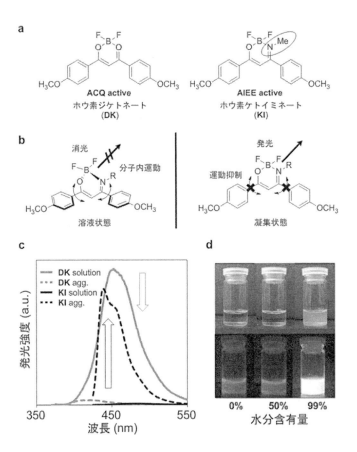

図7 (a) ホウ素ジケトネート（DK）とケトイミネート（KI）錯体の化学構造。(b) ホウ素ケトイミネート錯体における AIE 性発現の分子機構。溶液中（左）では分子内運動により熱失活が起こり発光がみられない。固体状態（右）では分子運動が抑制され発光が得られている。(c) THF 溶液中と貧溶媒である THF/水（＝1：9）混合溶液中（凝集状態）でのスペクトル変化。DK は溶液中でのみ発光がみられるが，KI は逆に貧溶媒中でのみ発光が得られている。(d) ケトイミン錯体の THF 溶液において水分含有量を上昇させた場合の見た目（上）と 365 nm 照射による発光挙動変化（下）。試料中の水分含有量の上昇に伴い，凝集形成が起こり，白濁する（右上）。それに伴い発光がみられている。

ることが示された。また，o-カルボランの場合と同様に THF 中に貧溶媒である水を添加し，凝集形成を促進したところ，試料に白濁がみられるにつれて発光強度の増強がみられた（図7d）。2-メチル THF 溶液中，液体窒素温度に冷却すると溶媒がガラス状態を形成し，溶質分子の運動性を抑制できることが知られている。ホウ素ケトイミネートの溶液では，冷却により発光強度の大幅な増加が見られた。さらに，溶媒の粘性を上げることでも発光強度が増加した。これらの結果から，ホウ素ケトイミネートは AIE 性の分子であることが示された。

ここで得られたホウ素ケトイミネート錯体を共役主鎖に有する高分子を作成し，共役系の伸長について調べた。フルオレンとビチオフェンそれぞれをコモノマーとして，交互共重合体による

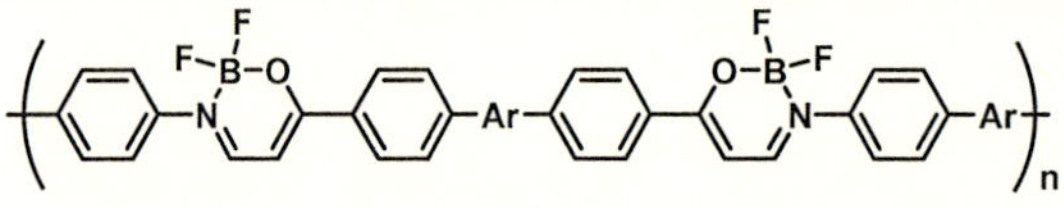

4a: Ar = flu (λ_{em} = 562 nm, $\Phi_{solution}$ = 0.10, Φ_{solid} = 0.13)
4b: Ar = bithio (λ_{em} = 646 nm, $\Phi_{solution}$ = 0.04, Φ_{solid} = 0.06)

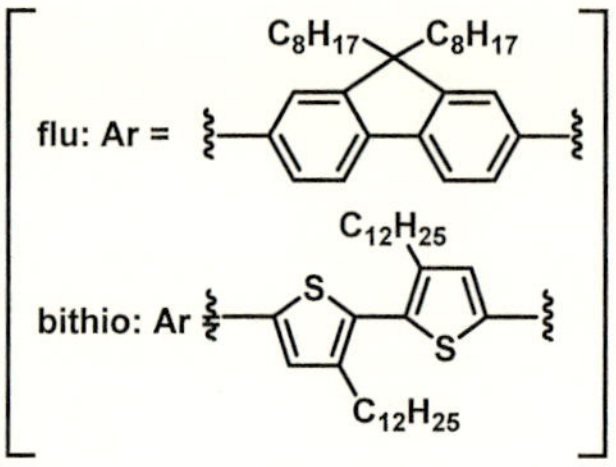

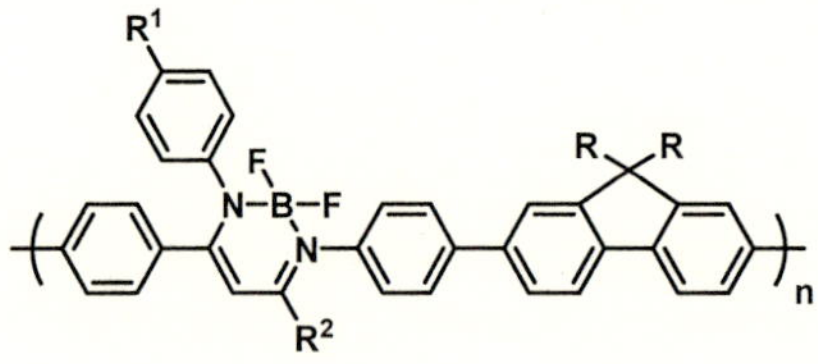

5a: R^1 = H, R^2 = Me (λ_{em} = 509 nm, Φ_{solid} = 0.11)
5b: R^1 = H, R^2 = Ph (λ_{em} = 542 nm, Φ_{solid} = 0.07)
5c: R^1 = OMe, R^2 = Ph (λ_{em} = 542 nm, Φ_{solid} = 0.04)
5d: R^1 =NMe_2, R^2 = Ph (λ_{em} = 575 nm, Φ_{solid} = 0.05)
5e: R^1 = NO_2, R^2 = Ph (λ_{em} = 628 nm, Φ_{solid} = 0.02)
($\Phi_{solution}$ < 0.01)

図8　ホウ素ケトイミネート・ジイミネート骨格を有する共役系高分子の構造と光学特性

共役系高分子 **4a**，**4b** を作成した（図 8）[23]。まず，モノマーであるホウ素ケトイミネート錯体では，450 nm 付近に発光極大波長を持つスペクトルが得られた。一方，フルオレンとの交互共重合体は 562 nm，ビチオフェンでは 646 nm と発光極大波長の長波長領域への大幅なシフトが観測された。さらに，溶液状態での量子収率は 0.10 と 0.04 であったが，固体状態では 0.13 と 0.06 と凝集形成により増加することが明らかとなり，このことから AIE 性の共役系高分子であることが分かった。AIE 性を有しつつ，ビチオフェンとの共重合体のように発光極大が 200 nm 以上も長波長シフトを示した共役系高分子はこれまでに無く，高輝度高電荷輸送能を実現するための基盤材料として有望である。

さらに，もう一つの酸素を窒素に換えたホウ素ジイミネート錯体からも同様の手法で高分子 **5a–e** を作成し，発光特性を調べた（図 8）[24]。モノマーを作成し，フルオレンの交互共重合体を作成した。得られた高分子では小分子と同様に溶液中では発光がみられず（$\Phi < 0.01$），固体状態で強い発光が観測され，AIE 性を有することが明らかとなった。さらに，発光極大波長が 509 nm の緑色から，628 nm の赤色まで，共重合体と置換基の種類により発光色の調節が可能であった。以上のことから，ホウ素ケトイミネート・ジイミネート錯体含有共役系高分子は，主鎖共役が伸長し易く，様々な化学修飾により発光特性の制御が可能であることが示された。これらの結果は，フロンティア軌道間のエネルギー準位を調節可能であることを意味しており，有機発光素子の効率向上に有用であると考えられる。

1. 7　バイオセンサーとしての応用

AIE 性共役系高分子の応用として，プラスチックフィルム型のセンサーを開発したので，それらについて説明する（図 9）[25]。上述のホウ素ジイミネート錯体においてスルフィド基を窒素上のフェニル基に導入した分子をモノマーとして，フルオレンとの共重合体を作成した。得られ

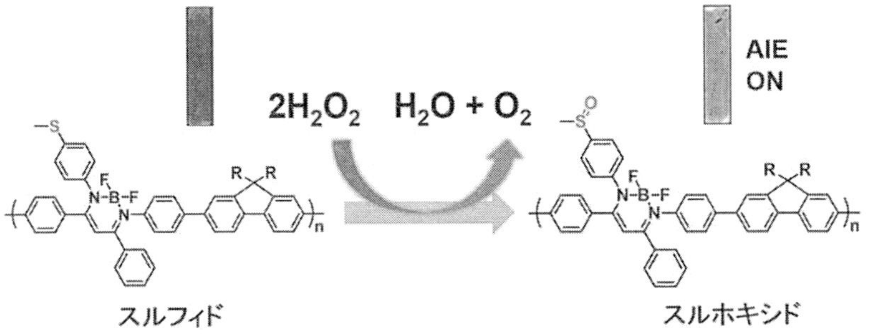

第 1 章　発光材料

図 9　AIE 性高分子を用いた過酸化水素検出のためのプラスチックセンサーの作動機構の模式図

た共役系高分子は 550 nm に極大発光波長を有する AIE 性の物質であった。ここに，生体中で活性酸素種の一つである過酸化水素を作用させると，スルフィド基が酸化され，スルホキシドに変換される。この酸化反応に伴い，置換基が電子供与性から求引性に変化する。その結果，ホウ素ジイミネート部位の電子受容性が高まり，共重合ユニットであるフルオレンとの間での電子的相互作用が強まり，結果的に AIE 強度が高まる。最終的に，フィルム状態のポリマーを浸すだけで，発光強度を高めるセンサーを開発することができた。このような材料は，簡便に対象物を検出することや，特に樹脂材料に微量に添加しておき，それらの劣化を発光によって調べることに役立つと期待できる。

1.8　おわりに

　有機ホウ素錯体を元素ブロックとして捉え，それらを高分子化することで特徴的な機能を発現した元素ブロック高分子材料について，最近の成果のうちいくつかを紹介した。特に，電子輸送材料や AIE 性高分子は，最先端の有機デバイスへ直接的に応用可能なレベルの物性がみられており，ホウ素元素ブロック高分子材料のポテンシャルの高さがうかがえる。さらに本研究で行った材料合成戦略は元素周期表で同じ 13 族元素に属するアルミニウムやガリウムなど，ホウ素と類似の性質を持ちつつ金属性や重原子効果を持つ元素にも適用可能であり，さらに，13 族元素以外の無機元素全般も対象として含めることができる。そのため，それぞれの元素特有の性質のみならず，複合化による新たな物性発現も期待できる。また，近年までに分子軌道計算の分野ではソフトとハードの両面で著しく進歩を続けている。重元素や不安定原子種を含む元素ブロックやその機能について実験データをフィードバックさせることで，特異な分子における計算法の精度向上に役立てることも可能である。新規の元素ブロックや元素ブロック高分子を創出し，実用的かつ先端的な機能材料に組み上げていくとともに，それらの材料の合成・作成手法の開拓，機能発現メカニズムの解明による新しい学理の探求を行うことで，周期表上の元素の特徴をフルに活かした物質創出の手法を得ることが期待できる。

文　献

1) Y. Chujo, K. Tanaka, *Bull. Chem. Soc. Jpn*, **88**, 633 (2015)
2) N. Matsumi, Y. Chujo, *Polym. J.*, **40**, 77 (2008)
3) A. Nagai, Y. Chujo, *Chem. Lett.*, **39**, 430 (2010)
4) K. Tanaka, Y. Chujo, *Macromol. Rapid Commun.*, **33**, 1235 (2012)
5) A. Loudet, K. Burgess, *Chem. Rev.*, **107**, 4891 (2007)
6) H. Yamane, K. Tanaka, Y. Chujo, *Tetrahedron Lett.*, **56**, 6786 (2015)
7) A. Nagai, Y. Chujo, *Macromolecules*, **43**, 193 (2010)
8) S. G. Awuah, J. Polreis, V. Biradar, Y. You, *Org. Lett.*, **13**, 3884 (2011)
9) K. Tanaka, H. Yamane, R. Yoshii, Y. Chujo, *Bioorg. Med. Chem.*, **21**, 2715 (2013)
10) R. Yoshii, A. Nagai, K. Tanaka, Y. Chujo, *J. Polym. Sci. Part A: Polym. Chem.*, **51**, 1726 (2013)
11) C. W. Tang, S. VanSlyke, *Appl. Phys. Lett.*, **51**, 913 (1987)
12) J. H. Burroughes, D. D. C. Bradley, A. R. Brown, R. N. Marks, K. Mackay, R. H. Friend, P. L. Burn, A. B. Holmes, *Nature*, **347**, 539 (1990)
13) K. Tanaka, K. Ueda, T. Koike, M. Ando, T. Yamabe, *Phys. Rev. B*, **32**, 4279 (1981)
14) A. Nagai, S. Kobayashi, Y. Nagata, K. Kokado, H. Taka, H. Kita, Y. Suzuri, Y. Chujo, *J. Mater. Chem.*, **20**, 5196 (2010)
15) R. Yoshii, A. Nagai, Y. Chujo, *J. Polym. Sci. Part A: Polym. Chem.*, **48**, 5348 (2010)
16) R. Yoshii, H. Yamane, A. Nagai, K. Tanaka, H. Taka, H. Kita, Y. Chujo, *Macromolecules*, **47**, 2316 (2014)
17) T. Kudernac, N. Ruangsupapichat, M. Parschau, B. Maciá, N. Katsonis, S. R. Harutyunyan, K.-H. Ernst, B. L. Feringa, *Nature*, **479**, 208 (2011)
18) K. Kokado, Y. Chujo, *Macromolecules*, **42**, 1418 (2009)
19) J. Luo, Z. Xie, J. W. Y. Lam, L. Cheng, B. Z. Tang, H. Chen, C. Qiu, H. S. Kwok, X. Zhan, Y. Liu, D. Zhu, *Chem. Commun.*, 1740 (2001)
20) K. Kokado, A. Nagai, Y. Chujo, *Macromolecules*, **43**, 6463 (2010)
21) K. Tanaka, K. Tamashima, A. Nagai, T. Okawa, Y. Chujo, *Macromolecules*, **46**, 2969 (2013)
22) R. Yoshii, A. Nagai, K. Tanaka, Y. Chujo, *Chem. Eur. J.*, **19**, 4506 (2013)
23) R. Yoshii, K. Tanaka, Y. Chujo, *Macromolecules*, **47**, 2268 (2014)
24) R. Yoshii, A. Hirose, K. Tanaka, Y. Chujo, *Chem. Eur. J.*, **20**, 8320 (2014)
25) A. Hirose, K. Tanaka, R. Yoshii, Y. Chujo, *Polym. Chem.*, **6**, 5590 (2015)

2 ヘテロ分子集積化技術を利用した有機固体発光材料の開発

小野利和[*1], 久枝良雄[*2]

2.1 はじめに

　光エネルギーや電気エネルギーを，波長などの異なる新たな光エネルギー（紫外線，可視光線，白色光，近赤外光など）へと変換することのできる有機色素は，機能性有機色素と呼ばれ，照明材料・表示材料・有機エレクトロルミネッセンス（EL）・農園芸用波長変換材・バイオイメージング材料などの最先端技術で利用される。そのような機能性有機色素を作る方法としては，近年では，コンピュータを利用した性質の予測（計算化学技術）や，優れた有機合成技術を駆使することにより行われている。しかしながら機能性有機色素を粉末・薄膜・フィルムなどの固体中で使用する場合，色素分子同士の無作為な凝集・会合により，発光色・発光強度などの色素本来の性質が損なわれることが大きな問題点となっていた。そのため凝集すると発光する有機色素（凝集誘起型発光）や，結晶化すると発光する有機色素（結晶誘起型発光）が注目を集めている[1]。中でも有機単結晶は，分子や結晶の三次元集積構造の様子をX線結晶構造解析により明らかにすることができる。そのためクリスタルエンジニアリング[2]や分子テクトニクス（molecular tectonics）[3]と呼ばれる結晶構造をデザインし，色素分子をナノメートルスケールで整然と並べる技術（分子の自己組織化）の開発が広く行われている。本稿では，新しい有機固体発光材料の開発を目的として，分子集積化技術に着目した有機結晶材料について紹介する。

2.2 多成分結晶と包接結晶

　多成分結晶[4]とは複数の化合物からなる結晶の事を指し，単一成分の結晶に比べ，より多様な物性や機能を示すことから注目を集めている。しかしながら色素分子を思い通りに並べることは非常に困難である。一般に色素分子は，長方形，正方形，球形の様に異方性を持っているためである。そのため2種類，3種類以上の異なる分子を均一に混ぜ合わせ，整然と並べる事はきわめて困難だと考えられてきた。一方で近年では，水素結合，ハロゲン結合，CH/n相互作用，CH/π相互作用，π-π相互作用，電荷移動相互作用，イオン結合等，の分子間相互作用の利用による多成分結晶が様々報告されてきている。中でも異種のA成分とB成分が混合するときに，A成分（ホスト）がB成分（ゲスト）を取り囲んでいる場合は，包接結晶[5~7]と呼ばれる。これは1940年代に尿素やヒドロキノンのX線結晶構造解析に基づき，ホスト分子にゲスト分子が非共有結合で取り込まれている構造概念が生まれたことに始まる。それから70年余の間に包接結晶の研究は著しく拡大し，超分子化学へ発展を遂げた。これらの基本構造では，ホストが器あるいは入れ物となり，ゲストが中身あるいは内容物になっている。即ち包接結晶は，結晶空間でホス

---

* Toshikazu Ono　九州大学　大学院工学研究院　応用化学部門　助教
* Yoshio Hisaeda　九州大学　大学院工学研究院　応用化学部門　教授

トとゲストを整然と配列し，異種の分子を集積し結晶を形成できる場であると考えられる。

2.3 包接現象を用いた有機固体発光材料の創製
2.3.1 包接結晶の調製と構造特性

　このような背景から筆者らは，発光性のエキシプレックスや電荷移動錯体を形成する異種分子に着目し，これと包接結晶を形成する分子設計の概念を融合することにより，ホスト分子とゲスト分子との組み合わせにより発光色を制御できる包接結晶の調製が可能だと考えた[8]。包接結晶を調製する上で用いた分子群として，ピリジル基を含むナフタレンジイミド誘導体（NDI），トリス（ペンタフルオロフェニル）ボラン（TPFB），芳香族分子溶媒（Guest）を選択した（図1）。ナフタレンジイミドは電子不足なπ共役分子として有機合成化学，高分子化学，超分子化学の分野においてn型有機半導料やポリイミドの構成ユニットとして広く用いられている分子である。TPFBは嵩高いペンタフルオロフェニル基を持つルイス酸として有機金属化学や有機合成化学の分野において触媒として広く用いられる分子である[9]。芳香族分子溶媒（Guest）は，フルオロベンゼン（**1**），ベンゼン（**2**），3-フルオロトルエン（**3**），トルエン（**4**），メタキシレン（**5**），1,3,5-トリメチルベンゼン（**6**），3-メチルアニソール（**7**）の7種類を選択した。いずれも可視光領域に吸収・発光特性を示さない常温で液体の溶媒である。サンプル管にNDIを1当量，TPFBを2.1等量，芳香族分子溶媒（Guest）が過剰量となるように混合し，ホットプレートを用いて沸点近くまで加熱後，室温まで冷却することにより包接結晶を調製した。用いたゲストの種類（1～7）に応じて，得られた包接結晶をC1～C7と示した。例えば1,3,5-トリ

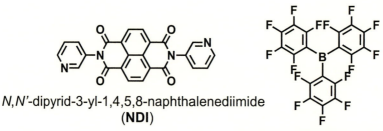

図1　本研究で用いた分子群

第 1 章 発光材料

メチルベンゼン（6）をゲストとして含む包接結晶（C6）のX線結晶構造解析の結果を図2に示した。NDIのピリジル基（N）とTPFBのホウ素原子（B）が1.629Åの距離でホウ素－窒素配位結合（B-N dative bond）を形成し，超分子複合体（NDI-TPFB複合体）を構成していることが明らかとなった。またその上下を1,3,5-トリメチルベンゼン（6）が2分子で挟み込み，それがカラム状に連なった構造を持つ分子集積構造を形成していた。即ちNDI-TPFB複合体がホスト分子として形成する結晶のナノ空間に，1,3,5-トリメチルベンゼン（6）がゲスト分子として取り込まれた包接結晶であった。またNDIと，1,3,5-トリメチルベンゼン（6）は，3.5Åの距離であった。興味深いことに置換基の異なるゲスト（フルオロベンゼン（1），ベンゼン（2），3-フルオロトルエン（3），トルエン（4），メタキシレン（5），3メチルアニソール（7））を用いて再結晶操作を行っても，同様にNDI-TPFB複合体が形成するホスト分子の中にゲスト分子が取り込まれた包接結晶を生成し，またその粉末X線構造解析（図3）にも示されている。また包接結晶の組成比はNDI：TPFB：Guest＝1：2：2であることを ^{1}H NMR，熱重量分析（TG），元素分析より明らかとした。これはX線結晶構造解析の結果と良く一致していた。またHirshfeld surface解析により，結晶構造中における分子間相互作用の図示を行ったところ（図4），例えばC6では，超分子複合体（NDI-TPFB複合体）が形成するカラム間でC(arene)-H···F間の距離が2.385Åであり水素結合を形成していることが明らかとなった。この分子間相互作用が，様々なゲスト分子に対して一次元のカラム状の結晶構造を形成した一つの駆動力であると考えられる。

包接結晶が形成されるメカニズムを図5に示した。NDI，TPFB，Guestの3成分を混ぜ合わせることにより自発的に自己集合し，NDIのピリジル基（N）とTPFBのホウ素原子（B）との

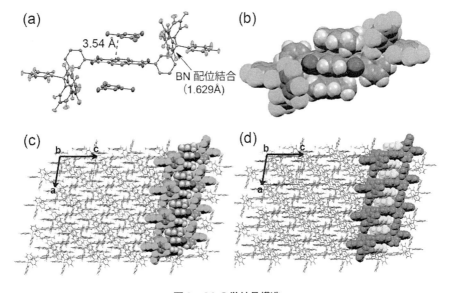

図2　C6の単結晶構造

元素ブロック材料の創出と応用展開

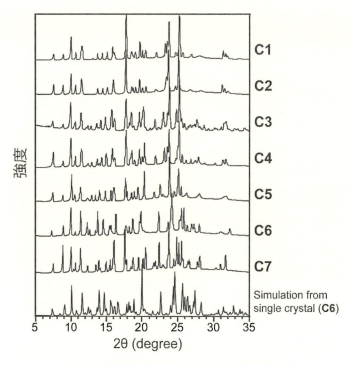

図3　包接結晶（C1-C7）の粉末X線構造解析

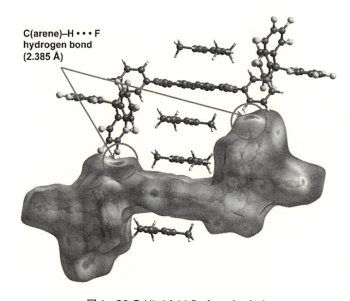

図4　C6のHirshfeld Surface Analysis

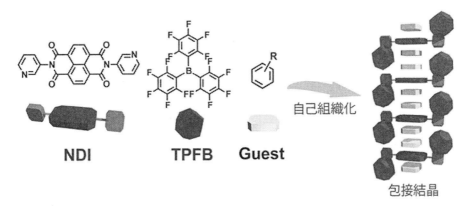

図5　包接結晶の形成スキーム

間で働くホウ素−窒素配位結合（BN配位結合）を介して超分子複合体（NDI-TPFB複合体）からなるホスト分子を形成する。超分子複合体（NDI-TPFB複合体）がホスト分子として形成する結晶のナノ空間に，2分子のゲストが取り込まれるとともに1次元のカラム状の包接結晶を形成する。これが7種類のゲストで確認された。以上のように弱い分子間相互作用（ホウ素−窒素配位結合（BN配位結合））と包接現象を共同的に利用することで，ホスト分子と様々なゲスト分子から構成される包接結晶の調製およびその構造解析を達成した。

2.3.2　多成分結晶の光化学特性

7種類の包接結晶はゲストの種類に応じてユニークな光化学特性が観測されたので，その詳細を紹介する。図6に包接結晶の拡散反射スペクトル測定の結果を示す。拡散反射スペクトルとは，積分球が付属された分光光度計を用いて得られる固体試料の電子スペクトル（吸収スペクト

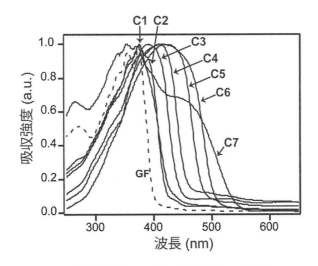

図6　包接結晶（C1–C7）の拡散反射スペクトル

ル)のことである。あらかじめベンゼンを含む包接結晶(C2)を窒素雰囲気下150℃で4時間加熱することによりゲストを取り除いたゲストフリー結晶(GF)を調製した。これは超分子複合体(NDI-TPFB複合体)に対応するものである。GFの拡散反射スペクトルとC1～C7の拡散反射スペクトルの比較を行った。GFでは400 nm以上に吸収帯がほとんど観測されず白色粉末であった。一方でC1～C7では新たに400 nm以上の吸収帯が立ち上がることが観測され,黄色や橙色に呈色した。ゲストの置換基としてメチル基やメトキシ基の電子共与性基の数が増えるに従い,より低エネルギー(400 nm→550 nm)の吸収帯が大きく立ち上がった。ゲストが存在することで新たに生じる吸収帯であり,結晶中における電子不足なNDIと電子豊富なゲストとの電荷移動相互作用(CT相互作用)に起因する電荷移動吸収(CT吸収)に由来するものである。これは図2に示す単結晶X線構造解析結果より,NDIとguestが近接して配列していることからも,NDIとguest間で働くCT相互作用も結晶化の一つの駆動力となっていることが考えられる。これまでにもNDIと様々な芳香族分子溶媒との間でCT相互作用が観測されることは,溶液中[10]や配位高分子[11]の研究で報告されていたが,そのCT吸収の強度は小さいものであった。一方で,本研究で観測される新たなCT吸収帯の強度は非常に大きいことが特徴的であった。現段階でその理由は明らかでないが,特徴的な一次元カラムの結晶構造に起因するものではないかと考察している。

また紫外光照射下(370 nm)にて包接結晶の発光スペクトル測定を行ったところ,用いたゲストの種類に応じて多色発光が観測された(図7a)。具体的にはC1とC2では青色発光,C3とC4では水色発光,C5では緑色発光,C6では黄緑色発光,C7では橙色発光を示した。蛍光顕微鏡観察の結果,単結晶が鮮やかに発光しており,まるで宝石のように光輝く結晶であった(図8)。図7bに発光スペクトルの極大発光波長エネルギー(cm^{-1})とゲストの電子供与能を示す目安であるイオン化ポテンシャル(eV)との関係性をプロットしたところ,非常に良い直線性を示すことが明らかとなった。発光色がゲストの種類に応じて制御可能なことを示しており,NDI

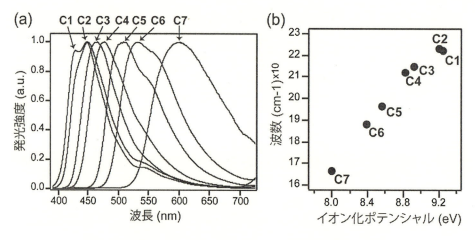

図7　包接結晶(C1-C7)の発光スペクトル　励起波長は370 nm

第1章 発光材料

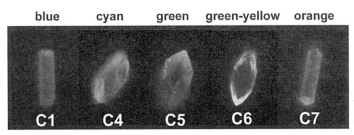

図8 包接結晶の蛍光顕微鏡画像

表1 包接結晶の光化学特性

no.	Guestの種類	GuestのIP (eV)	発光極大波長 (nm)	発光量子収率 (ϕ)	平均発光寿命 (ns)
C1	fluorobenzene	9.20	448	8.0	5.4
C2	benzene	9.24	450	16.6	6.6
C3	m-fluorotoluene	8.91	466	31.3	14.0
C4	foluene	8.83	472	20.2	14.1
C5	m-xylene	8.56	509	26.3	24.9
C6	mesitylene	8.41	531	10.2	14.5
C7	m-methylanisole	8.10	600	1.5	4.2

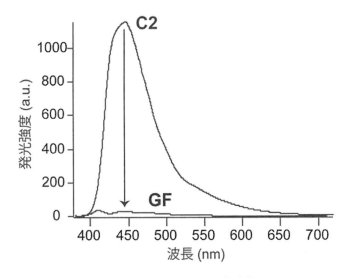

図9 C2とGFの発光スペクトル 励起波長は370 nm

とGuestとのCT吸収からの発光であることを強く示唆している。一方でそれぞれの包接結晶をアセトンに溶解し発光スペクトルを測定したところ、その強度は非常に弱いものであった。即ちNDI, TPFB, Guestの3成分が結晶化して発光する結晶誘起型発光であると考えられる。

更なる発光特性の評価を目的として、C1〜C7の包接結晶の発光寿命測定、絶対発光量子収

率測定を行った（表1）。発光寿命測定とは，物質がパルス光により光励起された後に基底状態に戻るまでの時間を測定するものである。発光量子収率とは，物質が吸収する光のフォトン数に対する，発光により放出される光のフォトン数の割合である。フォトカウンティング法により包接結晶の平均発光寿命を測定したところ，4.2ナノ秒〜24.9ナノ秒であった。ナノ秒オーダーの短い発光であったことから，励起1重項からの発光である蛍光発光であると考察している。一方で発光量子収率は，3-フルオロベンゼンをゲストとするC3では31.3％，メタキシレンをゲストとするC5では26.3％であり固体発光材料としては高い値を示した。一方でゲストを取り除いたゲストフリー結晶（GF）では0.5％未満であり，大幅な発光強度の減少が観測された（図9）。以上の結果は，NDI，TPFB，Guestの3成分が包接結晶を形成することで初めて宝石のように光輝く有機固体発光材料が得られたことを示している。

2.4 まとめ

以上の成果は，分子集積化技術と包接結晶の概念をハイブリッドすることにより，単に混ぜ合わせるだけで新しい機能性色素を作る方法論の開拓である。既存の有機分子の組み合わせにより，乗算的に新規有機材料が得られることを示唆するものであり，新しい機能性色素を作り出すことができた。重金属を含まず，煩雑な有機合成も必要としないため，省エネルギーかつ低い環境負荷の新しいものづくりへと貢献できる技術であると考えている。

文献

1) J. Mei et al., *Adv. Mater.*, **26**, 5429, (2014)
2) G. R. Desiraju, *Angew. Chem. Int. Ed.*, **46**, 8342 (2007)
3) M. W. Hosseini, *Acc. Chem. Res.*, **38**, 313-323 (2005)
4) D. Yan, D. G. Evans, *Mater. Horiz.*, **1**, 46 (2014)
5) R. Bishop, *Chem. Soc. Rev.*, **34**, 2311 (1996)
6) 竹本喜一ほか, 包接化合物−基礎から未来技術へ−, 東京化学同人 (1989)
7) 中西八郎, 有機結晶材料の最新技術, シーエムシー出版 (2005)
8) T. Ono, M. Sugimoto, Y. Hisaeda, *J. Am. Chem. Soc.*, **137** (30), 9519 (2015)
9) G. Erker, *Dalton Trans.*, 1883-1890 (2005)
10) C. Kulkarni et al., *Phys. Chem. Chem. Phys.* **16**, 14661 (2014)
11) Y. Takashima et al., *Nat. Commun.* **2**, 168 (2011)

3 複数の相互作用部位を持つ元素ブロックを用いた超分子ポリマーの創製

小泉武昭*

3.1 はじめに

　超分子化学（Supramolecular Chemistry）は，複数の分子が，共有結合以外の分子間相互作用により秩序だって結び付けられ，組織化されることにより，個々の分子の性質を超越した物理的・化学的・生物的性質を示す物質群を取り扱う分野である。超分子化学は，1987年にノーベル化学賞を受賞したJ.-M. Lehnにより提唱されて以来，現代化学において材料化学や高分子化学などの分野密接に関係しながら飛躍的な発展を遂げてきた[1]。従来の共有結合によって形成される「分子」に対して，「超分子」は，複数の分子が非共有結合性相互作用により"結合"を形成し，自己組織化的に組みあがった化合物である。非共有結合性相互作用は，水素結合や配位結合，π-π相互作用などがあり，これらは共有結合と比べて弱く，"結合"の生成 − 解離を可逆的に行うことができる。超分子はこのような結合様式を持つため，①熱力学的に最も安定な構造を自己組織化的に構築することができ，②外部からの刺激に対して応答し，可逆的な構造の変換や機能の発現が可能である。これらの特異的な性質に基づいて，近年ではより複雑な構造を持つ超分子構造体の創製，および太陽光発電デバイスや，ドラッグデリバリーシステム，多孔性膜，触媒などへの応用を目指した機能開発が盛んに研究されてきている。

　上記の通り，非共有結合性相互作用には様々な種類があり，代表的なものとして水素結合，配位結合，ホスト − ゲスト相互作用，πスタッキング，イオン性相互作用，van der Waals相互作用などが挙げられる。これらの分子間に働く非共有結合性相互作用を利用して，分子を連続的に連結することにより，高分子状にした化合物を超分子ポリマーと呼ぶ。これまでに種々の構造を持つ超分子ポリマーが多数報告されてきているが，そのほとんどが1種類の分子間相互作用のみを利用して形成されたものである。一方，自然界に数多に存在するタンパク質のほとんどは，ポリペプチド鎖が水素結合・イオン結合・van der Waals相互作用などの複数の異なる非共有結合性相互作用を組み合わせることで，非常に複雑な高次構造を高選択的・自発的に構築している。多くの研究者は，これら生体系に存在する分子の構造・機能の模倣や解明の足掛かりとするため，複数の非共有結合性相互作用を組み合わせた超分子構造を組み上げようと挑戦し続けており，これまでに様々な構造を持つ超分子ポリマーが研究されている[2]。

3.2 複数のOrthogonalな非共有結合性相互作用を含む超分子ポリマー

　複数の非共有結合性相互作用を組み合わせた1種類の超分子ポリマーがある場合，系内で関与する複数の相互作用はお互いに*Orthogonal*であることが望ましいとされる[2b]。Orthogonalとは，直訳すると"直交する"という意味だが，ここでは互いに干渉しない，異なるタイプの超

＊ Take-aki Koizumi　東京工業大学　科学技術創成研究院　化学生命科学研究所　准教授

分子相互作用と定義される。特に，複数の互いにOrthogonalな非共有結合性相互作用により構成された超分子ポリマーは，複雑かつ階層的に秩序化された構造を形成できることから，新規な構造や特性を示す物質を生み出すことが期待される。さらに，分子設計により外部刺激に対する応答の強さを制御できる，複数の刺激に対して応答が可能となるなど，1種類の相互作用により形成された超分子ポリマーにはない特徴の発現が期待できる。Orthogonalな相互作用を利用した超分子ポリマーの例を図1に示す[3]。

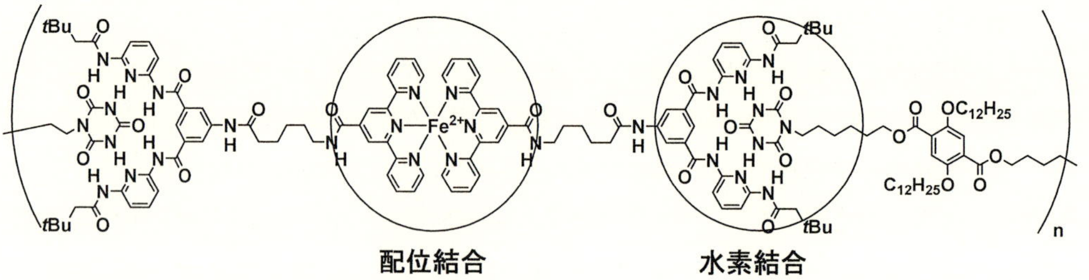

図1 Orthogonalな相互作用を利用した超分子ポリマーの例

この化合物は，配位結合と水素結合という2種類の相互作用を用いて形成された一次元鎖状の超分子ポリマーである。それぞれの相互作用は互いにOrthogonalであり，キレート剤を添加による配位結合の切断や，塩基の添加による水素結合の切断をそれぞれ独立に行うことができる。この他にも，ホスト–ゲスト相互作用と配位結合の組み合わせ[4]や，π-π相互作用と水素結合を用いたもの[5]など，様々なOrthogonal超分子ポリマーが報告されているが，その種類は未だ限られたものとなっている。

(1) π-π相互作用

π-π相互作用は，広いπ共役面を有する芳香族化合物間で働く相互作用である。二つの芳香環がそれぞれ電子供与性と電子求引性である時は，静電的相互作用も関与するため，特に強く発現する。face-to-face型のπ-π相互作用が働いている分子同士は，ロンドン力と拮抗するように電子雲の反発が斥力となって作用しているため，完全には接触していない（図2）。そのため，リニアモーターカーの様に，広いπ共役面上を滑ることが可能である。この特性を活かすことができれば，例えば動物の筋肉構造の様にスムーズな並行移動を行う分子アクチュエーターへの

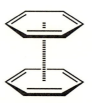

図2 π-π相互作用によるface-to-faceのスタッキング

応用が期待できる。このような観点から，π-π 相互作用を用いることで，分子認識や発光特性の制御などの機能発現が期待できる。一方で，π-π 相互作用は，芳香族化合物間で誘起される弱いロンドン力であるため，水素結合や配位結合よりも弱い相互作用であることが多い。したがって，π-π 相互作用を利用した超分子ポリマーはその物性・機能に大きな興味が持たれるものの，一次元の超分子ポリマーの報告例は非常に限られている。

(2) Tweezers 型分子

上記の問題点を改善する方法として，Tweezers 型の分子デザインを考えた。2個の芳香環をスペーサーとなるユニットで結合し，π-π 相互作用を利用して，ゲスト分子をサンドイッチの様に挟み込むことによって会合体を形成できる分子を Tweezers（ピンセット）型分子と呼ぶ。Tweezers 型分子は，ゲストとなる分子を包接する相互作用形態を有しているため，2個の芳香環で形成される π スタッキングと比較してより強力な"結合"を形成できる（図3）。1978年に Whitlock らが最初の Tweezers 型分子を報告して以来[6]，非常に多岐に渡るデザインのものが合成されており，近年では分子認識や生体模倣，分子アクチュエーターの分野において注目を集めている。

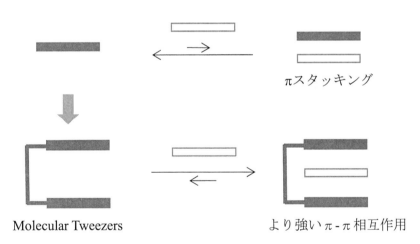

図3　Tweezers 型分子によるゲスト分子の捕捉

Tweezers 型分子の相互作用部位，あるいはスペーサーの種類を変えることによって，性質を大きく変化させることができる。前者の相互作用部位としては，上記のとおり，主に π スタッキング相互作用を利用するユニット，すなわち芳香環が多く用いられているが，配位結合や水素結合を形成可能な Tweezers 型分子も報告されている（図4）[7,8]。

後者のスペーサーに関しては，a) フレキシブルスペーサー，b) リジッドスペーサー，c) 外部刺激応答性スペーサーの3種に大別することができる（図5）。a) は，2個の相互作用部位の距離を変化させることでゲスト分子との相互作用の強さを制御できるスペーサーであり，アルキル鎖などの柔軟性に富むものや，ビフェニル基などの結合の回転が可能なものが用いられてい

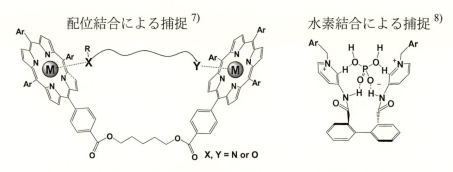

図4 π-π 相互作用を用いない Tweezers 型分子の例

る[9,10]。b) は，剛直な骨格からなるスペーサーであり，アントラセンやフェナントレンなどが用いられている。このような場合は，相互作用部位の距離が一定な Tweezers 型分子がデザインされる[11,12]。c) の外部刺激応答性スペーサーを有する Tweezers 型分子は，pH 変化による水素結合の形成-切断や，金属イオン添加による配位結合の形成，酸化還元，光照射などの外部刺激を利用することで，ピンセット様の構造を任意に形成できる。その結果，よりダイナミックにゲスト分子の捕捉-解離を起こすことが可能となる[13]。一般的に，b) のリジッドスペーサーを用いた Tweezers 型分子は，a) および c) と比べてより強力にゲスト分子と相互作用することが知られている。これは，リジッドスペーサーを有する Tweezers 型分子がゲスト分子を挟み込む際に，その前後での構造の変化が抑制され，結果的にゲスト分子捕捉に伴うエントロピーの増加を抑えられるためである。

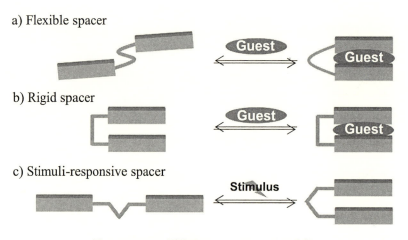

図5 Tweezers 型分子のスペーサーによる分類

(3) Orthogonal な相互作用部位を含む元素ブロックの設計

Tweezers 型分子の最大の利点は，2個の π-π 相互作用部位を持つことで，そうでない場合よりも強力な"結合"を形成可能なことである。したがって，Tweezers 型分子の2つのπスタッ

第 1 章　発光材料

キング形成部位とは異なる部分にもう 1 種類の相互作用部位を持つ分子を設計すれば，Orthogonal な相互作用が可能な元素ブロックを形成できると考えた。

　超分子ポリマーを形成させるためには，強い分子間相互作用が必要とされることから，リジッドスペーサーを持つ Tweezers 型分子が母体骨格として望ましい。これまでに報告されているリジッドスペーサー型 Tweezers 分子の多くは m-ターフェニレン型の基本骨格を有しており，図 6 に示す位置に π スタッキングを形成できる芳香環を置換したものが多く見受けられる。この構造であれば，芳香環が置換する位置の炭素 – 炭素間の距離がおよそ 8 Å となるため，π スタッキングを形成するのに都合が良い。

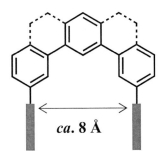 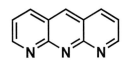

図 6　リジッド型 Tweezers 分子の基本骨格　　　図 7　1,9,10-アンチリジンの構造

　この構造に対してさらにもう 1 種類の相互作用部位を導入し，Orthogonal な相互作用を形成可能な分子とすることを考えた場合，その位置としてはスペーサーとなっている m-ターフェニレン部位が候補として挙げられる。ここで筆者らは，1,9,10-アンチリジン骨格に着目した（図 7）。この分子は，3 個のピリジン環が縮環した剛直な構造を有しており，3 個のイミン窒素が直列に並んでいるため，プロトン性水素を 3 個持つ分子，例えば 2,6-ジアミノピリジニウムや 2,6-ビス(ヒドロキシメチル)フェノールと強固な水素結合を形成することが知られている（図 8）[14, 15]。

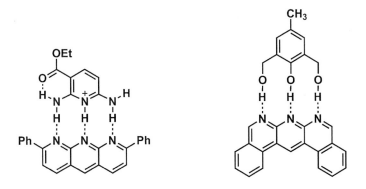

図 8　1,9,10-アンチリジン骨格を有する化合物の水素結合形成の例

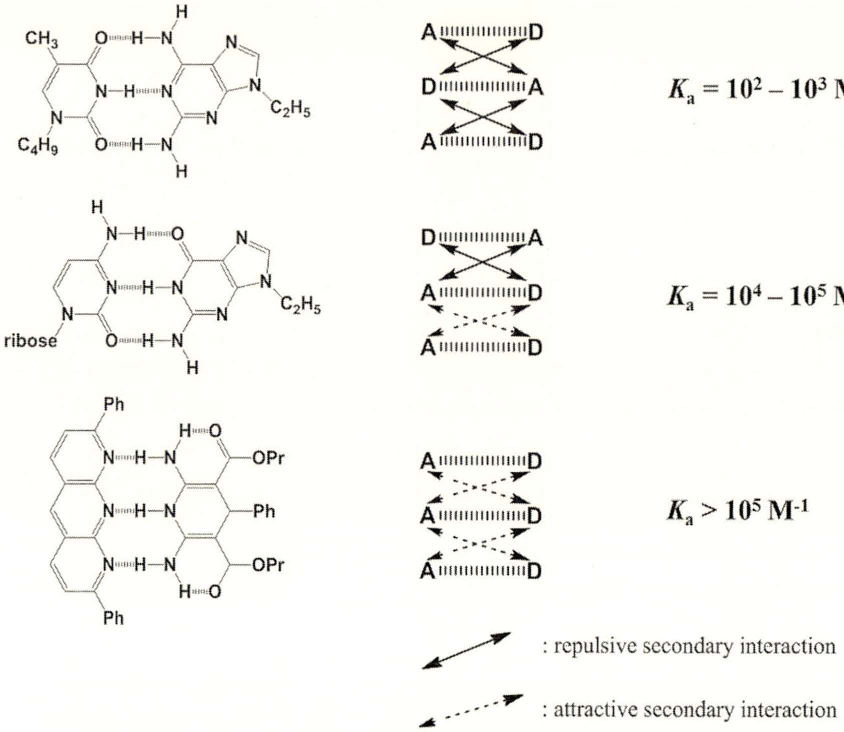

図9　多重水素結合会合体の会合定数[16]

多重水素結合を超分子ポリマーに用いた例はこれまでに多数報告されている[16]。会合定数の大きさは，会合体を形成する分子中における水素結合供与部位（D）と水素結合受容部位（A）の並び方で変化する。

図9に示すとおり，ADA-DADの組み合わせでは$K_a = 10^2 - 10^3$ M^{-1}程度，DAA-ADDの組み合わせでは$K_a = 10^4 - 10^5$ M^{-1}程度の値を示す。これに対し，AAA-DDDの組み合わせでは，$K_a > 10^5$ M^{-1}と大きな値を示し，より強い分子間相互作用を持たせることができる[16]。このことから，1,9,10-アンチリジンは超分子化合物を構築する上で有用であると期待できる。

1,9,10-アンチリジンのc-およびh-位にベンゾ基が縮環したジベンゾ[c,h]アンチリジンは，5-および9-位の炭素間結合距離が7.925 Å[17]，7.915 Å[18]と報告されている（図10）。したがっ

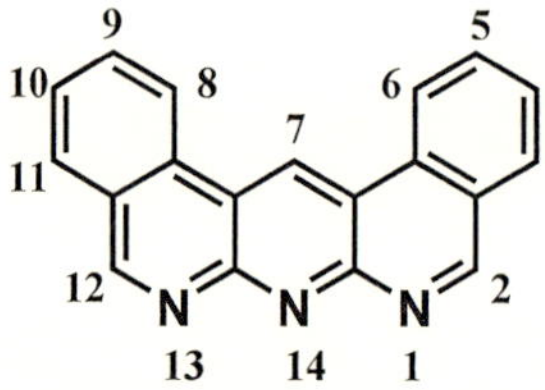

図10　ジベンゾ[c,h]アンチリジンの構造

て，ジベンゾアンチリジンの 5- および 9- 位に π-π 相互作用部位を導入することで，目的とする Orthogonal 相互作用を形成可能な Tweezers 型分子が合成できると考えた（図 11）。

3. 3　水素結合と π スタッキングによる超分子ポリマーの創製

上述の分子設計戦略に従い，図 12 に示す Tweezers 型分子 **1a–1d** を合成した。当初，アンチリジン骨格のイミン窒素の隣接位に置換基の無いものを合成したが，溶解性が著しく低かったため[19]，Bu 基あるいは Ph 基の導入により溶解性の向上を図ることとした。これらの位置に置換基を導入すると，水素結合を形成する上で障害となることが考えられる。しかしながら，Anslyn らの報告[14]では充分に水素結合による会合体の形成が可能であると示されていることから，合成を進めたところ，有機溶媒に対して良好な溶解性を示す化合物を得ることができた。

次に，**1a–1d** と水素結合ドナー分子との水素結合形成，および芳香族化合物との π スタッキング形成について検討した。

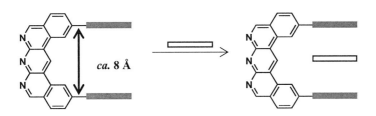

図 11　ジベンゾ[*c*,*h*]アンチリジン骨格を有する Tweezers 型分子

1a　**1b**　**1c**　**1d**

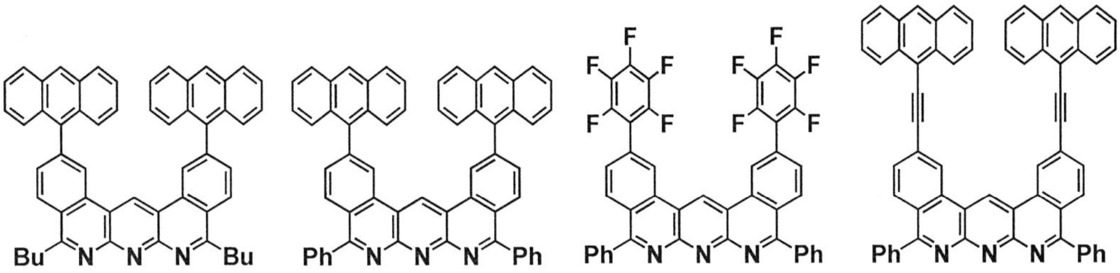

図 12　Tweezers 型アンチリジン誘導体 **1a–1d** の構造

1a-1d　**2**　**会合体**

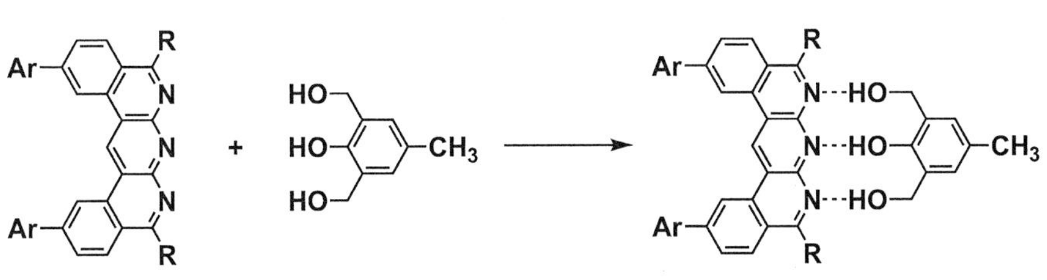

図 13　Tweezers 型アンチリジン誘導体 **1a-1d** と **2** による水素結合の形成

1a-1d のアンチリジン部位の水素結合形成能について，紫外可視吸収スペクトルを用いて検討した。水素結合ドナー分子として 2,6-ビス(ヒドロキシメチル)-p-クレゾール (**2**) を用い，滴定実験を行った (図 13)。

Tweezers 型分子 **1a** のクロロホルム溶液に **2** を添加していったときのスペクトル変化を図 14 に示す。水素結合ドナー分子 **2** の滴下に伴う **1a** の 391 nm の極大吸収の減少をプロットし，会合定数を求めたところ，$K_a = 1.71 \times 10^4 \, M^{-1}$ という値が得られた (図 15a)。さらに，Job's プロットより，**1a** と **2** は 1:1 の会合体を形成していることが明らかになった (図 15b)。Leigh らは，2- および 12- 位に置換基を持たないジベンゾ[c,h]アンチリジンと，**2** の会合体における会合定数が $K_a = 2.4 \times 10^4 \, M^{-1}$ (in CHCl$_3$) であると報告している[15]。この値と，今回得られた K_a 値は大きな差がなかったことから，2- および 12- 位に導入した n-ブチル基の立体障害の影響は限定的であるといえる。一方，置換基として Ph 基を導入した **1b**, **1c**, **1d** と **2** との会合では，それぞれ $K_a = 5.4 \times 10^3 \, M^{-1}$, $4.5 \times 10^3 \, M^{-1}$, $5.0 \times 10^3 \, M^{-1}$ (in CHCl$_3$, 2.0×10^{-5} M) と求められた。**1a** の K_a 値が他と比べて大きいのは，n-ブチル基の強い電子供与によるイミン窒素のプロトン受容性の向上が主たる原因であると考えられる。一方，**1b**, **1c** および **1d** の K_a 値はそれほど差がなく，5- および 9- 位に導入した置換基の種類はあまり影響しないことがわかった。結果として，**1a-1d** は，水素結合による会合体形成を行う上で充分な大きさの会合定数を有することが明らかとなった。

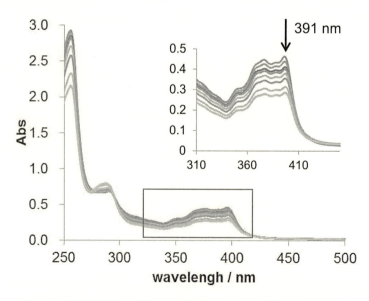

図 14　**2** の滴下量変化に伴う **1a** の吸収スペクトルの変化 (CHCl$_3$, r.t.)

次に，**1a-1d** の π-π 相互作用の形成能について評価した。ゲスト分子として，強い電子吸引性分子である 2,4,7-トリニトロフルオレノン (**3**) を用い，会合体の形成について検討した結

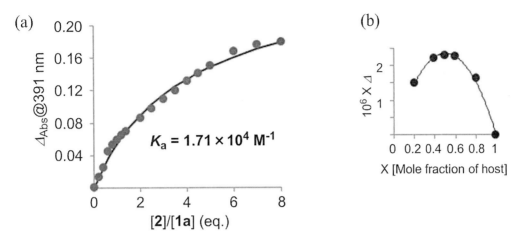

図15 (a) **2**の滴下量変化に伴う**1a**の391 nmにおける吸光度変化（CHCl$_3$, r.t.）および（b）**1a**と**2**の会合体形成におけるJob'sプロット（CHCl$_3$, 2.0×10^{-5} M, r.t.）

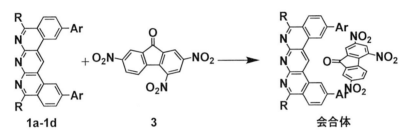

図16 Tweezers型アンチリジン誘導体**1a-1d**と**3**によるπスタッキングの形成

果，Job's plotにより**1a-1d**と**3**が1：1の会合体を形成していることがわかり，それぞれの会合定数はK_a = 99（**1a**），120（**1b**），43（**1c**）および2400（**1d**）M^{-1}と求められた（図16）。

1dが**1a-1c**と比べて大きな会合定数を示した理由は，π-π相互作用形成部位となる芳香環とスペーサーであるジベンゾアンチリジンが，エチニル基を介して結合しているため，ゲスト分子が入るスペースを充分に確保できているためであると考えられる。これらの結果より，今回合成したアンチリジン骨格を有する新規Tweezers型分子に関しても，従来のTweezers型分子の特徴の1つである分子認識能が発現していることが示唆された。これまで，Zimmerman, Osakadaらによって，種々のTweezers型分子が合成され，その会合挙動が研究されてきた。これまでに報告されているTweezers型分子と**3**との会合定数を図17に示す。今回合成した**1d**と**3**の会合定数（2.4 × 10^3 M）は比較的大きい値となり，強力なπスタッキングを形成できることがわかる。

以上の結果より，Tweezers型分子**1d**が，水素結合およびπスタッキング双方を比較的強く形成できることが明らかになった。そこで，**1d**が水素結合とπスタッキングを同時に形成できるかどうか^{1}H-NMRスペクトルにより検討したところ，**1d・2・3**の3成分が会合した

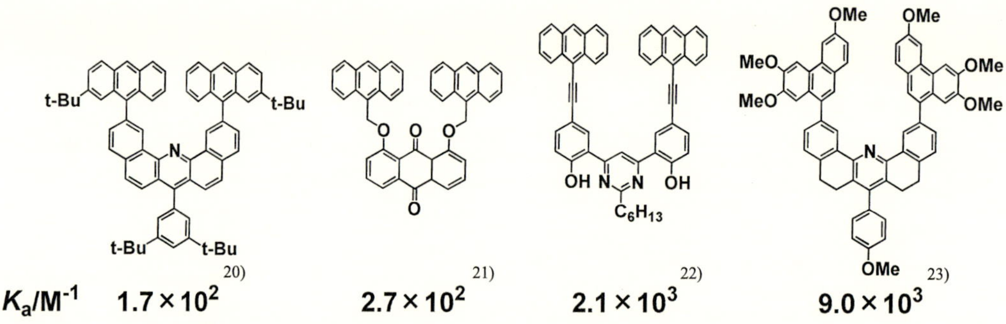

図17 これまでに報告されたTweezers型分子と3との会合定数

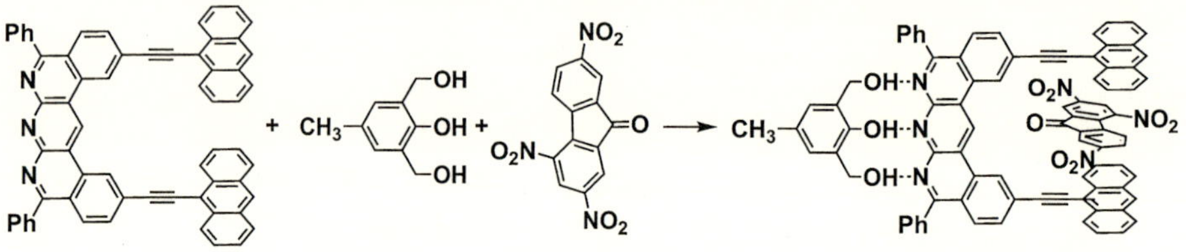

K_a/M^{-1}　　1.7×10^2 [20)]　　2.7×10^2 [21)]　　2.1×10^3 [22)]　　9.0×10^3 [23)]

図18　1d, 2, 3によるOrthogonal会合体の形成

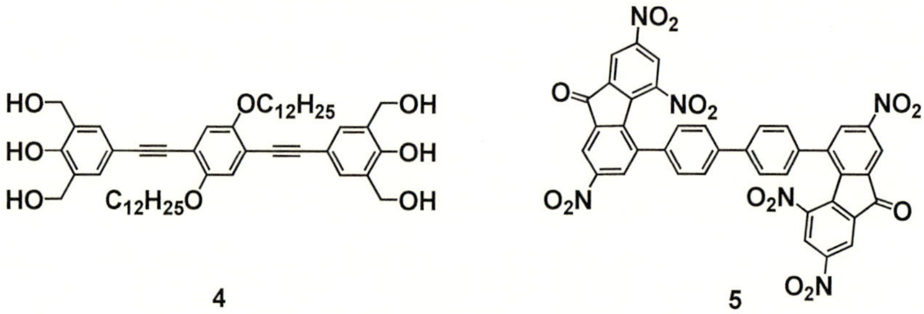

図19　化合物4および5の構造

Orthogonal超分子構造体を形成していることが強く示唆された（図18）。

この結果を受けて，両末端に相互作用部位を有する化合物**4**および**5**（図19）と，Tweezers型分子**1d**を用いて，Orthogonal超分子ポリマーの構築について検討した。

動的光散乱法（DLS）により，**1d**，**4**，**5**それぞれの単一溶液および3種を混合した溶液（1.0 mM，CHCl$_3$）を用いて，溶液中の粒子径の測定を行った。その結果，それぞれの単一溶液中では大きな粒子径を持つ粒子が観測されなかったのに対し，3成分混合溶液においては100 nm以上の粒子径を有する会合体が検出された。すなわち**1d**・**4**・**5**会合体の形成に伴い，高分子量の構造体が形成されたことが示唆された。さらに，この混合溶液を希釈した溶液についてDLS測定を行ったところ，0.1 mM溶液中では約5 nm，0.01 mMでは約3 nmの粒子径を持つ粒子の

みが観測された。この結果は，**1d・4・5**会合に伴う超分子ポリマーの形成限界濃度がおよそ10^{-3} Mオーダーであることを示唆しており，また低濃度であるほど会合を形成しにくいという超分子相互作用の特徴に合致している。

以上の結果より，Tweezers型元素ブロック**1a-1d**が，Orthogonalな相互作用を利用した超分子ポリマーの構築に有用であることを明らかにできた。予想される構造を図20に示す。

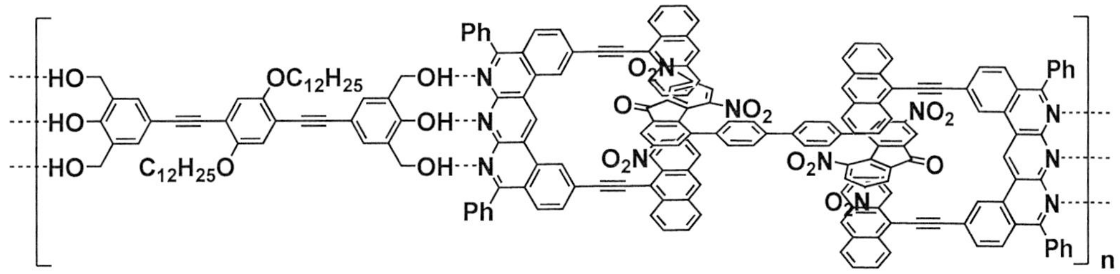

図20 1d・4・5会合体の予想構造

3.4 今後の展望

今回合成したアンチリジン含有Tweezers型元素ブロックは，2つの異なる分子を異なる非共有結合性相互作用を用いて連結するための"クリップ"としての機能が期待できる。さらに，アンチリジン誘導体は比較的強い蛍光発光を有し，水素結合やπスタッキングの形成により発光強度・波長を制御可能である。また，アンチリジンは電子吸引性のイミン窒素を3個含んでいるため，強い電子アクセプターとして働く。このような特徴を持つアンチリジンを含む高次構造をもつ超分子ポリマーは，外部刺激に対して応答可能な機能性材料を容易に創出できると期待される。加えて，アンチリジンは金属イオンと錯体を形成可能である。水素結合－π-π相互作用のみではなく，配位結合－π-π相互作用など，他の非共有結合性相互作用との組み合わせによるOrthogonal超分子ポリマーの創製にも利用できることから，新しい材料への展開が大いに期待できる。

文　献

1) 国武豊喜 監修，超分子 サイエンス＆テクノロジー，エヌ・ティー・エス（2009）
2) For review, see ; a) H. Hofmeier and U. S. Schubert, *Chem. Commun.*, **41**, 2423 (2005) ; b) S. -L. Li, T. Xiao, C. Lin, and L. Wang, *Chem. Soc. Rev.*, **41**, 5950 (2012) ; c) C. -H. Wong and S. C. Zimmerman, *Chem. Commun.*, **49**, 1679 (2013) ; d) E. Elacqua, D. S. Lye, and M. Weck, *Acc. Chem. Res.*, **47**, 2405 (2014) ; e) P. Wei, X. Yan,

and F. Huang, *Chem. Soc. Rev.*, **44**, 815 (2015)
3) F. Grimm, A. Hirsch, N. Ulm, F. Gröhn, and J. Düring, *Chem. Eur. J.*, **17**, 9478 (2011)
4) F. Wang, J. Zhang, X. Ding, S. Dong, M. Liu, B. Zheng, S. Li, L. Wu, Y. Yu, H. W. Gibson, and F. Huang, *Angew. Chem. Int. Ed.*, **49**, 1090 (2010)
5) P. Jonkheijm, P. van der Schoot, A. P. H. J. Schenning, and E. W. Meijer, *Science*, **313**, 80 (2006)
6) C. W. Chen and H. W. Whitlock Jr., *J. Am. Chem. Soc.*, **100**, 4921 (1978)
7) T. Kurtan, N. Nesnas, F. E. Koehn, Y.-Q. Li, K. Nakanishi, and N. Berova, *J. Am. Chem. Soc.*, **123**, 5974 (2001)
8) K. Ghosh, A. R. Sarkar, and A. Patra, *Tetrahedron Lett.*, **50**, 6577-6561 (2009)
9) B. G. Greenland, S. Burattini, W. Hayes, and H. M. Colquhoun, *Tetrahedron*, **64**, 8346 (2008)
10) E. M. Perez, L. Sanchez, G. Fernandez, and N. Martin, *J. Am. Chem. Soc.*, **128**, 7172 (2006)
11) S. C. Zimmerman, K. W. Saionz, and Z. Zeng, *Proc. Natl. Acad. Sci. USA*, **90**, 1190 (1993)
12) F.-G. Klarner and B. Kahlert, *Acc. Chem. Res.*, **36**, 919 (2003)
13) A. Petitjean, R. G. Khoury, N. Kyritsakas, and J.-M. Lehn, *J. Am. Chem. Soc.*, **126**, 6637 (2004)
14) E. V. Anslyn and D. A. Bell, *Tetrahedron*, **51**, 7161 (1995)
15) H. McNab, B. A. Blight, A. C. Campos, S. Djurdjevic, M. Kaller, D. A. Leigh, F. M. McMillan, and A. M. Z. Slawin, *J. Am. Chem. Soc.*, **131**, 14116 (2009)
16) L. Brunsveld, B. J. B. Folmer, E. W. Meijer, and R. P. Sijbesma, *Chem. Rev.*, **101**, 4071 (2001)
17) S. Djurdjevic, D. A. Leigh, H. McNab, S. Parsons, G. Teobaldi, and F. Zerbetto, *J. Am. Chem. Soc.*, **129**, 476 (2007)
18) T.-a. Koizumi, T. Hariu, and Y. Sei, *Acta Cryst. E*, **E71**, 681 (2015)
19) 高橋輝賢　東京工業大学修士論文（2014）
20) S. C. Zimmerman and C. M. VanZyl, *J. Am. Chem. Soc.*, **109**, 7894 (1987)
21) S. H. Lee, K. Imamura, J. Otsuki, K. Araki, and M. Seno, *J. Chem. Soc., Perkin Trans*, **2**, 847 (1996)
22) 土戸良高　東京工業大学学位論文（2014）
23) S. C. Zimmerman, K. W. Saionz, *J. Am. Chem. Soc.*, **117**, 1175 (1995)

4 有機エレクトロニクスを指向した有機金属元素ブロック材料の創出

八木繁幸*

4.1 はじめに

　有機エレクトロニクスとは，有機半導体を用いて展開されるエレクトロニクス分野のことをいい，これまでに光電変換素子，電界効果トランジスタや電界発光（EL）素子などを中心に様々な電子デバイスが創出されている。特に，電圧印加によって有機系発光材料から光を取り出す有機 EL 素子（organic light-emitting diode，以下 OLED と略す）は，スマートフォンの表示画面や超薄型テレビとして実用化が始まっており，さらには白色 EL を与える素子については，照明デバイスへの応用が検討されている。OLED は一般的に真空蒸着法によって作製され，ITO 透明電極と金属電極をそれぞれ陽極と陰極にして，両電極間に 10 ナノメートルから 100 ナノメートル程度の有機薄膜層を積層した素子構造をもつ（図1）。最近では，将来的な量産を見据えて，印刷による作製にも展開できる溶液塗布型素子も報告されており，昇華特性をもたないオリゴマーやポリマー材料も応用可能である[1]。いずれの素子構造においても，陽極と陰極からそれぞれ注入される正孔と電子が発光材料を含む層（発光層）で再結合し，その再結合エネルギーによって発光材料が励起され（励起子形成），電界発光が得られる。

　OLED の発光効率は，素子の外部へ取り出された光の量子効率（外部量子効率 η_{ext}）として式（1）で表される：

$$\eta_{ext} = \alpha \times \eta_{int} = \alpha \times \phi_p \times \Phi_{exciton} \times \gamma \tag{1}$$

　ここで，α は素子内部で発生した光を外部へ取出す効率（光取出し効率）であり，また，η_{int} は素子内部で発生する光の量子効率（内部量子効率）で，素子に注入された電子の数と発生した

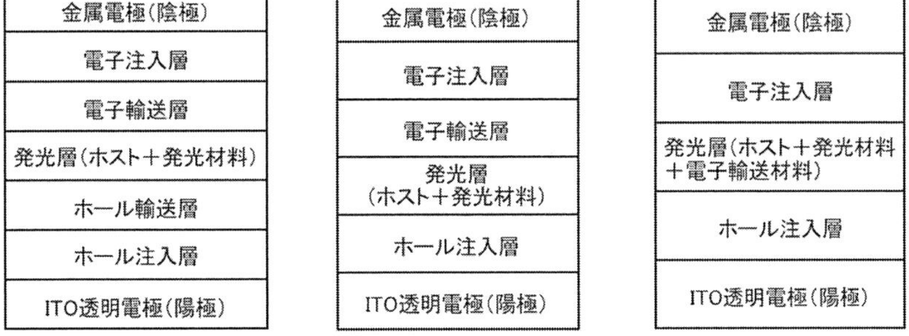

図1　典型的な OLED の素子構造

＊　Shigeyuki Yagi　大阪府立大学　大学院工学研究科　物質・化学系専攻　応用化学分野　教授

光子の数の比である。η_{int} が発光材料の内部発光量子収率 ϕ_p（発光量子効率 Φ_{PL} に対応），発光材料の励起子生成効率 $\Phi_{exciton}$，および素子中でのキャリア再結合確率 γ の積で表されることからわかるように，η_{ext} は発光材料の特性によるところが大きい。特に，OLED のような電界励起の場合，発光材料の励起子生成はスピン統計則に従って一重項励起子と三重項励起子が1：3の比で生成するため，$\Phi_{exciton}$ は蛍光材料で 0.25 となる。よって，蛍光による OLED では η_{int} は最高でも 25％ となり，優れた素子特性を期待することは難しい。一方，りん光材料を用いた OLED では，最低励起一重項（S_1）から最低三重項（T_1）への項間交差も考慮すると $\Phi_{exciton}$ は最大1まで可能となり，理論上ほぼ 100％ の η_{int} を達成することが可能である[2]。しかしながら，一般的な有機分子の三重項状態では著しく熱失活が促進されるため，室温下において効率的な発光を得ることは難しい。一方，Forrest らは，1998年にポルフィリン白金錯体を，1999年には有機イリジウム錯体（fac-Ir(ppy)$_3$，図2）を用いてりん光による OLED を報告した[3, 4]。イリジウムや白金などの重金属元素を中心金属とする有機金属錯体では，強いスピン－軌道相互作用（重原子効果）によって $S_1 \rightarrow T_1$ の項間交差が促進され，また，効率的な $T_1 \rightarrow S_0$ の放射失活がおこるため，高い Φ_{PL} で常温りん光放出が達成される。今日では，有機金属錯体を用いたりん光 OLED が主流であり，多くのりん光性有機金属錯体が開発されてきた。代表的な錯体の構造を図2に示すが[5〜8]，共通する特徴として，金属原子と配位子との間の炭素－金属共有結合による強い配位子場が無放射性の金属中心での電子遷移を高エネルギー化させ，金属原子のd軌道から配位子の π^* 軌道への電荷移動型遷移（metal-to-ligand charge transfer 遷移，略して MLCT 遷移）によってりん光が得られる。このような有機金属錯体を元素ブロックとしてとらえた場合，金属と典型元素との強い電子相関に基づく特異な光電子物性が期待できる。本稿では，著者らの研究を中心に，りん光性有機金属錯体の創出に向けた分子設計と発光特性について紹介する。

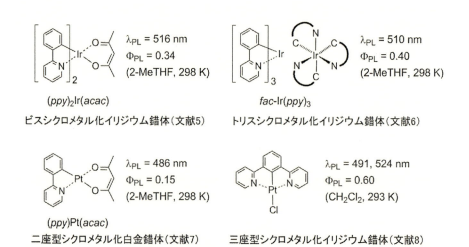

図2　典型的な有機イリジウム錯体と有機白金錯体

4.2 芳香族系補助配位子によるシクロメタル化白金錯体の発光特性制御

常温りん光を示す有機白金錯体の中で，$(C{\wedge}N)Pt(O{\wedge}O)$ タイプ（$C{\wedge}N$ は 2-アリールピリジン型シクロメタル化配位子，$O{\wedge}O$ は 1,3-ジケトナート型補助配位子）のシクロメタル化白金錯体は最も典型的なものである[7]。補助配位子にはアセチルアセトナートやジピバロイルメタナートなどの脂肪族系 1,3-ジケトナートが用いられることが多く，溶解性や会合・エキシマー形成に影響を及ぼすものの，一般的には発光色調への影響は少ない。我々は，$(C{\wedge}N)Pt(O{\wedge}O)$ 錯体の発光特性に及ぼす補助配位子の効果を調べる過程で，芳香族系補助配位子が発光量子収率を向上させることを見出した[9]。例えば，**Pt-1a**（図 3a）は 517 nm に発光極大 λ_{PL} をもつ緑色発光を示し，その Φ_{PL} はクロロホルム中で 0.42 であるが，芳香族系補助配位子である 1,3-ビス(3,4-ジブトキシフェニル)プロパン-1,3-ジオナート（以下，$bdbp$ と略す）に置換した **Pt-1b** では，発光スペクトルはほとんど変化することなく，Φ_{PL} が 0.59 まで改善された。また，**Pt-1b** からの発光は **Pt-1a** に比べて放射失活速度が大きく，発光寿命は短い。発光寿命の短寿命化は三重項-三重項消滅による励起子の失活を低減させることから，りん光材料を OLED に応用する上で興味深い結果である。

芳香族補助配位子が $(C{\wedge}N)Pt(O{\wedge}O)$ 錯体の発光特性にもたらすもう一つの大きな効果として，励起二量体，すなわちエキシマー形成の促進が挙げられる[10]。**Pt-1b** は溶液中においてエキシマー発光を示さないが，PMMA 薄膜に 10 wt％以上ドープすると，モノマー由来の発光に加えて 600 nm 付近にエキシマー発光が観測される。なお，このような顕著なエキシマー発光は，**Pt-1a** では観測されない。**Pt-1b** のエキシマー発光は，OLED においても観測される。ポリ(9-ビニルカルバゾール)(以下，PVCz)を発光層ホストとする色素分散型 OLED では（素子構造：ITO（陽極，150 nm）/PEDOT:PSS（40 nm）/ 発光層（PVCz + 電子輸送材料 + **Pt-1b**，81-88 nm）/CsF（1.0 nm）/Al（陰極，250 nm））, モノマー電界発光に加えてエキシマー電界発光が観測され，ドープ濃度の増大に従ってその強度も増大した（図 3b）。特筆すべきことに，OLED ではエキシマー形成が著しく促進され，発光層と同じ組成をもつ PVCz ドープ薄膜の発

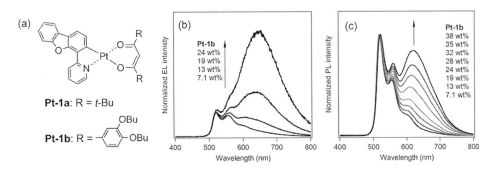

図3 (a) シクロメタル化白金錯体 **Pt-1** の構造。(b) 発光層に **Pt-1b** をドープした OLED の電界発光スペクトル。(c) **Pt-1b** をドープした OLED の発光層と同組成をもつ薄膜の発光スペクトル

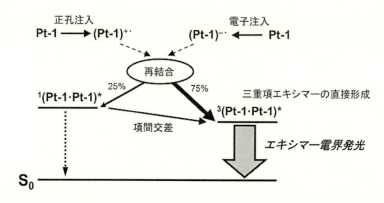

図4 シクロメタル化白金錯体 Pt-1 の電界励起における三重項エキシマー形成過程

光（図3c）と比較しても 600 nm 付近の発光強度が顕著である。このような発光挙動について著者らは，発光層中で正孔と電子がそれぞれ注入された Pt-1b のラジカルカチオンとラジカルアニオンが，再結合と同時に三重項エキシマーを形成するメカニズムを提唱している（図4）[10, 11]。Pt-1b のエキシマー発光の増強は電界発光の大きな色調変化をもたらし，ドープ濃度に応じてモノマー発光の緑色（7.1 wt%ドープ）から赤橙色（24 wt%ドープ）まで発光色調の制御が可能となる。このようなモノマー発光とエキシマー発光による色調調節を利用すれば，青色りん光性有機白金錯体を用いて，単一発光材料から白色発光を創り出すことも可能である[12]。

4.3 芳香族系補助配位子によるビスシクロメタル化イリジウム錯体の発光特性制御

シクロメタル化白金錯体と同様に，芳香族配位子を用いることによって有機イリジウム錯体の発光特性を制御することも可能である。著者らは，ビスシクロメタル化イリジウム錯体 Ir-1（図5）に芳香族系補助配位子を導入することによって，強発光赤色りん光材料の創出に成功した[13]。エネルギーギャップ則に従うと強発光性の赤色りん光材料を得ることは技術的ハードルが高いが[14]，Ir-1a は 640 nm に λ_{PL} をもつ赤色発光を示し，その Φ_{PL} はトルエン中において 0.61 と優れた値を示す。上述のシクロメタル化白金錯体と同じく，当該錯体においても，ジピバロイルメタナート（Ir-1b，Φ_{PL} = 0.55）やアセチルアセトナート（Ir-1c，Φ_{PL} = 0.49）を補助配位子に用いた場合に比べて，bdbp を補助配位子に用いることでより高い Φ_{PL} が得られた。なお，Ir-1a を発光材料に用いた PVCz をホストとする色素分散型 OLED では，外部量子効率の最大値（$\eta_{ext\ max}$）が 6.4%（@9.0 V），国際照明委員会（CIE）が定める色度座標が (x, y) = (0.68, 0.31) の赤色電界発光が観測された（図5）。Ir-1a と類似の構造を有する Ir-2 では，λ_{PL} がやや短波長シフトするものの（λ_{PL} = 610 nm），Φ_{PL} が 0.77（トルエン中）の強い赤色発光を与え，PVCz をホストとする色素分散型 OLED では，$\eta_{ext\ max}$ が 5.3%，CIE 色度座標が (x, y) = (0.64, 0.37) の赤色電界発光を与えることが報告されている[15]。赤色りん光性錯体 Ir-1a と Ir-2 はともに，白色 OLED（WOLED）の赤色成分としても応用可能であり，実際にこれらを発光ドーパ

第1章　発光材料

ントに用いた溶液塗布型 WOLED が報告されている[15, 16]。

　ビスシクロメタル化イリジウム錯体では，通常，C^N 配位子を適宜設計することによって発光色調を調節するが，芳香族系補助配位子を用いても色調制御が可能である。著者らは，種々の C^N 配位子を有するビスシクロメタル化イリジウム錯体について，発光色調に及ぼす補助配位子の影響について報告している[17]。図 6 に示すように，青色りん光性錯体 **Ir-3a** の補助配位子を *bdbp* に置換すると（**Ir-3b**），λ_{PL} は大きく赤色シフトして黄緑色の発光（λ_{PL} = 558 nm, トルエン中）を与える。さらに補助配位子の共役系を拡張することで λ_{PL} はさらに長波長化し（**Ir-3c**），橙色発光（λ_{PL} = 604 nm, トルエン中）を与える。紫外可視吸収スペクトルでは芳香族系補助配位子の導入によって三重項禁制遷移による吸収端が長波長化すること，また，溶液中において濃度を変化させても発光スペクトルに変化が認められないことから，観測される発光の長波長化は会合体やエキシマーの形成に由来するものではない。緑色および赤色りん光性錯体ではこのような補助配位子による顕著な発光色調変化は認められないことから，**Ir-3a** のように発光性の ^{3}MLCT 遷移が高エネルギーである錯体の補助配位子を芳香族系のものに置換すると，C^N

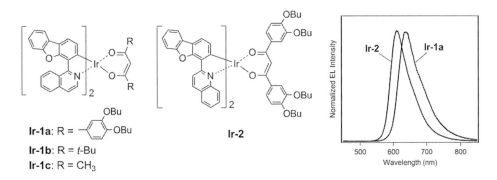

図5　**Ir-1** および **Ir-2** の構造とそれらを発光材料に用いた OLED の電界発光スペクトル

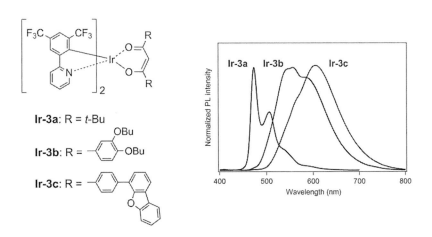

図6　**Ir-3a-c** の構造と発光スペクトル（トルエン中，298 K）

配位子が関与する励起三重項よりも補助配位子が関与する励起三重項がより低エネルギーに位置し，その結果，長波長化した発光を与えるものと考えられる。

4.4 共役鎖をシクロメタル化配位子に組み込んだりん光性有機金属錯体

有機半導体や発光材料などの有機エレクトロニクス材料として，しばしば共役高分子にスポットがあてられる。その代表的なものとして，ポリチオフェンやポリフルオレンなどが挙げられるが，有機金属錯体を元素ブロックとして用いた共役高分子[18, 19]や拡張共役分子[20]の例は極めて少ない。有機π電子系と金属元素との強い電子相関を利用すれば，特異な光学特性や電子物性の発現を導き出すことが可能になる。ここでは，著者らが創出したオリゴフルオレン共役鎖をシクロメタル化配位子に組み込んだシクロメタル化白金錯体 **Pt-2**（図7a）の発光特性と有機EL素子への応用について紹介する[21]。

2-(フルオレン-2-イル)ピリジナートをシクロメタル化配位子とする錯体 **Pt-2a** は，ジクロロメタン中で 540 nm に λ_{PL} を有する黄色発光（Φ_{PL} = 0.26）を示す。この錯体のシクロメタル化配位子の両端に 9,9-ジヘキシルフルオレン-2-イル基を導入した **Pt-2b** では，λ_{PL} は 59 nm 長波長化し，赤橙色発光（Φ_{PL} = 0.10）を与える。さらにフルオレン骨格を伸長した **Pt-2c** では，λ_{PL} は 4 nm 赤色シフトするだけであり，Φ_{PL} も **Pt-2b** とほぼ同じ（Φ_{PL} = 0.11）であることから，シクロメタル化配位子の共役系のさらなる拡張は，ほとんど発光特性に影響を及ぼさない。このことは，**Pt-2b** と **Pt-2c** を発光材料に用いた OLED がともに同様な電界発光特性を示すこ

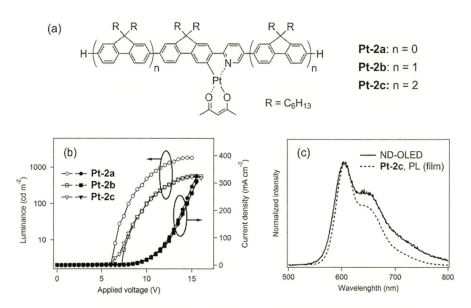

図7 (a) シクロメタル化白金錯体 **Pt-2** の構造。(b) PVCz をホストとする発光層に **Pt-2** をドープした OLED の電圧ー輝度ー電流密度曲線。(c) **Pt-2c** を発光層に用いた非ドープ型 OLED (ND-OLED) の電界発光スペクトルと **Pt-2c** のニート薄膜の発光スペクトル

とからも裏付けられる（図7b）。一方，**Pt-2c** は単独でも OLED の発光層を形成することが可能である。通常，(*ppy*)Pt(*acac*) 型の錯体は結晶性が高く，単独で安定なアモルファス薄膜層を形成することはできない。しかしながら，**Pt-2c** は優れたアモルファス安定性を示し，スピンコート法によって平滑な薄膜を形成することができる。実際に **Pt-2c** を発光層に用いた非ドープ型 OLED を作製したところ（素子構造：ITO（陽極，150 nm）/PEDOT:PSS（40 nm）/ 発光層（**Pt-2c**，55 nm）/CsF（1.0 nm）/Al（陰極，250 nm）），光励起による発光と同様なスペクトルを有する赤橙色電界発光（CIE 色度座標；(x, y) = (0.62, 0.37)）を示した（図7c）。この素子の発光効率は高くないが（$\eta_{\text{ext max}}$ = 0.24％），得られた結果は **Pt-2c** が発光機能のみならずキャリア輸送機能も有するりん光性半導体であることを示唆する。今後，塗布法によって素子作製が可能な非ドープ型 OLED への展開の観点から，単独で発光層を形成できる優れたキャリア輸送性りん光材料の創出が期待される。

4.5 ジピリドフェナジン骨格を用いた新規りん光性有機金属錯体の創出

上述のように，りん光性有機金属錯体の創出は，主にシクロメタル化白金錯体やビスおよびトリスシクロメタル化イリジウム錯体を構造基盤として展開されてきた。一方で，目的に応じたスペクトル特性をもち，かつ優れた Φ_{PL} を有するりん光材料を得るためには，新たな基盤骨格を開拓することも重要であり，また，このような目的のもとで得られる新規錯体は，有機エレクトロニクス材料を創出するための新たな有機金属元素ブロックとして期待できる。ここでは，著者らが試みているジピリド[3,2-*a*:2',3'-*c*]フェナジン（以下，*dppz*）を基盤骨格に用いたりん光性有機白金錯体の創出について紹介する。

dppz およびその金属錯体は，それ自身ではほとんど発光特性を示さず，また，りん光材料の基盤骨格として用いられた研究例も報告されていない。著者らは，*dppz* の 10 および 13 位に π 共役ドナー原子団を導入することで *dppz* 部位をアクセプターとする分子内電荷移動（ICT）型発色団が得られ，優れた蛍光特性を示すことを見出した[22]。例えば，図8に示す **DPPZ-1** は，ジクロロメタン中で 569 nm に Φ_{PL} = 0.84 の黄色発光を与える。この蛍光発色団を基盤として

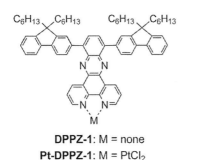

図8 **DPPZ-1** および **Pt-DPPZ-1** の構造と発光スペクトル（ジクロロメタン中，室温下）

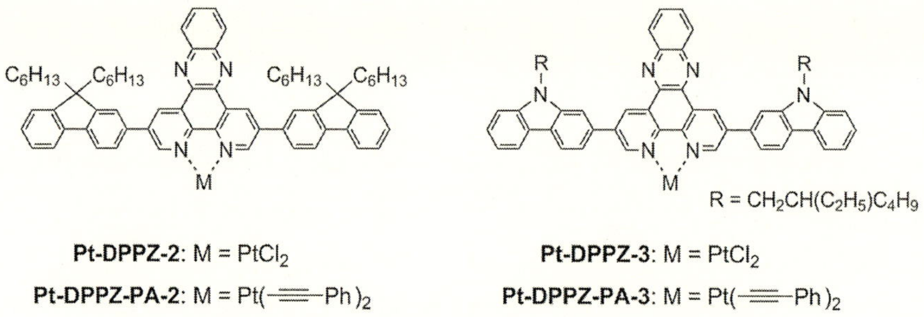

Pt-DPPZ-2: M = PtCl$_2$
Pt-DPPZ-PA-2: M = Pt(−≡≡−Ph)$_2$

Pt-DPPZ-3: M = PtCl$_2$
Pt-DPPZ-PA-3: M = Pt(−≡≡−Ph)$_2$

R = CH$_2$CH(C$_2$H$_5$)C$_4$H$_9$

図9　2,7-位にπ-共役ドナー原子団をもつ *dppz*-白金錯体の構造

表1　**Pt-DPPZ-PA-2** と **Pt-DPPZ-PA-3** の発光特性

錯体	発光極大 λ_{PL}/nm	発光量子収率 Φ_{PL}	発光寿命 $\tau_{PL}/\mu s$
Pt-DPPZ-PA-2	597, 650	0.14	2.31
Pt-DPPZ-PA-3	591, 635（sh[a]）	0.13	1.71

a) sh；ショルダーピーク

白金ジクロリド錯体 **Pt-DPPZ-1**（図8）を得ることも可能であり，その発光はフリーリガンドに比べて長波長シフトするが，発光寿命測定ではナノ秒台の発光減衰が得られ（τ_{PL} = 11.2 ns），観測される発光は蛍光である。すなわち，白金はルイス酸として働くことでICTを促進し，発光性遷移を低エネルギー化させており，常温りん光放出をもたらすほどの強いスピン−軌道相互作用を発色団に与えていないと考えられる。一方，*dppz* の2および7位にπ共役ドナー原子団を導入した白金ジクロリド錯体 **Pt-DPPZ-2** と **Pt-DPPZ-3**（図9）はともにほとんど発光を示さないが，クロリド配位子をフェニルアセチリドに置換した **Pt-DPPZ-PA-2** と **Pt-DPPZ-PA-3** は，発光減衰がマイクロ秒台の赤橙色のりん光を与える（表1）[23]。興味深いことに，**Pt-DPPZ-1** のクロリド配位子をフェニルアセチリドに置換した参照錯体は 618 nm に発光極大をもつ赤橙色の蛍光（Φ_{PL} = 0.064, τ_{PL} = 2.95 ns）を示すことから，2,7位のπ共役ドナー原子団は常温りん光放出に不可欠であることがわかる。時間依存密度汎関数理論（TD-DFT）計算を用いて基底状態から励起三重項状態への遷移について調べたところ，フェニルアセチリドと白金に電子が局在化した HOMO からピリジン縮環部位とフルオレン部位に電子が分布した LUMO + 1 への遷移が発光に寄与することが示唆された（図10）。よって，**Pt-DPPZ-PA-2** や **Pt-DPPZ-PA-3** で観測される発光は，フェニルアセチリドから *dppz* への配位子間電荷移動型遷移に基づくものと考えられる。

4.6　おわりに

本稿では，有機白金錯体と有機イリジウム錯体について，シクロメタル化配位子と補助配位子による発光機能制御に関する最近の研究を紹介した。本来，シクロメタル化配位子は発光色調制御の役割を担うが，π共役系を拡張させ半導体特性を付与することで，非ドープ型 OLED の作

第 1 章　発光材料

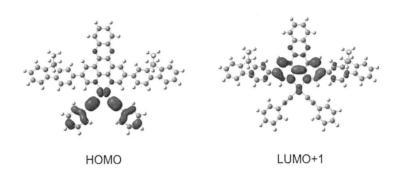

　　　　　　HOMO　　　　　　　　　　　LUMO+1

図 10　DFT 計算（白金は B3LYP/LANL2DZ，それ以外の原子は B3LYP/6-31G（d）で計算）から求めた **Pt-DPPZ-PA-2** の HOMO と LUMO ＋ 1。フルオレン 9 位のヘキシル基はメチル基に置換して計算した

製が可能なキャリア輸送性りん光材料として機能することが明らかになった。また，芳香族系補助配位子を用いることで，発光量子収率の向上やエキシマー発光の促進などがもたらされることを見出し，補助配位子を積極的に利用した発光機能制御が可能であることを示した。さらには，有機金属元素ブロックの創出を目的とした，りん光性有機白金錯体の新たな構造基盤の探索についても紹介した。以上のように，目的に応じて適宜配位子をデザインすることによって，新規かつ新奇な有機金属錯体を創出することが可能であることが示された。今後，有機エレクトロニクスの新展開をもたらす有機金属元素ブロック材料の創出が大いに期待される。

文　　献

1) L. Xiao, Z. Chen, B. Qu, J. Luo, S. Kong, Q., Gong, J. Kido, *Adv. Mater.*, **23**, 926-952 (2011)
2) M. A. Baldo, D. F. O'Brien, M. E. Thompson, S. R. Forrest, P*hys. Rev. B*, **60**, 422-428 (1999)
3) M. A. Baldo, D. F. O'Brien, Y. You, A. Shoustikov, S. Sibley, M. E. Thompson, S. R. Forrest, *Nature*, **395**, 151-154 (1998)
4) M. A. Baldo, S. Lamansky, P. E. Burrows, M. E. Thompson, S. R. Forrest, *Appl. Phys. Lett.*, **75**, 4-6 (1999)
5) S. Lamansky, P. I. Djurovich, D. Murphy, F. Abdel-Razzaq, R. Kwong, I. Tsyba, M. Bortz, B. Mui, R. Bau, M. E. Thompson, *Inorg. Chem.*, **40**, 1704-1711 (2001)
6) A. B. Tamayo, B. D. Alleyne, P. I. Djurovich, S. Lamansky, I. Tsyba, N. N. Ho, R. Bau, M. E. Thompson, *J. Am. Chem. Soc.*, **125**, 7377-7387 (2003)
7) J. Brooks, Y. Babayan, S. Lamansky, P. I. Djurovich, I. Tsyba, R. Bau, M. E. Thompson,

Inorg. Chem., **41**, 3055-3066 (2002)

8) J. A. G. Williams, A. Beeby, E. S. Davies, J. A. Weinstein, C. Wilson, *Inorg. Chem.*, **42**, 8609-8611 (2003)
9) H. Tsujimoto, S. Yagi, Y. Honda, H. Terao, T. Maeda, H. Nakazumi, Y. Sakurai, *J. Lumin.*, **130**, 217-221 (2010)
10) T. Shigehiro, S. Yagi, T. Maeda, H. Nakazumi, H. Fujiwara, Y. Sakurai, *J. Phys. Chem. C*, **117**, 532-542 (2013)
11) H. Xu, Y. Lv, W. Zhu, F. Xu, L. Long, F. Yu, Z. Wang, B. Wei, *J. Phys. D: Appl. Phys.*, **44**, 415102 (4 pages) (2011)
12) V. Adamovich, J. Brooks, A. Tamayo, A. M. Alexander, P. I. Djurovich, B. W. D'Andrade, C. Adachi, S. R. Forrest, M. E. Thompson, *New J. Chem.*, **26**, 1171-1178 (2002)
13) H. Tsujimoto, S. Yagi, H. Asuka, Y. Inui, S. Ikawa, T. Maeda, H. Nakazumi, Y. Sakurai, *J. Organomet. Chem.*, **695**, 1972-1978 (2010)
14) D. H. Kim, N. S. Cho, H.-Y. Oh, J. H. Yang, W. S. Jeon, J. S. Park, M. C. Suh, J. H. Kwon, *Adv. Mater.*, **23**, 2721-2726 (2011)
15) H. Tsujimoto, S. Yagi, S. Ikawa, H. Asuka, T. Maeda, H. Nakazumi, Y. Sakurai, *J. Jpn. Soc. Colour Mater.*, **83**, 207-214 (2010)
16) S. Ikawa, S. Yagi, T. Maeda, H. Nakazumi, *Phys. Status Solidi C*, **9**, 2553-2556 (2012)
17) S. Ikawa, S. Yagi, T. Maeda, H. Nakazumi, H. Fujiwara, Y. Sakurai, *Dyes Pigm.*, **95**, 695-705 (2012)
18) S. W. Thomas III, S. Yagi, T. M. Swager, *J. Mater. Chem.*, **15**, 2829-2835 (2005)
19) J. Langecker, M. Rehahn, *Macromol. Chem. Phys.*, **209**, 258-271 (2008)
20) A. J. Sandee, C. K. Willams, N. R. Evans, J. E. Davies, C. E. Boothby, A. Kohler, R. H. Friend, A. B. Holmes, *J. Am. Chem. Soc.*, **126**, 7041-7048 (2004)
21) S. Yagi, T. Shigehiro, T. Takata, T. Maeda, H. Nakazumi, *Mol. Cryst. Liq. Cryst.*, **621**, 53-58 (2015)
22) T. Shigehiro, S. Yagi, T. Maeda, H. Nakazumi, H. Fujiwara, Y. Sakurai, *Tetrahedron Lett.*, **55**, 5195-5198 (2014)
23) T. Shigehiro, Y. Kawai, S. Yagi, T. Maeda, H. Nakazumi, Y. Sakurai, *Chem. Lett.*, **44**, 288-290 (2015)

5 ラクタム分子を基盤とした元素ブロック材料の創出

清水宗治*

5.1 はじめに

近年,有機薄膜太陽電池や有機 EL などの有機エレクトロニクスやバイオイメージングといった幅広い分野で,可視近赤外領域に強い吸収および発光を示す有機色素分子が大きな関心を集めている。特にバイオイメージング分野では,水やヘモグロビンなど生体構成物質の吸収が少なく,透過性の高い「生体の窓」と呼ばれる 700〜900 ナノメートルの深赤から近赤外領域の色素分子が必要とされているが,従来の有機色素分子ではこれらの領域に吸収および発光を示す分子は少ないことから,新たな分子設計とその創出が望まれている。

図1に示す BODIPY (boron-dipyrromethene,または IUPAC 名として,4,4-difluoro-4-bora-3a,4a-diaza-s-indacene)[1]は,500 ナノメートルに吸収および発光を示す有機色素分子として古くから知られている[2]。BODIPY は溶媒極性や pH などの環境変化に発光特性が影響を受けにくく,また周辺への置換基導入により化学修飾が容易なことから,これまでに多くの合成研究がなされ,分子センサーや蛍光ラベル分子として応用研究に用いられてきた[3,4]。また光誘起エネルギードナー分子ユニットとして,人工の光捕集アンテナ複合体に組み込まれた研究も数多く報告されている[5]。しかしながら一方で,いくつかの例外を除いて,BODIPY の基本的な分子骨格を変えずに置換基効果や共役の拡張を施すだけでは,600 ナノメートル程度までしか吸収・発光波長を長波長化できないことから,前述の近赤外領域を指向する上では基盤骨格として限界がある。

この通常の BODIPY では困難な波長領域に吸収および発光を達成するための基盤骨格として,近年注目を集めているのが,BODIPY の2つのピロール環をつなぐメゾ位と呼ばれる位置

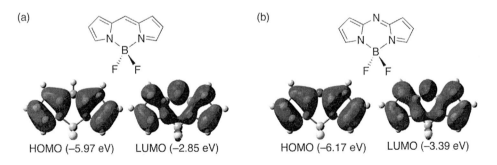

図1 (a) BODIPY および (b) aza-BODIPY の構造とそれぞれの HOMO および LUMO
括弧内の数字はエネルギー準位を示す

---

* Soji Shimizu 九州大学 大学院工学研究院 応用化学部門(機能) 准教授

を炭素の代わりに窒素としたaza-BODIPYである（図1）。aza-BODIPYは，その配位子骨格であるazadipyrrin骨格[6]が1940年代に報告されているが，実際にホウ素錯体であるaza-BODIPYが報告されたのは1990年代になってからである[7]。2002年以降，O'Sheaらにより合成研究が進められたことで，700～800ナノメートルにまで，通常のBODIPYに類似した強い吸収と蛍光を示すような分子が報告されてきており，バイオイメージングを指向した有機色素分子として応用研究がなされている[8]。

対応する構造を持つBODIPYからの，aza-BODIPYの吸収および蛍光発光の長波長化は，フロンティア分子軌道から説明することができる。図1には吸収に関係する最高被占軌道（HOMO）と最低空軌道（LUMO）およびそのエネルギーを示す。分子軌道を見るとLUMOにおいて，メゾ位に大きな係数がある一方で，HOMOではメゾ位は節になっている。そのため，メゾ位の元素を炭素からより電気陰性度の大きな窒素に置き換えたaza-BODIPYでは，BODIPYと比較して，LUMOの方がHOMOよりも大きく安定化される。吸収波長はHOMO-LUMOギャップにより決まるので，結果として，aza-BODIPYが対応する構造のBODIPYよりも長波長に吸収を示すことになる[9]。

aza-BODIPYは大きく分けて，図2に示す3つのルートで合成される[2a,d]。1つ目はピロールとα位がニトロソ化されたピロールとの反応によりazadipyrrin骨格を形成した後に，ホウ素錯化する合成である（図2a）[10]。2つ目では，α,β-不飽和ケトンからMichael付加により誘導した1,3-diaryl-4-nitrobutan-1-one骨格から，系中でニトロソピロールとピロールを発生させて合成している（図2b）[11]。3つ目はフタロシアニンの合成から派生したものであり，o-フタロニトリルとアリールグリニャール試薬との反応により合成する（図2c）[9,12]。また最近，この合成における中間体に類似のaminoisoindolineを用いる反応も報告されている[13]。しかしながら，い

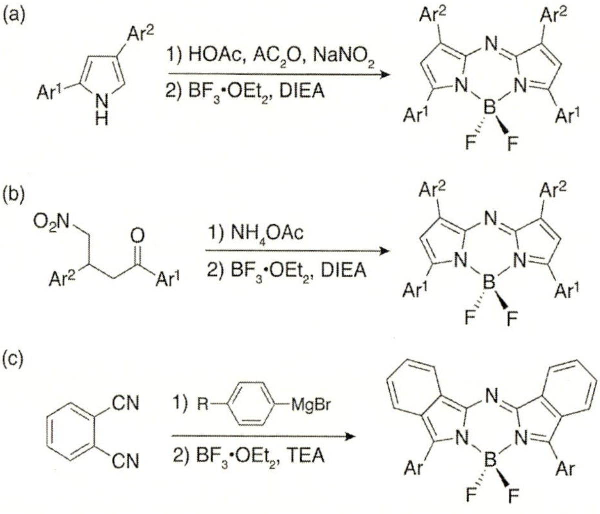

図2　これまでに報告されているaza-BODIPYの代表的な合成法

第 1 章　発光材料

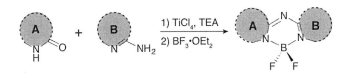

図 3　Schiff 塩基形成反応による aza-BODIPY 合成
A および **B** は含窒素芳香環を示す

ずれの場合もピロールの 2 位あるいは 2 位と 4 位にアリール置換基を有していなければならず，合成できる aza-BODIPY 骨格には制約があった。

　最近，我々は aza-BODIPY 類縁体の新たな合成法として，ラクタム分子と含窒素芳香族アミンを用いた Schiff 塩基形成反応を見出している（図 3）。本合成法は基質汎用性が高く，ジケトピロロピロールのような 2 つのラクタム部分を持つような分子でも aza-BODIPY 骨格への変換が可能である。またこの系において，前述の「生体の窓」に強い吸収および発光を示す色素分子の創出に成功している。

　本節では我々の開発したラクタム分子を基盤とした aza-BODIPY 合成法と，これまでに合成した一連の aza-BODIPY について，その優れた可視近赤外発光，ならびに凝集誘起発光挙動について述べた後に，光吸収特性を活かした有機薄膜太陽電池への応用研究について紹介する[14]。

5.2　ラクタム分子と含窒素芳香族アミンを用いた Schiff 塩基形成反応

　ラクタム分子は，ジーンズや藍染めの染料であるインディゴや，赤色顔料として工業的に広く用いられているジケトピロロピロール[15]に代表されるように，有機色素分子として知られているものが多い。また最近ではアミド部位に誘起される電子アクセプター性から，有機薄膜太陽電池を指向したドナー・アクセプター小分子あるいは高分子のアクセプターユニットとして注目されており，共役構造を有するラクタム分子の合成研究も盛んに行われている。

　我々はラクタム分子が aza-BODIPY の半分の分子骨格を有していることに着目し，2-aminopyridine などの含窒素芳香族アミンとの Schiff 塩基形成反応により，aza-BODIPY の配位子骨格を簡便に構築しうると考えた。またこの合成法では前駆体となるラクタム分子および含窒素芳香族アミンが多く合成報告あるいは市販されていることから，類縁化が容易であることも期待できた。

　Schiff 塩基形成反応の条件を検討した結果，四塩化チタンとトリエチルアミンの存在下，トルエン中還流し，続いてホウ素錯化のために $BF_3 \cdot OEt_2$ を加えて反応させることで，目的の aza-BODIPY 類縁体を，ラクタム分子と窒素芳香族アミンから，収率良く合成できることを見出した（図 3）。これまでにラクタム骨格として，ベンゾ[*c,d*]インドールおよびジケトピロロピロールから対応する aza-BODIPY 類縁体の合成を報告している[14]。以下にそれぞれの合成および光物性について示す。

5.3 ベンゾ[c,d]インドール骨格を有するaza-BODIPYの合成および発光特性[14a]

ベンゾ[c,d]インドール骨格を有するaza-BODIPY（**1**）は，benzo[c,d]indol-2(1H)-one（**lactam-1**）とbenzo[c,d]indol-2-amine（**amine-1**）から，前述のSchiff塩基形成反応で41％の収率で合成している（図4a）。[14a, 16] またホウ素錯化の際に，$BF_3 \cdot OEt_2$の代わりにBPh_3を用いることで，ホウ素上の配位子をフェニル基に変えることも可能である（図4aの**2**）。さらにホウ素錯化を行わずに精製することで，aza-dipyrrin配位子骨格を単離することにも成功しており，その後，亜鉛錯化により**3**を得ている。反応に用いるラクタムや含窒素芳香族アミンは図4b,cに示すように，**lactam-2**や**amine-2〜5**も利用可能であり，本合成法の高い基質汎用性を示すと共に，左右非対称なヘテロ型のaza-BODIPY（**4〜8**）を得ている。

通常，aza-BODIPYは対応する構造のBODIPYと比較して，長波長側に吸収と蛍光を示すが，今回合成した**1**では反対に短波長側にシフトしており，**1〜3**で450〜650ナノメートルに，**4〜8**で350〜500ナノメートルに特徴的な2本の吸収帯を示すことが分かった（図5および表1）[17]。これはLUMOよりもHOMOにおいてメソ位に大きな係数を持つことが理由であり，今回合成したaza-BODIPYが通常のaza-BODIPYとは異なる電子構造を有していることを明らかにした（図6）。

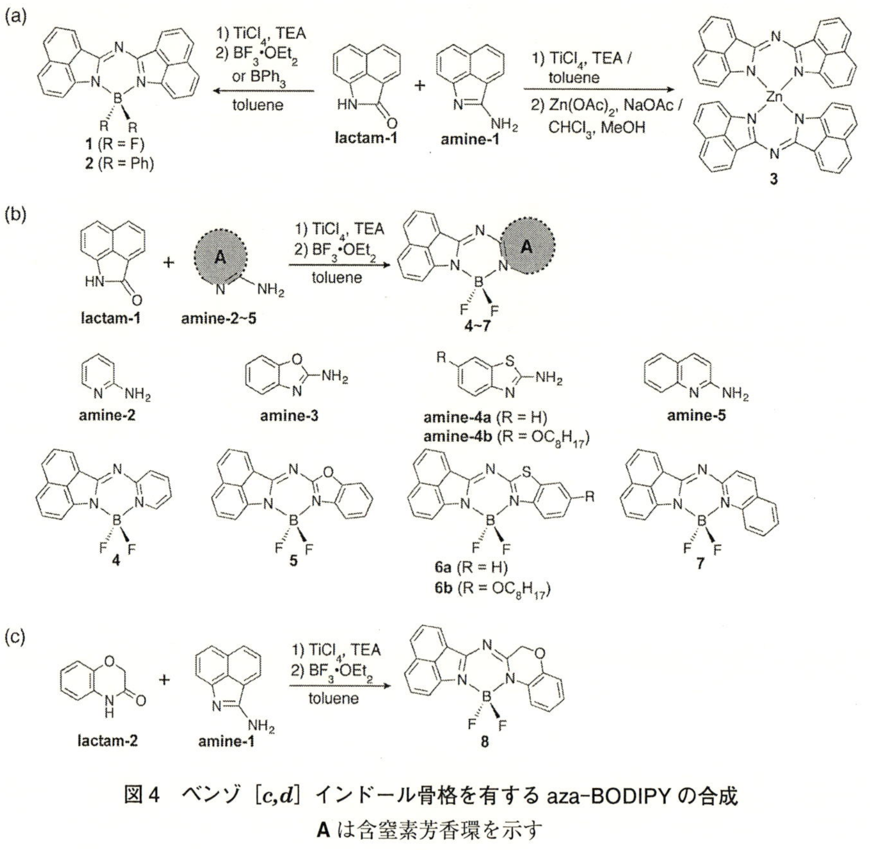

図4 ベンゾ[c,d]インドール骨格を有するaza-BODIPYの合成
Aは含窒素芳香環を示す

第1章 発光材料

蛍光量子収率は表1にまとめるように，**8**以外は概ね高い値を示している**8**の消光は主たる分子構造に存在するsp³炭素によると推察でき，これを利用することで後述のように特異な凝集誘起発光挙動を見出している。

主たる2本の吸収帯の高エネルギー側のバンドは主吸収帯の振電バンドと帰属しているが，対称型の構造を持つ**1～3**と比較すると，非対称型の**4～8**で主吸収帯と振電バンドの強度が逆

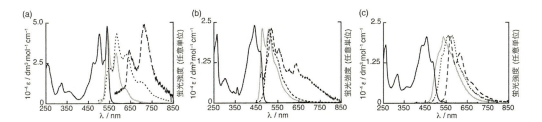

図5 ベンゾ[*c,d*]インドール骨格を有するaza-BODIPYの吸収および蛍光スペクトル (a) **1**，(b) **4**，(c) **8**
吸収スペクトル：実線（黒色），クロロホルム中の蛍光スペクトル：実線（灰色），PMMA中の蛍光スペクトル：点線，ドロップキャスト法で作成した膜中の蛍光スペクトル：破線
（文献[14a]より一部改変して転載）

表1 ベンゾ[*c,d*]インドール骨格を有するaza-BODIPY（**1～8**）の吸収および発光特性

化合物	λ_{abs} [nm]	log ε	λ_{em} [nm]	Stokes shift [cm⁻¹]	ϕ_{CHCl_3} [a]	ϕ_{PMMA} [b]	ϕ_{sol} [c]	τ_F [ns]	k_r [× 10⁸s⁻¹] [d]	k_{nr} [× 10⁸s⁻¹] [e]
1	539	4.68	541	69	0.60	0.30	0.08	5.0	1.2	0.8
2	602	4.30	626	637	0.13	0.15	0.04	6.5	0.2	1.3
3	563	4.72	572	279	0.26	0.15	0.02	2.3	1.1	3.2
4	468	4.20	481	534	0.83	0.82	0.20	7.0	1.2	0.2
5	468	3.94	478	447	0.70	0.71	0.24	5.9	1.2	0.5
6a	480	4.20	489	383	0.81	0.81	0.27	6.0	1.4	0.3
6b	491	4.38	506	603	0.38	0.43	0.22	2.5	1.5	2.5
7	488	4.38	496	331	0.84	0.82	0.13	5.8	1.4	0.3
8	484	4.11	515	1244	0.05	0.13	0.14	0.3	1.7	32

[a] クロロホルム中の絶対量子収率，[b] PMMAフィルム中の絶対量子収率，[c] ドロップキャスト法で作成した膜の絶対量子収率，[d] クロロホルム中の発光速度定数：$k_r = \phi_F/\tau_F$，[e] クロロホルム中の無放射速度定数：$k_{nr} = (1 - \phi_F)/\tau_F$

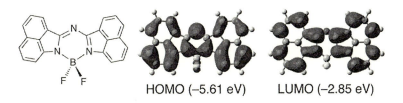

図6 ベンゾ[*c,d*]インドール骨格を有するaza-BODIPY（**1**）のHOMOおよびLUMO
括弧内の数字はそれぞれのエネルギー準位を示す

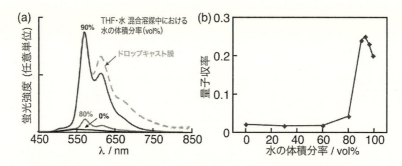

図7 THF/水混合溶媒中における水の体積分率に伴うベンゾ [*c,d*] インドール骨格を有する aza-BODIPY（**8**）の（a）蛍光スペクトル変化および（b）量子収率変化
（文献[14a]より一部改変して転載）

転している。そのために **4〜8** では見かけ上のストークスシフトが大きくなり，吸収と蛍光の重なりが小さくなっている。固体状態において，自己吸収による消光がストークスシフトの小さな系では顕著であるが，**4〜8** では抑制されるために，結果として良好な固体発光を示している。発光量子収率をクロロホルム溶液中，ポリメタクリル酸メチル樹脂（PMMA）中，ドロップキャストで作成した膜中で比較したところ，**1〜3** ではPMMA中で強く消光されるのに対して，非対称型ではほぼ溶液中と同程度の量子収率を保持していることがわかった（表1）。これは一般的にaza-BODIPYは固体状態で消光するものが多いことを考慮すると興味深い結果である。また共役構造の一部にsp^{3}炭素が含まれる **8** では他のaza-BODIPYとは対照的に，PMMAから固体になるにつれて，量子収率が増大した。THF/水の混合溶媒中でも水の比率の増加に伴って，量子収率の増大が見られたことから，**8** は凝集誘起発光（Aggregation Induced Emission Enhancement）[18]を示すことを明らかにした（図7）。これは溶液状態におけるsp^{3}炭素周辺の分子運動による失活が，凝集により抑制されたためと考えられる。

5. 4　ジケトピロロピロールを基体としたaza-BODIPY類縁体の合成と発光特性[14b,c]

ジケトピロロピロール，イソインディゴ，ベンゾジピロリドン[19]などの2つのラクタム部位を有する分子は近年，ドナー・アクセプター型の小分子あるいは高分子におけるアクセプター分子として，広く合成研究がなされている。我々はこれらの分子のラクタム構造に着目し，Schiff塩基形成反応によるaza-BODIPY類縁体合成の前駆体として検討した。

まずジケトピロロピロールを用いて合成を行ったところ，良好な収率で目的のピロロピロール骨格で連結したaza-BODIPY二量体骨格を有する分子（pyrropyrrole aza-BODIPY（PPAB））が得られた（図8）[20]。

当初，合成した **9〜11** は650ナノメートル付近に吸収と小さなストークシフト（数100 cm^{-1}）で強い蛍光を示した（表2）。発光波長は含窒素芳香環部位によって変化していたことから，近赤外領域への吸収および発光の長波長化を指向して，DFT計算を用いた標的分子の探索

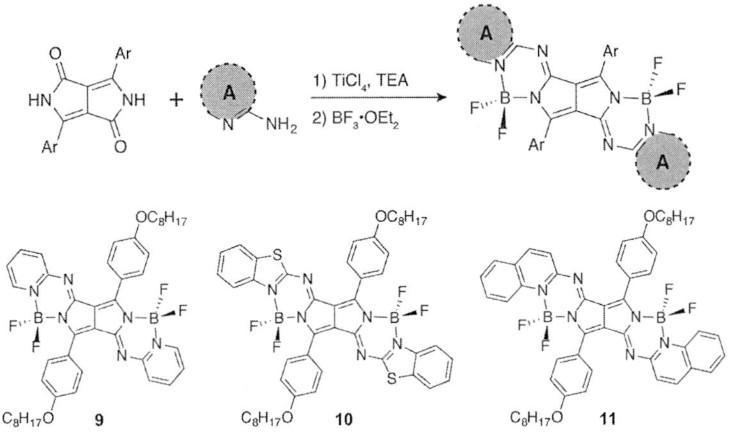

第 1 章 発光材料

図 8 PPAB (9〜11) の合成
A は含窒素芳香環を示す

表 2 PPAB (9〜16) の吸収および発光特性

化合物	λ_{abs} [nm]	log ε	λ_{em} [nm]	Stokes shift [cm^{-1}]	ϕ_F [a]	τ_F [ns]	k_r [× 10^{8}s^{-1}] [b]	k_{nr} [× 10^{8}s^{-1}] [c]
9	638	4.89	661	545	0.87	6.11	1.42	0.21
10	655	5.04	672	386	0.81	5.29	1.53	0.36
11	671	5.00	692	452	0.83	4.91	1.69	0.35
12	747	5.09	756	159	0.18	2.14	0.84	3.83
13	733	4.88	782	855	0.35	3.34	1.05	1.95
14a	699	5.08	712	261	0.11	0.61	1.80	14.6
15	756	5.04	773	291	0.24	2.31	1.04	3.29
16	803	5.11	847	647	0.14	1.07	1.31	8.04

[a] クロロホルム中の絶対量子収率，[b] クロロホルム中の発光速度定数：$k_r = \phi_F/\tau_F$，[c] クロロホルム中の無放射速度定数：$k_{nr} = (1 - \phi_F)/\tau_F$

を行った。図 9 にモデル分子の分子軌道ダイアグラムを示すように，HOMO および LUMO のエネルギー準位に系統的な変化は見られなかったが，含窒素芳香環部位をより多環構造に変えた場合（M-2），またはアリール置換基をフェニル基から，より電子豊富なジアルキルアミノフェニル基（M-3）やチエニル基（M-4）に変えた場合では，HOMO-LUMO ギャップは狭小化していたことから，これらの変換により吸収および発光の長波長化が示唆された。このモデル計算に基づき，図 10 に示す一連の PPAB (12〜16) を合成した。

新規に合成した 12〜14a はそれぞれ，含窒素芳香環をより多環の benzo[c,d]indole に，フェニル基を p-piperidinophenyl 基あるいは thienyl 基に変換したものであるが，これらは DFT 計算で予測したとおり，9〜11 よりも長波長側に吸収および発光を示した（図 11 および表 2）。13

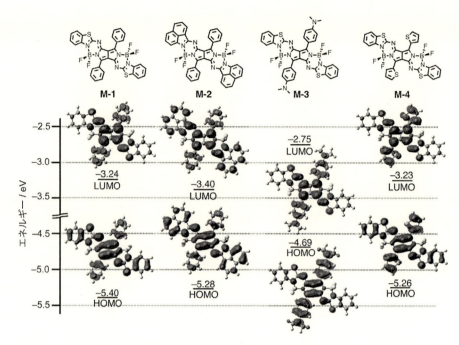

図9 近赤外吸収を指向したモデル分子の分子軌道ダイアグラム（B3LYP/6-31G（d））
（文献[14c]より一部改変して転載）

では p-piperidinophenyl 基の大きな電子ドナー性による分子内電荷移動の影響から幅広い吸収を示したが，その他は **9~11** と同様の半値幅の小さな鋭い吸収を示した。また **14a** の thienyl 基の α 位を臭素化，続いて鈴木カップリング反応により thiophene あるいは bithiophene で伸張した **15** および **16** は **14a** と比べて，チオフェンが増すごとに 50 ナノメートル程度長波長化し，**16** において，この系では最も長波長である 803 ナノメートルに吸収極大を，847 ナノメートルに発光極大を示した。またこれらの量子収率は 10% 以上であり，深赤~近赤外領域の発光としては非常に大きく，「生体の窓」に合致する吸収・発光材料として潜在性を示している。

　PPAB は分子全体に共役が広がっており，サイクリックボルタモグラム測定で，一つあるいは二つの可逆な酸化波あるいは還元波を示した。ここから見積もった HOMO および LUMO のエネルギー準位を表3に示す。含窒素芳香環をより多環構造に変えることで（**9~11**），第一酸化電位および第一還元電位が正側にシフトしているが，還元電位のシフト幅の方が大きいために，電気化学的に見積もられる HOMO-LUMO ギャップ（ΔE =（酸化電位）−（還元電位）eV）は減少している。一方でピロロピロールの thienyl 基を **14a~16** において伸張した場合は，第一還元電位はほとんど変化せず，第一酸化電位が大きく負側にシフトしていた。これは HOMO の不安定化を示しており，結果として，これらの系においても HOMO-LUMO ギャップの狭小化が見られた。

　これらの電気化学から見積もった HOMO および LUMO 準位から，PPAB は有機薄膜太陽電

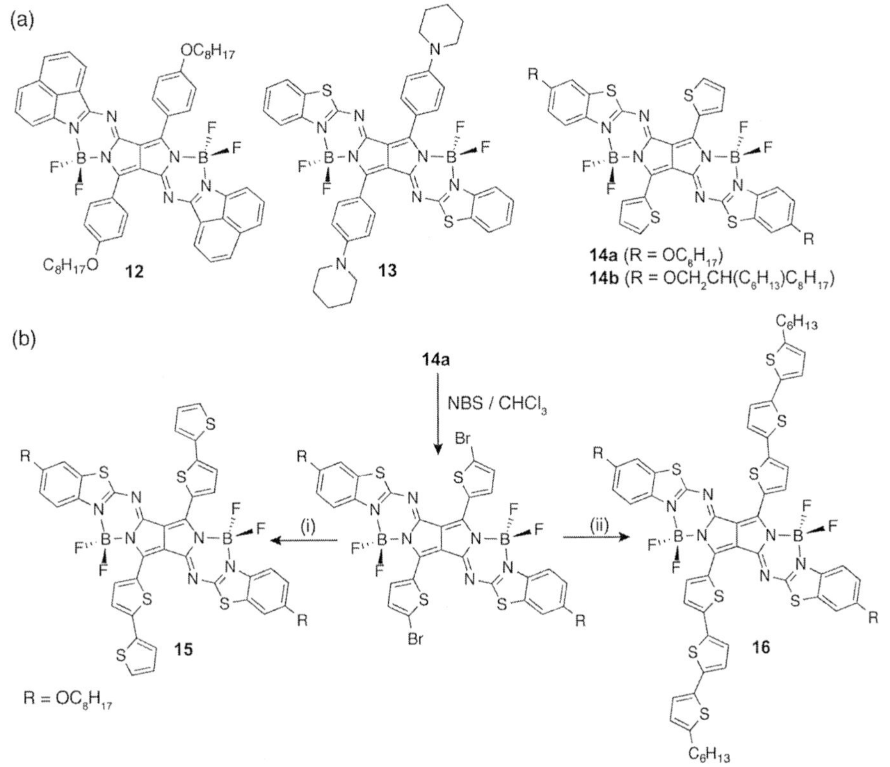

図10 (a) 近赤外吸収を指向したPPAB分子（**12〜14**）および（b）カップリング反応によるチエニル置換基の伸張

15 および **16**，合成条件：(i) thiophene-2-boronic acid, [Pd(PPh$_3$)$_4$], Na$_2$CO$_3$, Aliquat336, toluene, water, 還流, (ii) 5'-hexyl-2,2'-bithiophene-5-boronic acid pinacol ester, [PdCl$_2$(dppf)], KOAc, DMF, 80℃

池において，n型半導体材料として用いられるフラーレン誘導体，PC$_{61}$BM（phenyl-C$_{61}$-butylic acid methyl ester）に対して，電子ドナーになり得ると予想されたので，PPABを用いた有機薄膜太陽電池のデバイス特性について検討した。表3に示すLUMO準位から，含窒素芳香環部位がピリジンで，ピロロピロールの置換基がフェニル基である**9**が，PC$_{61}$BMのLUMO準位（-3.8 eV）よりも少し浅く，最適であると予想された。次にPC$_{61}$BMとのバルクヘテロ膜の特性評価のために，時間分解マイクロ波伝導度測定により，いくつかのPPAB（**9**, **10**, **14a**, **15**）について，PC$_{61}$BMとの混合前後において，最大過渡伝導度を評価したところ，電気化学測定結果から予想されたのと同じく，**9**においてPC$_{61}$BM混合後に最も大きく増加したことから，この系における最適分子として選択した（図12）[21]。PC$_{61}$BMとの最適混合比はキセノン光源の白色光を用いた時間分解マイクロ波伝導度測定により，1：1と見積もり，逆セル構造のデバイス（Glass/ITO/ZnO/バルクヘテロ膜/MoO$_3$/Ag）を作成したところ，表4に示すように，**9**は0.20％と低いエネルギー変換効率（PCE）を示した（開放電圧（V_{oc}）：0.49 V，短絡電流密度（J_{sc}）：1.16

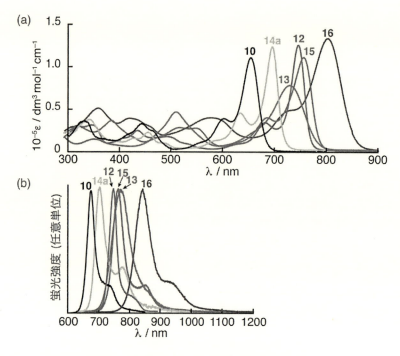

図11 クロロホルム中のPPAB（10, 12〜16）
(a) 吸収および (b) 蛍光スペクトル
（文献 14c より一部改変して転載）

表3 サイクリックボルタモグラムで測定した酸化還元電位と酸化還元電位より見積もったHOMOおよびLUMOのエネルギー準位

化合物	$E^{1/2}_{ox}$ [a] [V]	$E^{1/2}_{red}$ [a] [V]	ΔE [b] [V]	E_{HOMO} [c] [eV]	E_{LUMO} [d] [eV]
9	0.43	−1.33	1.76	−5.22	−3.47
10	0.62	−1.06, −1.67	1.68	−5.42	−3.74
11	0.51	−1.15, −1.67	1.66	−5.31	−3.65
13	0.19, 0.29	−1.14, −1.70	1.33	−4.99	−3.66
14a	0.61	−1.00	1.61	−5.41	−3.80
15	0.39	−0.95	1.34	−5.19	−3.83
16	0.15	−0.97	1.12	−4.95	−3.80

[a] サイクリックボルタモグラムから決定した酸化還元電位（Fc$^+$/Fc参照, o-DCBサンプル溶液（0.5 mM），電解質：0.1 M tetrabutylammonium perchlorate, 掃引速度：100 mV s^{-1}), [b] $\Delta E : E^{1/2}_{ox} - E^{1/2}_{red}$, [c] $E_{HOMO} = -(E^{1/2}_{ox} + 4.8)$ eV, [d] $E_{LUMO} = -(E^{1/2}_{red} + 4.8)$ eV.

mA cm^{-2}, Fill因子：0.35）。この低いPCEは，原子間力顕微鏡（AFM）によるバルクヘテロ膜の表面観察から，**9**の低い溶解性のよる凝集が原因であることが示唆されたため，溶解性を改善するために，2-ethylhexyloxy基をピロロピロールのフェニル基のパラ位に導入した分子（**17**）を合成し，さらに検討を行った。**17**は638ナノメートルに吸収極大を示したが，可視領

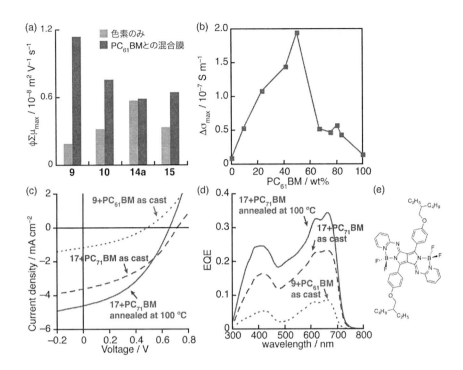

図12 (a) PPAB (**9, 10, 14a, 15**) および PPAB/PC$_{61}$BM (1:1 (w/w)) 薄膜の過渡伝導度信号最大値 ($\phi\Sigma\mu_{max}$), (b) PPAB (**9**)/PC$_{61}$BM 薄膜における白色光パルスを用いた過渡伝導度最大値 ($\Delta\sigma_{max}$) の PC$_{61}$BM 混合比率依存性, (c) PPAB (**9 および 17**)/PC$_{61(71)}$BM 薄膜 (1:1 (w/w)) の光電変換特性, (d) (c) の素子における EQE スペクトル, (e) **17** の構造式

(文献 [14c] より一部改変して転載)

表4 PPAB (**9 および 17**) / PC$_{61(71)}$BM 薄膜の有機薄膜太陽電池特性

	溶媒[a]	厚み [nm]	アニール温度	J_{sc} [mA cm^{-2}]	V_{oc} [V]	FF	PCE [%]
9:PC$_{61}$BM	CF 0.7% v/v DIO	140		1.16	0.49	0.35	0.20
17:PC$_{71}$BM	CF 0.5% v/v DIO	200		3.62	0.72	0.41	1.07
17:PC$_{71}$BM	CF 0.5% v/v DIO	200	100 ℃	4.60	0.66	0.42	1.27

[a] CF:クロロホルム, DIO:1,8-diiodooctane

域の吸収は弱いことから，PC$_{61}$BM よりも可視領域の吸収に優れた PC$_{71}$BM を用いて，デバイス特性評価を行ったところ，PCE を 1.07% まで改善することができ，さらに 100℃ でアニールすることで，最終的に 1.27% を達成した。これは初材料としては良好な結果であり，可視領域の吸収特性と伝導度を改善することで，今後さらなる高効率化を目指している。

可視領域の吸収特性の戦略として，現在，期待しているのが，PPAB の二量化である。偶然ではあるが，**14b** (図10) に対して，NBS による臭素化の後に，パラジウム触媒を用いたホウ素化を試みたところ，多量化反応が進行し，二量体 **18** が得られた。図13 に示すように，**18** は

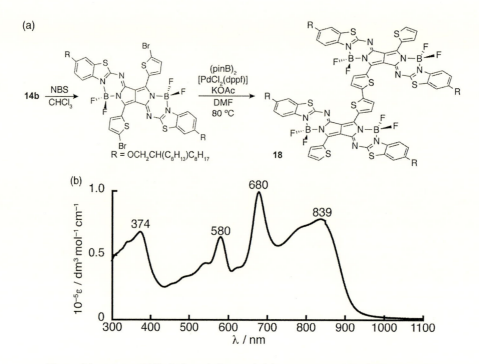

図13 (a) PPAB 二量体（18）の合成および（b）クロロホルム中の吸収スペクトル

単量体とは大きく異なり，可視近赤外領域に広がった吸収スペクトルを示した。これはモデル構造において行った TD DFT 計算から，PPAB 間の二面角の異なる複数の配座異性体によると，現在のところ推察している。**18** の PPAB 単量体よりも広帯域化した吸収を用いることで，PPAB 単量体を超える有機薄膜太陽電池特性を期待している。

5.5 おわりに

以上のように，本稿では我々が見出したラクタムと含窒素芳香族アミンを用いた Schiff 塩基形成反応により合成した新規 aza-BODIPY 類縁体について紹介した。これらの aza-BODIPY 類縁体は，可視近赤外領域の広い範囲で吸収・発光波長の制御が可能であることから，イメージング分野への展開が期待できる。また共役構造に起因する半導体特性から有機薄膜太陽電池へと応用可能であることをすでに見出しているなど，元素ブロック[22]として大変魅力的な分子群を形成しつつある。さまざまな構造のラクタム分子が知られていることから，本合成の高い基質汎用性により，今後，さらに多くの種類の aza-BODIPY 類縁体を創出し，通常の aza-BODIPY とは異なる吸収・発光・半導体特性を活かして，イメージングから有機エレクトロニクスといった幅広い分野への応用研究に挑戦したい。

第 1 章　発光材料

文　　献

1) A. Treibs, F. H. Kreuzer, *Liebigs Ann. Chem.*, **718**, 208 (1968)
2) (a) A. Loudet, K. Burgess, *Chem. Rev.*, **107**, 4891 (2007)；(b) G. Ulrich, R. Ziessel, A. Harriman, *Angew. Chem. Int. Ed.*, **47**, 1184 (2008)；(c) T. E. Wood, A. Thompson, *Chem. Rev.*, **107**, 1831 (2007)；(d) H. Lu, J. Mack, Y. Yang, Z. Shen, *Chem. Soc. Rev.*, **43**, 4778 (2014)
3) (a) R. P. Haughland, *Handbook of Fluorescent Probes and Research Products*, 9th ed., Molecular Probes Inc. (2002)；(b) Y. Urano, D. Asanuma, Y. Hama, Y. Koyama, T. Barrett, M. Kamiya, T. Nagano, T. Watanabe, A. Hasegawa, P. L. Choyke, H. Kobayashi, *Nature Medicine*, **15**, 104 (2009)
4) (a) A. C. Benniston, G. Copley, *Phys. Chem. Chem. Phys.*, **11**, 4124 (2009)；(b) N. Boens, V. Leen, W. Dehaen, *Chem. Soc. Rev.*, **41**, 1130 (2012)
5) D. Holten, D. F. Bocian, J. S. Lindsey, *Acc. Chem. Res.*, **35**, 57 (2001)
6) (a) M. A. T. Rogers, *J. Chem. Soc.*, 590 (1943)；(b) E. B. Knott, *J. Chem. Soc.*, 1196 (1947)；(c) W. H. Davies, M. A. T. Rogers, *J. Chem. Soc.*, 126 (1944)
7) T. W. Ross, G. Sathyamoorthi, J. H. Boyer, *Heteroatom Chem*, **4**, 609 (1993)
8) (a) D. Wu, S. Cheung, M. Devocelle, L.-J. Zhang, Z.-L. Chen, D. F. O'Shea, *Chem. Commun.*, **51**, 16667 (2015)；(b) A. Palma, L. A. Alvarez, D. Scholz, D. O. Frimannsson, M. Grossi, S. J. Quinn, D. F. O'Shea, *J. Am. Chem. Soc.*, **133**, 19618 (2011)
9) V. Donyagina, S. Shimizu, N. Kobayashi, *Tetrahedron Lett.*, **49**, 6152 (2008)
10) (a) W. Zhao, E. M. Carreira, *Angew. Chem. Int. Ed. Engl.*, **44**, 1677 (2005)；(b) W. Zhao, E. M. Carreira, *Chem. Eur. J.*, **12**, 7254 (2006)
11) (a) A. Gorman, J. Killoran, C. O'Shea, T. Kenna, W. M. Gallagher, D. F. O'Shea, *J. Am. Chem. Soc.* **126**, 10619 (2004)；(b) M. Grossi, A. Palma, S. O. McDonnell, M. J. Hall, D. K. Rai, J. Muldoon, D. F. O'Shea, *J. Org. Chem.*, **77**, 9304 (2012)
12) H. Lu, S. Shimizu, J. Mack, Z. Shen, N. Kobayashi, *Chem. Asian J*, **6**, 1026 (2011)
13) A. Díaz-Moscoso, E. Emond, D. L. Hughes, G. J. Tizzard, S. J. Coles, A. N. Cammidge, *J. Org. Chem.* **79**, 8932 (2014)
14) (a) S. Shimizu, A. Murayama, T. Haruyama, T. Iino, S. Mori, H. Furuta, N. Kobayashi, *Chem. Eur. J.*, **21**, 12996 (2015)；(b) S. Shimizu, T. Iino, Y. Araki, N. Kobayashi, *Chem. Commun.*, **49**, 1621 (2013)；(c) S. Shimizu, T. Iino, A. Saeki, S. Seki, N. Kobayashi, *Chem. Eur. J.*, **21**, 2893 (2015)
15) (a) D. G. Farnum, G. Mehta, G. G. I. Moore, F. P. Siegal, *Tetrahedron Lett.* **15**, 2549 (1974)；(b) A. Iqbal, M. Jost, R. Kirchmayr, J. Pfenninger, A. Rochat, O. Wallquist, *Bull. Soc. Chim. Belg.*, **97**, 615 (1988)；(c) Z. M. Hao, A. Iqbal, *Chem. Soc. Rev.*, **26**, 203 (1997)；(d) J. S. Zambounis, Z. Hao, A. Iqbal, *Nature*, **388**, 131 (1997)
16) 最近，Jiao らも我々と同じ合成法で，類似の aza-BODIPY の合成を報告している。C. Cheng, N. Gao, C. Yu, Z. Wang, J. Wang, E. Hao, Y. Wei, X. Mu, Y. Tian, C. Ran, L.

Jiao, *Org. Lett.* **17**, 278 (2015)
17) (a) N. P. Vasilenko, F. A. Mikhailenko, J. I. Rozhinsky, *Dyes and Pigments*, **2**, 231 (1981); (b) N. P. Vasilenko, F. A. Mikhailenko, *Ukr. Khim. Zh.*, **52**, 308 (**1986**)
18) Y. Hong, J. W. Y. Lam, B. Z. Tang, *Chem. Soc. Rev.*, **40**, 5361 (2011)
19) 最近，我々の合成法を用いて，ベンゾジピロリドンから aza-BODIPY 類縁体の合成報告がなされている。Y. Wang, L. Chen, R. El-Shishtawy, S. Aziz, K. Müellen, *Chem. Commun.*, **50**, 11540 (2014)
20) 本節で紹介した四塩化チタンを用いた Schiff 塩基形成反応を用いた PPAB の合成法以外に，オキシ塩化リンを用いた反応が報告されている。T. Marks, E. Daltrozzo, A. Zumbusch, *Chem. Eur. J.*, **20**, 6494 (2014)
21) (a) A. Saeki, M. Tsuji, S. Seki, *Adv. Energy Mater.*, **1**, 661 (2011); (b) W. Zhang, W. Jin, T. Fukushima, A. Saeki, S. Seki, T. Aida, *Science*, **334**, 340 (2011); (c) A. Saeki, Y. Koizumi, T. Aida, S. Seki, *Acc. Chem. Res.*, **45**, 1193 (2012); (d) A. Saeki, S. Yoshikawa, M. Tsuji, Y. Koizumi, M. Ide, C. Vijayakumar, S. Seki, *J. Am. Chem. Soc.*, **134**, 19035 (2012)
22) Y. Chujo, K. Tanaka, *Bull. Chem. Soc. Jpn.*, **88**, 633 (2015)

6 積層π電子構造の階層的配列化に基づく形状・機能制御

森末光彦[*]

6.1 はじめに

地球上で最初に光合成反応を始めた紅色光合成細菌の光捕集アンテナ錯体は，究極的な光エネルギー変換システムのひとつである。この光捕集アンテナ錯体の構造は，単結晶X線構造解析によってクロロフィルがスリップ積層して環状配列した構造であることが明らかにされている（図1)[1]。発色団がスリップ積層した構造は，光励起状態を活性に保つ積層π電子構造として分子励起子理論によって合理的に説明され[2]，銀塩写真の分光増感に使用されてきたシアニン色素のJ会合体は代表的な実用例である[3]。光捕集アンテナ錯体におけるスリップ型積層π電子構造が卓越した機能発現の鍵であることに着目したポルフィリン超分子のモデルの研究から，これまでにポルフィリンのスリップ型積層π電子構造が単に太陽光の捕集・伝達だけではなく，非線形光学応答をはじめとする様々な優れた光・電子特性を示す機能ユニットであることが明らかにされている[4]。構造の明白さとは対照的に光合成初期過程の光エネルギーの驚異的変換効率に関する合理的な説明は未だに困難であり，生命の神秘の一つとなっている[5]。光捕集アンテナ錯体は直径約7 nmの環状構造である。数10 nmを超えるサイズ領域ではRayleigh散乱のような電場と構造との相互作用が原理的に可能となることが知られており，光合成初期過程において構造

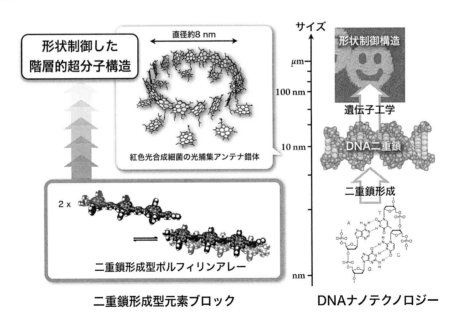

図1 光合成光捕集アンテナ錯体の模式図と，二重鎖形成型元素ブロックのボトムアップによる階層的分子集積化の概念図（左）。DNAナノテクノロジーの概略図（右）

＊ Mitsuhiko Morisue 京都工芸繊維大学 分子化学系 助教

のもつ特異な光学的効果の寄与の可能性が指摘されている[6]。しかしながら，分子のサイズをはるかに超えて合成分子を階層的に配列制御しながらボトムアップし，その形状を制御できる手法は残念ながら従来存在しなかった。これに対して，遺伝子工学を基盤とするDNAナノテクノロジーがメゾスコピックサイズ領域での分子操作技術として近年急速に発展を遂げつつある[7]。この技術は，遺伝情報を司るDNAが塩基配列特異的に二重鎖形成を行うことに加えてDNA二重鎖が剛直なロッド状構造であることを利用して，これをパッシブな鋳型として分子操作を行う手法である。筆者らはこのDNAナノテクノロジーをヒントに，剛直なロッド状の二重鎖構造を形成できる機能性元素ブロックを開発すれば，従来の合成分子では未踏のサイズ領域で分子操作を実現し，これを直接的に機能発現に繋げることが出来るのではないかという着想に至った（図1）。本研究では究極的な機能発現系である紅色光合成細菌の光捕集アンテナ錯体を念頭に，二重鎖形成によってポルフィリン環が連続してスリップ積層したπ電子系を形成できる超分子ユニットを開発し，これを基盤とする積層π電子構造の形状・機能制御技術の開拓に取り組んでいる。本稿ではこの筆者らの研究について紹介する。

6.2 二重鎖形成型ポルフィリンアレー[8]

これまでに有機合成化学的に構築されてきた人工的な二重鎖構造は，二重らせん構造に関心の主体が集中しており[9]，筆者の知る限り巨大構造構築のための構造制御因子として研究展開されている例はほとんどない。紅色光合成細菌の光捕集アンテナ錯体では，クロロフィルの中心金属であるマグネシウムに膜タンパクのヒスチジン残基が軸配位することで精密な配列制御を実現している。これと同様にポルフィリン金属錯体に軸配位子として結合できるピリジル基を利用すれば，自在に超分子構造を設計できる。ピリジル基を導入した亜鉛ポルフィリン 1_1 は，亜鉛に対するピリジル基の自己相補的な配位結合により，希薄溶液中では選択的に二量体を形成する（図2）[10]。配位結合が形成される際，分子間で一つ目の配位結合が二量体形成すると，二つ目の配位結合形成では分子間に比べて二量体内での相互作用が圧倒的に有利となる。このような正の協働性から二量体形成の選択性が保証される。この方法論を拡張すれば，二重鎖形成するポルフィリンアレーをデザインできる。

本研究では二重鎖形成にともないポルフィリン環が連続してスリップしながらスタックした積層π電子構造を形成するポルフィリンアレー二重鎖 $(1_n)_2$ を設計した（図2）。ピリジル基と亜鉛ポルフィリンとを交互配列したオリゴポルフィリンアレー（1_n, $n=1-3$）は，自己相補的な配位結合によって逆平行に配列した二重鎖を構築した。このときトルエン溶媒中で $(1_1)_2$ の平衡定数 K_{ds} は約 10^4 M^{-1} であり高濃度条件でしか二量体に収束できなかったが，$(1_2)_2$ および $(1_3)_2$ の平衡定数はそれぞれ 10^9 M^{-1} および 10^{11} M^{-1} 程度と非常に大きく，10^{-6} M程度の希薄溶液中においても十分に安定な二重鎖構造を形成した。二重鎖形成の詳細な熱力学的パラメータの解析から，二重鎖の非常に高い安定性は顕著な正の協働性に起因していることが明らかとなった。注目すべきことは，微視的な配位結合の形成パターンが二重鎖構造を厳密に支配しているに

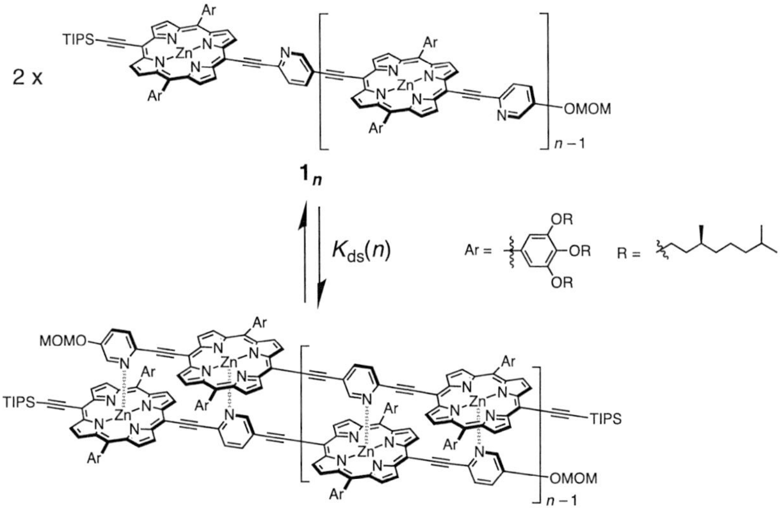

第1章 発光材料

図2 ポルフィリンアレー1_n（n = 1－3）の構造とその二重鎖形成平衡

も関わらず，実質的に二重鎖の安定性にはほとんど寄与していなかったことである．つまり，核生成が自己組織化構造を支配しているため，オリゴポルフィリンアレーはほかの自己組織化構造に速度論的に捕捉されることなく逆平行の二重鎖のみを選択的に形成できたと考えることができる．実際に，1_2 と 1_3 とを混合した状態で二重鎖形成しても，それぞれ選択的に自己相補二重鎖 $(1_2)_2$ および $(1_3)_2$ を独立に形成するセルフソーティング現象を示した．このように，ポルフィリンアレー二重鎖 $(1_n)_2$ は DNA のように高い配列特異性をもって形成され，その構造は非常に高い安定性を備えた構造ユニットであることが明らかとなった．

さらに二重鎖中ではポルフィリン環同士が近接してスリップ積層し，このスリップ積層 π 電子構造を反映して 450 nm 付近の Soret 帯は励起子分裂を示し，鎖長が長くなることで分裂幅が大きくなった（図3）．このことは，二重鎖中では連続的にスリップ積層したポルフィリン環を通して π 電子系が非局在化したことを示している．さらに $(1_2)_2$ および $(1_3)_2$ はそれぞれ蛍光量子収率 0.15 および 0.20 と比較的良好な発光強度を示し，ポルフィリンアレー二重鎖が光励起エネルギーの捕集・伝達に適した機能性ユニットであることがわかった．

ここで開発したポルフィリンアレー二重鎖 $(1_n)_2$ は，ポルフィリン環が二重鎖内で連続的に積層した剛直なロッド状構造である．これらを適切なスペーサーで連結しながら組み合わると，ポルフィリンの積層 π 電子系を階層的に秩序配列化しながら巨視的な形状制御ができる．すなわち，二重鎖形成型ポルフィリンアレー 1_n の末端シリル基は，脱シリル化とこれにつづく化学変換が容易であることから，適切な機能団・架橋ユニットを導入すれば，DNA ナノテクノロジーにならったボトムアップ手法による巨視的な形状制御した配列構造の構築によって，巨大な積層 π 電子構造の機能を自在に操作できるはずである．

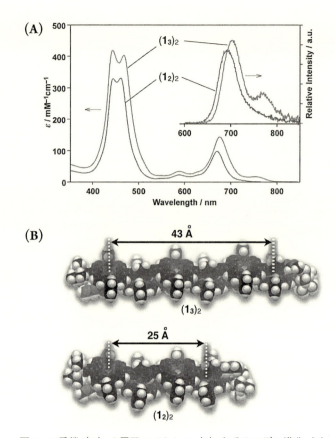

図3 二重鎖 $(1_n)_2$ の電子スペクトル (A) とそのモデル構造 (B)

6.3 形状制御した一次元直線構造の構築[11]

剛直なロッド状構造である二重鎖 $(1_2)_2$ は，直線的な一次元配列構造を構築するのに理想的である。直線はもっとも単純な形状の一つであるが，非共有結合形成を駆動力とする超分子ポリマーから直線構造を得るのは原理的に容易でない。超分子ポリマーの伸長による排除体積効果の増大にともない末端同士の分子内相互作用が強くなるのと同時に，とくに低濃度になるほど重合エントロピーが減少するため環化傾向が増大するからである[12]。これに対してポルフィリンアレー二重鎖は剛直な直線構造であるため，トポロジカルに環化を抑制する直線状の重合ユニットの設計に最適である。

そこで筆者らは二重鎖形成型ポルフィリンを連結した重合ユニット **2** を設計・合成し，この逐次的な二重鎖形成による超分子ポリマー $(2)_n$ を構築した（図4）。この超分子ポリマーは $10^{-7} \sim 10^{-4}$ M の濃度範囲で Beer 則に従ったことから，末端基効果が無視できるほど主鎖が伸長した。一方，DOSY NMR および小角X線散乱（SAXS）では濃度上昇にともなって超分子ポリマー $(2)_n$ の伸長挙動が観察された。この結果から平衡定数が 10^9 M^{-1} 程度である二重鎖形成を駆動力として超分子ポリマーが伸長したと考えて矛盾しない。実際に外部から競争的配位子を

第 1 章　発光材料

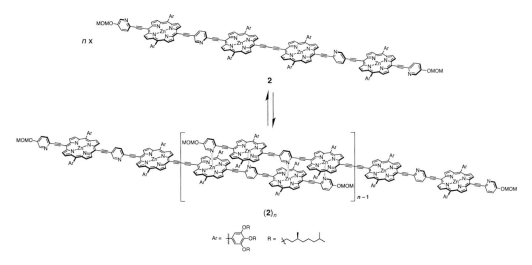

図4　ポルフィリン重合ユニット 2 の構造とその超分子ポリマー (2)$_n$

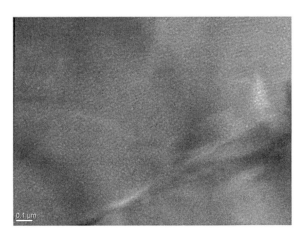

図5　超分子ポリマー (2)$_n$ の透過型電子顕微鏡像

滴定して超分子ポリマーの解重合実験を行うと，超分子ポリマー (2)$_n$ と対応するモノマーユニット 2 の二状態間の平衡であることがわかった。二重鎖形成の平衡定数から超分子ポリマー (2)$_n$ は 2.5×10^{-5} M で 730 量体程度と見積もられ，これは約 5 MDa に対応する超巨大分子である。実際にこの溶液を凍結して透過型電子顕微鏡観察したところ，長さ数マイクロメートルにおよぶ一直線状の構造が観察され，理論分子量と整合性のある観察結果であった（図5）。興味深いことに，直線状構造は互いに平行に配向しており，これはタバコモザイクウイルスのようにアスペクト比の高い剛直な一次元構造が示す Onsager の相反定理に従う現象と考えることができる[13]。このように剛直なロッド状の二重鎖形成型ビルディングユニットを利用することで，合成分子の大きさをはるかに超えるマイクロメートルサイズ領域で，分子の集積構造の形状プログ

ラムを実現した。

6.4 固体薄膜中における特異機能の発現[14]

　超分子相互作用の特長のひとつは，熱力学的に最安定な構造を構築できる点である。超分子相互作用は溶液中では濃度の関数としてその存在割合は変化し，したがってこの逐次的な相互作用によって重合する超分子ポリマーでは濃度が上昇するほど主鎖が伸長できる。ポルフィリンアレー **3** の超分子相互作用は平衡定数が小さく（図6），これを駆動力としても溶液中では超分子ポリマーとして十分に伸長できない。しかし，この溶液を固体基板上で濃縮すると溶媒の揮発にしたがって平衡は超分子ポリマーに収束し，ポルフィリン環のスリップ型積層π電子構造を基板上に簡便に固定化できると考えられる。実際に **3** の溶液をスピンコート法によって薄膜化すると，原子間力顕微鏡（AFM）により紐状構造が観察され，伸長した超分子ポリマーが固体基板表面で固定化されたことがわかった。このとき，微小角入射小角X線散乱（GISAXS）では面外方向にのみ強い散乱が観察され，超分子ポリマーがラメラ状に積層して基板上で高度に配向化した階層構造が構築されたと考えられる。興味深いことに，薄膜化した超分子ポリマー $(3)_n$ の吸収極大は，溶液中の超分子ポリマーが無限に伸長したときの外挿値を超えて長波長シフトした。しかも固体薄膜からブロードな近赤外発光が観察された。近赤外波長領域の励起状態は分子振動などによって容易に失活してしまう傾向が知られており（"energy gap law"）[15]，この観察

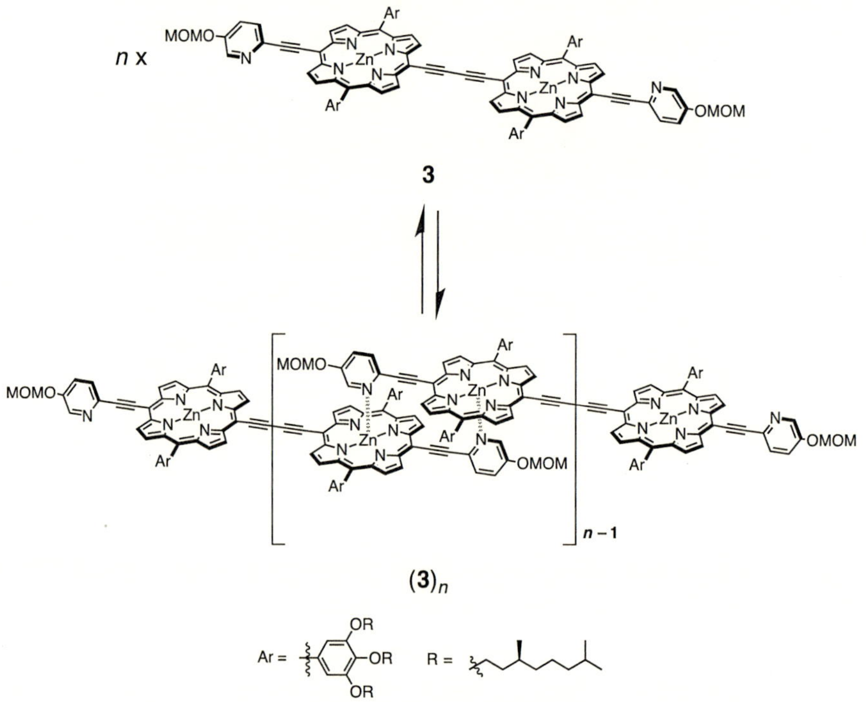

図6　ポルフィリン重合ユニット **3** の構造とその超分子ポリマー $(3)_n$

第1章　発光材料

事実は極めて異常な現象である。固体薄膜からの近赤外発光挙動は，スリップ型積層π電子構造を有する超分子ユニットの特徴を反映しているものと思われる。現在この特異な発光機構の解明に向けた取り組みを進めている。

6.5　おわりに

　本稿では従来の合成分子を基盤とする化学が踏み込めなかったサイズ領域における二重鎖形成型ポルフィリンアレーに基づく分子操作技術とその機能開拓について筆者らの挑戦について紹介した。ここで紹介した研究結果は，二重鎖形成するポルフィリンアレーを基盤とする「元素ブロック高分子材料」[16]がもつ特有の新しい構造・機能特性の一端を反映しているものと考えている。これまで超分子化学は生体系で見られるような非共有結合の化学として発展してきた[17]。熱力学的考察が容易であることから超分子はもっぱら断熱過程である平衡系を微視的な生体模倣系として議論されてきたが，生命現象は常にエネルギーの散逸過程を含んだ非平衡現象であり，生命現象を平衡系として取り扱うことに限界があるのは自明である。これに対して，分子を巨大化していくと速度論的な緩和が困難となり，高分子でしばしば見られるような熱力学的安定状態よりも速度論的な安定状態が優勢な領域に到達できると予見される。このようにメゾスコピックサイズ領域での分子操作技術の確立は，冒頭で述べたように光との特異な相互作用だけではなく，通常の平衡系とは異なる全く新しい分子システムを構築できる可能性を含んでいる。本研究はまだ緒についたばかりであるが，分子化学の立場から真の生命現象に迫るための重要なアプローチになり得るものと確信している。

謝辞

　本研究の一部は，科学研究費補助金・新学術領域研究「元素ブロック高分子材料の創出」の支援を受け，京都工芸繊維大学・櫻井伸一教授，佐々木園教授，山形大学・松井淳准教授，北海道大学・長谷川靖哉教授，中西貴之助教，香川大学・上村忍准教授との共同研究によって得られた成果である。また一部の測定に関して文部科学省・ナノテクプラットフォーム事業（奈良先端科学技術大学院大学）の支援を受けた。誌面をお借りして御礼申し上げる。

文　　献

1) (a) G. McDermott, S. M. Prince, A. A. Freer, A. M. Hawthornthwaite-Lawless, M. Z. Papiz, R. J. Cogdell, N. W. Isaacs, *Nature* **374**, 517-521 (1995); (b) A. W. Roszak, T. D. Howard, J. Southall, A. T. Gardiner, C. J. Law, N. W. Isaacs, R. J. Cogdell, *Science* **302**, 1969-1972 (2003); (c) S. Niwa, L.-J. Yu, K. Takeda, Y. Hirao, T. Kawakami, Z.-Y. Wang-Otomo, K. Miki, *Nature* **508**, 228-232 (2014)

2) (a) M. Kasha, *Radiat. Res.* **20**, 55-71 (1963);(b) M. Kasha, H. R. Rawls, M. A. El-Bayoumi, *Pure Appl. Chem.* **11**, 371-392 (1965)
3) F. Würthner, T. E. Kaiser, C. R. Saha-Möller, *Angew. Chem. Int. Ed.* **50**, 3376-3410 (2011)
4) M. Morisue, Y. Kobuke, in *Handbook of Porphyrin Science*, ed. K. M. Kadish, K. M. Smith, R. Guilard, Vol. 32, Ch. 166, World Scientific, Singapore (2014)
5) (a) R. J. Cogdell, A. Gall, J. Köhler, Q. Rev. Biophys. **39**, 227-324 (2006);(b) V. Sundström, *Annu. Rev. Phys. Chem.* **59**, 53-77 (2008)
6) R. J. Holmes, *Nat. Mater.* **13**, 669-670 (2014)
7) (a) P. W. K. Rothemund, *Nature* **440**, 297-302 (2006);(b) F. A. Aldaye, A. L. Palmer and H. F. Sleiman, *Science* **321**, 1795-1799 (2008);(c) M. R. Jones, N. C. Seeman, C. A. Mirkin, *Science* **347**, 1260901 (2015)
8) M. Morisue, Y. Hoshino, K. Shimizu, M. Shimizu, Y. Kuroda, *Chem. Sci.* **6**, 6199-6206 (2015)
9) (a) D. Haldar, C. Schmuck, *Chem. Soc. Rev.* **38**, 363-371 (2009);(b) Y. Furusho, E. Yashima, *Macromol. Rapid Commun.* **32**, 136-146 (2011)
10) M. Morisue, T. Morita, Y. Kuroda, *Org. Biomol. Chem.* **8**, 3457-3463 (2010)
11) M. Morisue, Y. Hoshino, M. Shimizu, S. Uemura, S. Sakurai, *Polymer Preprints, Japan* **64**, 3D11 (2015)
12) (a) H. Jacobson, W. H. Stockmayer, *J. Chem. Phys.* **18**, 1600-1606 (1950);(b) G. Ercolani, L. Mandolini, P. Mencarelli, S. Roelens, *J. Am. Chem. Soc.* **115**, 3901-3908 (1993)
13) (a) L. Onsager, *Ann. N. Y. Acad. Sci.* **51**, 627-659 (1949);(b) D. Frenkel, *Nat. Meter.* **14**, 9-12 (2015)
14) M. Morisue, Y. Hoshino, M. Shimizu, Y. Kuroda, J. Matsui, T. Nakanishi, Y. Hasegawa, S. Uemura, J. Hoshiba, S. Sasaki, S. Sakurai, *Polymer Preprints, Japan* **63**, 4578-4579 (2014)
15) (a) R. Englman, J. Jortner, *Mol. Phys.* **18**, 145-164 (1970);(b) K. F. Freed, J. Jortner, *J. Chem. Phys.* **52**, 6272-6291 (1970)
16) Y. Chujo, K. Tanaka, *Bull. Chem. Soc. Jpn.* **88**, 633-643 (2015)
17) (a) J.-M. Lehn, *Angew. Chem. Int. Ed.* **27**, 89-112 (1988);(b) J.-M. Lehn, *Angew. Chem. Int. Ed.* **29**, 1304-1319 (1990)

7 炭素で構成された一次元および二次元ナノ元素ブロックの化学修飾と光機能

梅山有和[*]

7.1 はじめに

エネルギー問題の解決に向けて,太陽光エネルギーの活用が今後ますます重要になる。高効率な人工光合成系や光電変換系を構築するには,電子ドナー・アクセプター複合体中での光誘起電子移動過程を制御することが重要となる。0次元のナノ炭素元素ブロックであるフラーレンは,優れた電子アクセプター性を有するため広く光エネルギー変換素子に活用されている[1]。また,フラーレンをアクセプターとしたドナー-アクセプター連結分子においては,光誘起電荷分離過程が速くなり,電荷再結合過程が遅くなることが明らかにされている[2]。これらは,フラーレンがその特異な形状に由来する小さな再配列エネルギーを有することに起因する。

一方,単層カーボンナノチューブ(single-walled carbon nanotube, SWNT)やグラフェンは,それ自身がナノメートルレベルで制御された構造を有するナノ炭素元素ブロックである。それらは共有結合あるいは非共有結合により化学修飾できるため,フラーレンの代わりにドナー-アクセプター複合体に組み込むことが可能である。さらに,それらの特異な構造が複合膜中でナノサイズの電荷輸送経路として機能できるため,光エネルギー変換素子の材料として注目を集めている[3]。そこで本節では,π共役系化合物であるポルフィリンやピレンを,SWNTやグラフェンに共有結合でつないだ連結系の光物性について行った筆者らの研究について紹介する。共有結合系を扱うことにより,溶液中での拡散などの複雑なファクターを考慮すること無く,励起状態でのπ共役系化合物とナノ炭素元素ブロックとの相互作用を誘起することができる。これまでに,筆者らの他にもπ共役系化合物とナノ炭素元素ブロックの連結系を報告した例があるが,架橋構造がそれぞれ異なるものを用いており[4],系統的な議論は困難であった。筆者らはリンカーを比較的短く,剛直なフェニレンスペーサーに固定し,それを用いてポルフィリンやピレンをSWNT,フラーレンピーポッド(C_{60}@SWNT),グラフェンに連結した[5]。

7.2 ポルフィリン-SWNT 連結系

ポルフィリンをSWNTの側壁にフェニレンスペーサーを介して連結した系を,二段階反応により合成した(図1)[6,7]。すなわち,精製したSWNTをヨードフェニルジアゾニウム塩と反応させることでアリール付加を起こすことにより,ヨードフェニル基により修飾されたSWNT(SWNT-PhI)を得た。次に,チューブ外壁上のヨードフェニル基とボロン酸エステルを有する亜鉛ポルフィリン誘導体とのSuzukiカップリング反応により,ポルフィリンがチューブ外壁に連結されたSWNT(SWNT-ZnP)を得た。SWNT-ZnPのDMF溶液中での吸収スペクトルは,ポルフィリン参照化合物 (5,10,15,20-tetrakis(3,5-di-*tert*-butylphenyl)porphyrinatozinc

---

[*] Tomokazu Umeyama 京都大学 大学院工学研究科 分子工学専攻 准教授

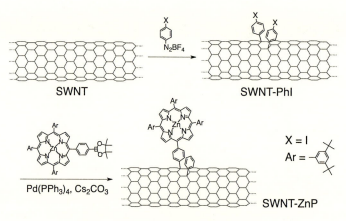

図1 ポルフィリン連結 SWNT の合成

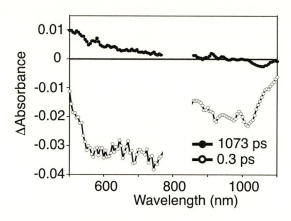

図2 SWNT-ZnP の過渡吸収減衰成分スペクトル（励起波長：420 nm, 溶媒：DMF）

(II), ZnP-ref) と比較して, ソレー帯およびQ帯がわずかながら長波長シフトしていることがわかった。さらに, ソレー帯で励起した SWNT-ZnP の蛍光スペクトルを測定したところ, ZnP-ref と比較して著しい発光強度の減少が確認された。この結果から, 側壁修飾されたポルフィリンの励起一重項状態は, SWNT との相互作用によって消光していることが示された。

更に詳細な励起状態での挙動を調べるため, 420 nm の励起光を用いた SWNT-ZnP の過渡吸収スペクトル測定を行ったところ, 二成分解析できた（図2）。短い寿命（0.3 ps）を有する成分として, 可視から近赤外領域にかけて負のシグナルを示す成分が見られた。SWNT-PhI の過渡吸収スペクトルにも同様なシグナルが見られることから, これは SWNT 部位の基底状態のブリーチングに由来すると考えられる。次に, 可視領域に正のシグナルを示し, 1 ns 程度の寿命を有する減衰成分が観察された。同様な正のシグナルはポルフィリン-フラーレン連結分子においても見られることがあり, これは ZnP と SWNT が形成するエキシプレックスに帰属される。すなわちこの結果は, SWNT-ZnP ではポルフィリンを光励起しても電荷分離状態が得られない

ことを意味している。

　得られた SWNT-ZnP は種々の有機溶媒に可溶であるが，濃度が低いため，スピンコートでは均一かつ光吸収に十分な膜厚を有する膜を得ることは困難であった。そこで，泳動電着による薄膜化を行った。つまり SWNT-ZnP の溶液に対して直流 200 V の外部電場を 2 分間印加し，酸化スズナノ微粒子を塗布・焼結した導電性ガラス電極（FTO/SnO_2）上にそれぞれ薄膜化した。2 分間の印加により，黒褐色の溶液が無色透明となり，SWNT-ZnP の全量が薄膜化したことがうかがえた。さらにその修飾電極を作用極として，ヨウ化リチウムおよびヨウ素のアセトニトリル溶液を電解液に用い，湿式三極系で光電変換特性を検討した。光電流発生の外部量子収率（incident photon-to-current efficiency, IPCE）を測定したところ，SWNT-ZnP の吸収スペクトルにおいて確認されたポルフィリン部位の吸収に由来する光電流応答は観測されなかった。つまり，SWNT の直接励起から酸化スズ電極に電子注入が起こるという経路のみによって光電流が発生しており，ポルフィリン励起状態と SWNT の相互作用に起因する光電流の発生はない。これらの結果は，同様のドナー－アクセプター間距離を有するポルフィリン－フラーレン連結系において，光誘起電荷分離の形成とそれによる光電流発生の増強が起こることとは対照的である[8]。これらの結果から，光電流の発生のための電子アクセプター特性としては SWNT よりもフラーレンの方が優れていることが実験的に示された。

7.3　ポルフィリン-C_{60}@SWNT 連結系

　次に我々は，化学修飾 SWNT の内部にも着目したドナー－アクセプター複合体の創出を行った[7]。昇華法により作製したフラーレンピーポッド（C_{60}@SWNT）を用い，上述の空の SWNT の場合と同様の二段階修飾により，ポルフィリンがチューブ外壁に連結された C_{60}@SWNT（C_{60}@SWNT-ZnP）を得た（図3）。得られた複合体は，SWNT の側壁が形作る 1 nm 程度のサイズの空間の内外に電子アクセプター（フラーレン）とドナー（ポルフィリン）を配した構造を有して

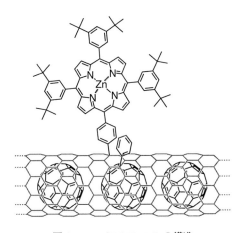

図3　C_{60}@SWNT-ZnP の構造

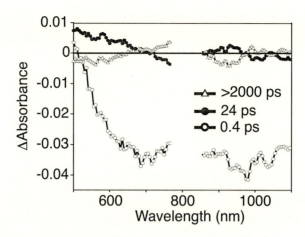

図4 C_{60}@SWNT-ZnP の過渡吸収減衰成分スペクトル（励起波長：420 nm，溶媒：DMF）

おり，有機薄膜太陽電池のバルクヘテロ接合構造のモデル系としても興味深い。

C_{60}@SWNT-ZnP は，吸収および発光スペクトルにおいて SWNT-ZnP と同様な挙動を示し，励起状態でのポルフィリンと SWNT との強い相互作用が示唆された。そこで，C_{60}@SWNT-ZnP の過渡吸収スペクトル測定を行った。C_{60}@SWNT-ZnP の減衰成分スペクトルを図4に示す。SWNT-ZnP と同様に，C_{60}@SWNT 部位の基底状態のブリーチングに由来する成分（寿命：0.4 ps）と ZnP と SWNT が形成するエキシプレックスに由来する成分が観察された。しかしながら，SWNT-ZnP のエキシプレックスの寿命は 1073 ps であるのに対し，C_{60}@SWNT-ZnP のそれは 24 ps と極めて短い。さらに，SWNT-ZnP はエキシプレックス形成後に他の状態を経ずに基底状態に緩和していくのに対し，C_{60}@SWNT-ZnP では，560 nm と 600 nm に負のピークを有し，650 nm から 750 nm にかけて正の値を示す長寿命成分（＞2 ns）が観測された（図4）。このシグナルはポルフィリンラジカルカチオンに帰属され，C_{60}@SWNT-ZnP において光励起により電荷分離が起こることがわかった。

さらに，C_{60}@SWNT-ZnP 薄膜で修飾された半導体電極の光電流発生の作用スペクトルを湿式三極系にて測定したところ，ポルフィリンの吸収に由来する IPCE 値の向上が小さいながらも確認された。これは，電荷分離状態の形成を示唆する過渡吸収測定の結果と一致する。これらの結果は，内部空間への分子ドーピングにより SWNT の電子的物性が制御できることを示しており，SWNT の人工光合成系や光電変換系への応用に向けた一つの指針を示していると言える。

7.4 ポルフィリン-グラフェン連結系

グラフェンの電子アクセプター特性を評価するため，ポルフィリンをフェニレンスペーサーを介して化学変換グラフェン（Chemically Converted Graphene, CCG）に連結した[9]。CCG は酸化グラフェン（graphene oxide, GO）を化学的手法により還元して得られ，大量合成が容易であり，かつ溶液プロセスでの取り扱いが可能である。GO をヒドラジンにより還元し，ジアゾ

第 1 章　発光材料

ニウム塩を用いたアリール付加反応を行うことで，ヨードフェニル基が連結したグラフェン（CCG-PhI）を得た。その後，SWNT-ZnP の場合と同様にカップリング反応によりポルフィリン修飾 CCG（CCG-ZnP）を合成した（図 5）。その分散液をマイカ上にスピンコートした試料の原子間力顕微鏡（AFM）測定を行うと，CCG-PhI では 2.0±0.2 nm，CCG-ZnP では 3.2±0.4 nm の厚さを有するシートが観察され，共有結合による化学修飾によりグラフェンが効率よく剥離していることがわかった。また，その高さからポルフィリン‐修飾基の CCG 平面垂線に対する傾き角を求めたところ，52°と大きく傾いていることがわかった。

　CCG-ZnP，CCG-PhI および参照ポルフィリン化合物（ZnP-ref）の定常状態での吸収および発光スペクトルを測定したところ，CCG-ZnP においてソレー帯のブロード化およびポルフィリン由来の発光強度の著しい減少が確認された。次に，CCG-ZnP に対して 420 nm の励起光を用いた過渡吸収スペクトル測定を行ったところ，得られたデータは 2 つの減衰成分によりフィットされた（図 6）。0.3 ps の短い寿命を有し，可視領域に負のシグナルを示す成分が見られたが，CCG-PhI の過渡吸収スペクトルにも同様なシグナルが見られることから，これは CCG 部位の励起状態生成による基底状態のブリーチングに由来すると考えられる。さらに，560 nm と 600 nm の下に凸のピークを有し，可視領域全体に正のシグナルを示す成分が観察された。これはその波形からポルフィリン‐CCG 間のエキシプレックスに帰属できる。しかしながら，その寿命は 39 ps と短く，エキシプレックスから基底状態への速い失活が起こることがわかった。つまり，SWNT-ZnP と同様，CCG-ZnP ではポルフィリンを光励起しても電荷分離状態は形成されず，エキシプレックスの寿命は SWNT-ZnP（1073 ps）と比較して短い。さらに，泳動電着法により作製した CCG-ZnP 薄膜で修飾された半導体電極の，光電流発生の作用スペクトルを湿式三極系にて測定したところ，ポルフィリンの吸収に由来する光電流応答は観測されなかっ

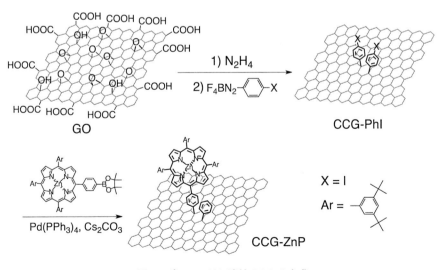

図 5　ポルフィリン連結 CCG の合成

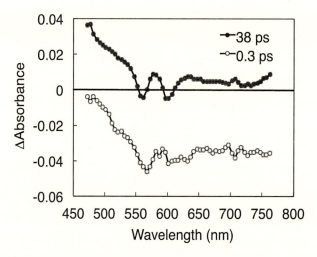

図6　CCG-ZnPの過渡吸収減衰成分スペクトル（励起波長：420 nm, 溶媒：DMF）

た。これは，電荷分離が起きていないことを示唆する過渡吸収測定の結果と矛盾しない。これらの結果は，SWNT同様，グラフェンは光電変換系の電子アクセプター材料として機能しないことを意味する。

7.5　ピレンダイマー-SWNT連結系
7.5.1　合成

　SWNTおよびグラフェンは，ポルフィリンから電子を受容するのに適した伝導帯準位を有しているにも関わらず，上述したフェニレンスペーサーを介したポルフィリンとの連結系では，光励起による電荷分離状態の形成は見られなかった。その原因の一つとして，ポルフィリンはSWNT側壁上あるいはグラフェン平面に対して大きく傾いており，それらの最近接距離が短くなっていることが挙げられる。そのため，形成したエキシプレックスから電荷の解離が起こらず，基底状態への失活が優先して起こると考えられる[10]。実際に，CCG-ZnPのAFM測定から，傾き角は52°と大きいことが示唆された[9]。そのような傾きを防ぐ手法として，π共役系化合物をSWNT側壁やグラフェン平面上で二分子会合させることが挙げられる。ここで，上述した系で用いたジアゾニウム塩によるアリール付加反応は，アリールラジカルを経由して起こることが知られている。この反応では，一つ目のアリール基の付加が起こったあと，その付加位置周辺のSWNT炭素が活性化されることで二つ目のアリール付加が起こりやすくなり，2つのアリール基がSWNT上で隣接した位置に連結されると理論的に予測されていた[11]。しかしながら，そのようなSWNT上でのアリール基の対構造形成を実験的に観測した例はこれまでに報告されていなかった。

　我々は，図7に示すように，ピレンを一段階および二段階反応によりSWNTに連結した[12]。すなわち，前者ではジアゾニウム塩化合物から発生するピレニルフェニルラジカルのSWNT側

第 1 章　発光材料

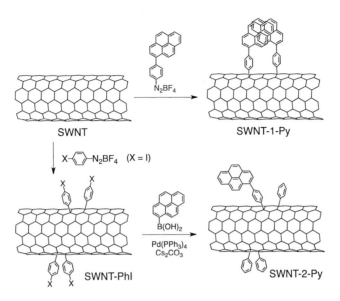

図7　ピレン連結 SWNT の合成

壁への直接付加反応により SWNT-1-Py を得たのに対し，後者では p-ヨードフェニル基で SWNT を修飾し（SWNT-PhI），それと 1-ピレンボロン酸との Suzuki カップリング反応により SWNT-2-Py を得た。SWNT-1-Py では，熱重量測定（TGA）から見積もられた修飾率が，SWNT 炭素 300 個に 1 つのピレンが連結されている程度であるが，上述の理論予測[11]から対構造を形成したピレン二量体が SWNT 上に連結されると期待できる。一方，SWNT-PhI では SWNT 炭素 52 個に 1 つの p-ヨードフェニル基が，SWNT-2-Py では SWNT 炭素 450 個に 1 つのピレンが修飾されていると，TGA および X 線光電子分光（XPS）測定から見積もられた。ここで，SWNT-PhI においては 2 つの p-ヨードフェニル基が隣接した位置に連結されていると期待されるが，その後の Suzuki カップリングの反応率が 9％程度であるため，SWNT-2-Py においてピレンが対構造を形成する確率は低く，主に単量体で存在すると予想される。

7.5.2　吸収スペクトル

図 8 に，SWNT-1-Py, SWNT-2-Py, SWNT-PhI およびピレン参照化合物（1-phenylpyrene, Py-ref）の DMF 溶液中での紫外 - 可視吸収スペクトルを示す。SWNT-2-Py は，Py-ref と SWNT-PhI のスペクトルの足し合わせに類似した波形，すなわち 350 nm にピレンの π-π* 遷移に由来する吸収と，SWNT に特徴的な紫外から可視領域への右下がりの吸収を示した。これにより，ピレン単量体が SWNT に連結していることが示唆された。一方，SWNT-1-Py のスペクトルでは，350 nm 付近の吸収帯に加えて，それと同程度の強度を有する吸収帯が 450 nm 付近に観察された。この長波長側の吸収は，ピレン環同士の相互作用に由来するものと考えられる。つまり，SWNT-1-Py ではピレンが SWNT 側壁上で二量体構造を形成していることを強く示唆している。

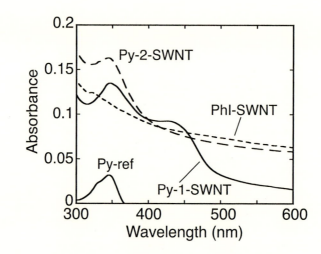

図8　紫外-可視吸収スペクトル（溶媒：DMF）

7.5.3　直接観察

　SWNT-1-PyおよびSWNT-2-Pyにおいて，ピレン二量体および単量体が形成されていることに対する直接的な証拠が高分解能透過型電子顕微鏡（high-resolution transmittance electron microscopy, HRTEM）測定により得られた（図9aおよびb）。SWNT-1-PyのHRTEM図では，明らかに2つのピレンが会合している様子が観察された。シーケンシャルTEM測定では，SWNTの揺れが見られるにもかかわらず，ピレンは会合構造を維持しており，ピレン同士の強い相互作用が確認された。一方，SWNT-2-PyのシーケンシャルTEM測定では，ピレン単量体

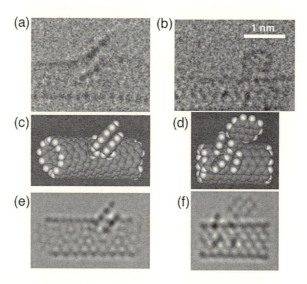

図9　Py-1-SWNTとPy-2-SWNTのHRTEM図（a, b），モデル構造（c, d）および画像シミュレーション図（e, f）

がSWNT側壁にスタックすることなく立ち続ける様子が見られた。ピレンとSWNTをつなぐ架橋子として，比較的短く剛直なフェニレンスペーサーを用いたためであると考えられる。これらは，フラーレン以外の多環式芳香族化合物がSWNT側壁上でHRTEMにより可視化された初めての例である。

SWNT-1-PyとSWNT-2-PyのHRTEM図をもとに，種々の理論計算を用いてモデル構造を作成し，その画像シミュレーションを行った結果を図9c–fに示す。シミュレーション図はHRTEM像とよく一致していることがわかる。また，SWNT-1-Pyのモデル構造からピレン二量体部分を分離し，RB3LYP/6-31GでTD-DFT計算を行ったところ，450 nm付近に強い振動子強度が見られた。実験的に測定された紫外-可視吸収スペクトルは，SWNT-1-Pyのサンプルに存在するピレン二分子会合体の平均化された構造が反映されるが，それがHRTEM像のモデル構造の吸収スペクトルとよく一致することから，HRTEMで見られたピレン二分子会合体の構造，すなわち2つのピレンの交差角65°，距離3.1 Åは，SWNT-1-Pyのサンプル全体に存在するピレン二量体構造をよく表していると言える。

7.5.4 光ダイナミクス

SWNT-1-PyおよびSWNT-2-PyのDMF溶液中での発光スペクトルを，340 nmの励起波長で測定したところ，Py-refと比較してその蛍光強度は著しく減少した。SWNT-1-Pyでは長波長側（450–500 nm）のピレンエキシマーに由来する発光も見られなかった。これらの結果は，ピレン二量体・単量体ともに励起状態がSWNTとの相互作用により消光したことを示している。

より詳細に励起状態でのピレンとSWNTとの相互作用を解明するため，過渡吸収スペクトル測定を行った（図10）。Py-refでは，0.1 ps後に第二励起一重項状態，1 ps以後は第一励起一重項状態に由来する吸収がそれぞれ650 nmおよび530 nmに見られたが（図10a），SWNT-PhIでは10 ps後にはシグナルが消失しており（図10b），励起状態の寿命が短いことがわかった。一方，SWNT-1-Pyの過渡吸収スペクトルでは（図10c），SWNTに由来する0.1 ps後の600 nm以下での正のシグナルの他に，500 nm，550 nm，620 nmに上に凸のピークが，580 nm，670 nmに下に凸のピークが観察された。これらのシグナルは，電気化学的にSWNT-1-Pyのピレン部分を酸化した際のスペクトルと，SWNT部分を還元した際のスペクトルとの足し合わせに対応する。すなわち，SWNT-1-Pyの光励起により，ピレン二量体からSWNTへの電子移動による電荷分離状態の形成が起こることがわかった。しかしながら，SWNT-2-Pyの過渡吸収スペクトル（図10d）ではSWNT-PhIと類似したシグナルが観察され，電荷分離状態の形成は見られない。このような励起状態での相互作用の違いは，SWNT-1-Pyにおいてピレンが二量体を形成することでHOMOのエネルギー準位が上昇して酸化されやすくなったこととともに，二量体形成によりピレンのナノチューブ側壁への傾きが抑制され，ピレン-SWNT側壁間の最近接距離が大きくなり，電荷の再結合が抑制されることが原因の一つであると考えられる。

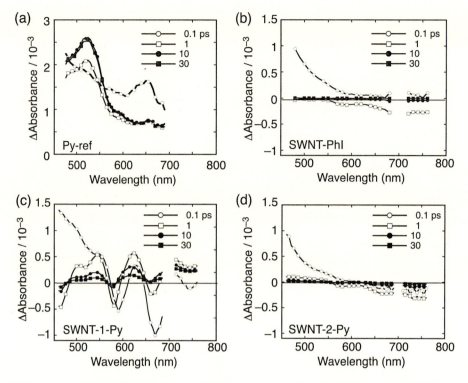

図10 (a) Py-ref, (b) SWNT-PhI, (c) SWNT-1-Py, および (d) SWNT-2-Py の過渡吸収スペクトル(励起波長:350 nm, 溶媒:DMF)

7.6 おわりに

　本節の前半では，フェニレンをスペーサーに用いた，SWNT，フラーレンピーポッド，グラフェンなどのナノ炭素元素ブロックとポルフィリンの連結系を創出し，その光ダイナミクスについて検討した結果を概説した。フラーレンピーポッド-ポルフィリン連結系で量子収率は低いながらも光誘起電荷分離状態の形成が見られたが，SWNTやグラフェンとポルフィリンとを連結した系では，エキシプレックス状態を経由した基底状態への緩和が見られ，電荷分離状態は形成されないことがわかった。それらの結果は，他のスペーサー構造を用いたSWNTやグラフェンとポルフィリンとの連結系や，非共有結合複合体において光誘起による電荷分離が起こる[4]ことと対照的であり，光誘起電荷分離状態の形成にはドナーアクセプター間に適切な距離を有するスペーサーを用いることが重要であることを示唆している。エキシプレックス状態から基底状態への速い緩和という挙動は，ドナー-アクセプター連結系に限らず，色素増感太陽電池における色素-半導体電極界面や有機薄膜太陽電池におけるドナー-アクセプター接合界面においても見られる。そのような挙動に対し，ドナー-アクセプター間の距離，すなわち電子カップリングという見地から系統的な解釈を試みることは，ロス無く高効率な光誘起電荷分離を実現するためのガイドラインとなると期待できる。それにより，SWNTやグラフェンとπ共役系化合物との連結

系において，光誘起電荷分離を起こし，その効率を最大化することが可能となる。

一方，そのような距離を制御する手法として，本節の後半では二量体構造を形成する手法を紹介した。単量体のピレンとSWNTを連結した系と，二量体のピレンとSWNTを連結した系とを作り分け，前者では光誘起電荷分離は起こらないが，後者では起こることを示した。本手法を用いることにより，π共役系分子の二分子会合体を形成することで，足場となるナノ炭素元素ブロックへの傾きを抑制するのみでなく，二分子会合体の構造を高分解能電子顕微鏡観察により原子レベルで同定できる。さらに，ピレン以外のπ共役系分子にも適用できる汎用性の高い手法であるため，今後は，様々な有機半導体性分子の会合体の構造－物性相関を解明する手法としても期待できる。

文　　献

1) T. Umeyama *et al.*, *J. Mater. Chem. A*, **2**, 11545（2014）
2) H. Imahori, *Bull. Chem. Soc. Jpn.*, **80**, 621（2007）
3) T. Umeyama *et al.*, *Energy Environ. Sci.*, **1**, 120（2008）
4) F. D'Souza *et al.*, *Chem. Soc. Rev.*, **41**, 86（2012）
5) T. Umeyama *et al.*, *J. Phys. Chem. C*, **117**, 3195（2013）
6) T. Umeyama *et al.*, *J. Phys. Chem. C*, **111**, 11484（2007）
7) T. Umeyama *et al.*, *Chem. Commun.*, **47**, 11781（2011）
8) T. Umeyama *et al.*, *Angew. Chem. Int. Ed.*, **50**, 4615（2011）
9) T. Umeyama *et al.*, *Chem. Eur. J.*, **18**, 4250（2012）
10) T. Higashino *et al.*, *Angew. Chem. Int. Ed.*, **55**, 629（2016）
11) J. X. Zhao *et al.*, *J. Phys. Chem. C*, **112**, 13141（2008）
12) T. Umeyama *et al.*, *Nat. Commun.*, **6**, 7732（2015）

8 新型発光体創成を目指した希土類元素ブロックの三次元空間配列

長谷川靖哉*

8.1 希土類錯体を元素ブロックとするポリマー材料

　光科学技術は現代の情報通信分野や計測分野および医療・環境・エネルギー変換分野を支える重要な領域である。この光科学技術をさらに発展させるためには，光の持つ特性を自在に操る光機能物質の学術研究が鍵となる。光機能物質の新しい学術研究展開を行うため，我々は希土類元素に注目している。

　希土類は全部で 17 種類の元素から構成される物質群である。原子番号 58 番から 71 番の元素 (Ce, Pr, Nd, Pm, Sm, Eu, Gd, Tb, Dy, Ho, Er, Tm, Yb, Lu) はランタニド元素 (lanthanide) であり，このランタニド元素にランタン (La) を加えたものが一般にランタノイド元素 (lanthanoids) と呼ばれる。希土類とは，ランタノイド元素にスカンジウム (Sc) とイットリウム (Y) を加えた元素群を総称した言葉である。この希土類元素には部分的に満たされた 4f 軌道が存在する (図 1)。

　希土類元素の 4f 軌道に由来する発光「4f-4f 遷移」は発光スペクトルの半値幅の狭く，色純度が高い。具体的には，Eu(III) イオンは色純度の高い赤色発光を示し，Tb(III) イオンは美しい緑色発光を示す。その発光波長は希土類イオンの種類を選ぶことにより，自由に選択できる。希土類イオンは美しい発光色を再現することが可能であることから，蛍光灯の発光材料，ディスプレイ材料（テレビの緑と赤色発光素子）やレーザー素子，イルミネーション材料として現在幅広く使用されてきた。これに対し，我々は希土類イオンと有機分子を組み合わせた「希土類錯体」

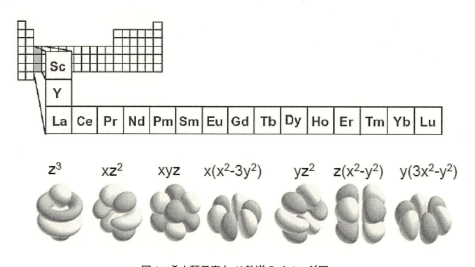

図1　希土類元素と 4f 軌道のイメージ図

＊　Yasuchika Hasegawa　北海道大学　大学院工学研究院　教授

第1章 発光材料

の研究を行っている。この希土類錯体は，

- 有機媒体に均一溶解可能：発光性インクやプラスチック材料への展開が容易
- 吸光係数の高い有機部位を光励起可能：従来の無機結晶では達成不可能な強発光を実現

といった特徴を有し，次世代の光機能素子として高いポテンシャルを有する。この希土類錯体は有機部位を精密設計することで，その発光特性を究極に高めることができる。我々はこれまで希土類イオンと有機配位子（ホスフィンオキシドとヘキサフルオロアセチルアセトナト（hfa）配位子）で構成される強発光性の希土類錯体を報告してきた（図2：発光量子収率は世界最高値)[1~5]。この発光体は光エネルギーを吸収する能力が無機結晶に比べて100倍以上あることから，新しい発光体として現在注目されている（図3）。

ここでは，希土類錯体を元素ブロックとした新型発光体「希土類元素ブロック高分子」について説明する。希土類元素ブロック高分子とは，希土類元素ブロックを三次元に連結・集積・配列させた新しい高分子型物質のことである。我々はこの希土類元素ブロック高分子の研究を2011年から行ってきた。ここでは，我々が開発してきた強発光性の希土類元素ブロック高分子の設計指針と構造機能について紹介する。

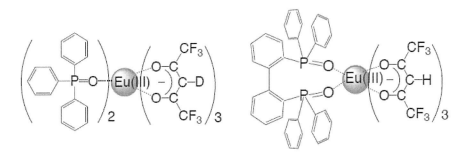

図2 ホスフィンオキシド（P＝O部位）とhfa配位子を導入した希土類錯体

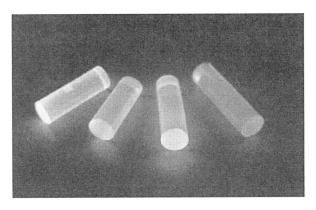

図3 希土類錯体を含むプラスチック発光材料[1~5]

8.2 熱耐久性を有する希土類元素ブロック高分子[6~8]

一般に有機分子から構成される色素や発光体は熱に弱く，200℃前後で分解がおこる。我々が開発してきた強発光性の希土類錯体も240℃で熱分解がおこるため，その応用用途は塗料などに限られていた。250℃でも分解しない強発光性の色素が合成できれば，LED等の半導体プロセスにも応用可能となる。ここで，我々は希土類錯体が三次元に連結したポリマー構造が熱耐久機能に重要と考えた。希土類錯体から構成される三次元ポリマー構造を作ることができれば，立体的に安定な構造を有する新しい光機能物質創成が可能になる。この着眼点を念頭に置き，希土類錯体（希土類元素ブロック）のホスフィンオキシド部位を三次元連結した新発光体：希土類元素ブロック高分子の検討を行った（図4）[6]。

X線構造解析の結果，連結部（図4のAryl部位）がパラフェニル，4,4'-ビフェニル，およびカルバゾールの場合において，希土類錯体が一次元に連結したポリマー構造を形成することがわかった。そのポリマー構造はCH/πおよびCH/F相互作用によって三次元的に連結しており，熱分解温度は極めて高い。特に，カルバゾール連結した希土類元素ブロック高分子（$[Eu(hfa)_3(dppcz)_3]_n$：図5）の分解温度は300度以上であることが明らかになった。

さらに，その発光量子収率は83%（$[Eu(hfa)_3(dppcz)_3]_n$の場合）と見積もられた。この値

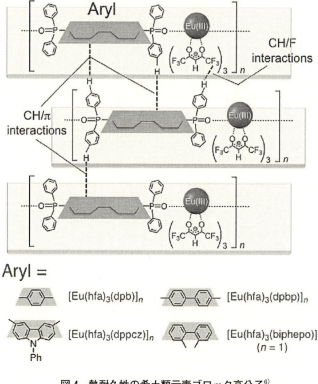

図4 熱耐久性の希土類元素ブロック高分子[6]

第1章　発光材料

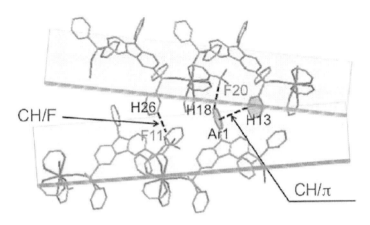

図5　（[Eu(hfa)$_3$(dppcz)$_3$]$_n$）の構造

は現在報告されているEu（III）錯体の中で最も高い。有機配位子励起によるエネルギー移動の効率も64％であり，高効率なエネルギー移動を示すことが明らかとなった。発光速度解析の結果，希土類元素ブロック高分子の三次元スタック構造が熱による分子振動を抑制するため，高い発光量子効率を誘起することがわかった。分子間相互作用によってポリマーを三次元的に組織化することは，新しい機能発現において重要である。本研究により，強発光性と熱耐久性の両機能を有する新しい希土類元素ブロック高分子の開発に成功した。

　この三次元空間制御された希土類元素ブロック高分子は300℃を超える高い熱耐久特性を有し，紫外光の照射により強発光（世界最高の発光量子効率）を示す。ここで，希土類元素ブロック高分子によるシリコン太陽電池のエネルギー変換効率改善の検討を行った。まず，希土類元素ブロック高分子をポリマー薄膜に分散し，紫外光を効率よく赤色光へ変換できる波長変換フィルムを作成した。そのフィルムをシリコン太陽電池表面に装着したところ，光電変換効率が1％向上することが明らかとなった[7,8]。さらに，この薄膜は85℃および85％の湿度条件下でも安定して発光する。熱耐久型の希土類元素ブロック高分子は新しい発光体としてだけでなく，波長変換材料としての機能も有していることもわかった。

8.3　温度センシングが可能な希土類元素ブロック高分子[9]

　赤色発光を示すEu(III)錯体と緑色発光を示すTb(III)錯体を混合すると，目視で黄色発光を観察することができる。これはディスプレイにおけるRGB（赤，緑，青）発光体によるフルカラー画像再現と同じ原理である。ここで，Eu(III)錯体とTb(III)錯体を組み合わせ，さらに温度変化によって発光色が変化する機能をとりつけた新しい希土類元素ブロック高分子「カメレオン発光体」の開発を行った。

　そのカメレオン発光体の構成を図6に示す。Tb(III)イオンとEu(III)イオンの連結ユニットにはホスフィンオキシドから構成される有機分子「dpbp」が導入されている（分子構造は図

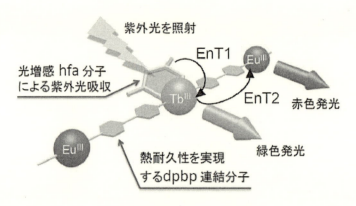

図6 温度センシングが可能な希土類元素ブロック高分子「カメレオン発光体」
[$Tb_nEu_y(hfa)_3(dpbp)_3$]$_n$の構成図[9]

4参照）。このカメレオン発光体に紫外光が照射されると，まず，光吸収係数の高いhfa配位子（吸光係数10,000 $M^{-1}cm^{-1}$以上）が光を効率よく吸収する。その後，紫外光エネルギーがhfa配位子からTb(III)イオンへと移動する（EnT1過程）。カメレオン発光体内のTb(III)イオンとEu(III)イオンの混合比は99：1となっており，極低温においては，系中に多く存在するTb(III)イオンからの緑色発光が支配的となる。ここでカメレオン発光体の温度が上昇すると，Tb(III)イオンからEu(III)イオンへのエネルギー移動（EnT2過程）が一部進行する。この部分的なエネルギー移動によりTb(III)イオンとEu(III)イオンが同時に発光することになり，緑色と赤色の中間色である黄色からオレンジ発光を目視において観察することができる。さらに100℃を超える高温条件では，Tb(III)イオンからEu(III)イオンへのエネルギー移動が支配的となり，カメレオン発光体からの発光はEu(III)イオン起因の赤色発光を観察することになる。その正確な温度は，CCD検出器がついたスペクトルアナライザーによってその発光を計測（図7）し，発光スペクトルにおけるTb(III)イオンの発光成分とEu(III)イオンの発光成分の強度比を算出することで簡単に計算できる。

　温度に依存した発光色変化は，希土類元素ブロックをつなぐ連結パーツの化学構造に依存する。本研究はエネルギー移動に温度因子があることを証明した初めての例となった。また，カメレオン発光体は金属などの表面温度分布などの二次元的な「面」の情報を正確に計測できる。この発光体を用いると，次世代旅客機や自動車などの機体温度計測実験が可能になる。さらに，表面温度計測の技術は，高速移動している物体の計測だけにとどまらない。現代の化学産業を支える大型プラント工場は，その反応器の温度を正確に計測することが重要である。カメレオン発光体の表面温度計測技術を用いることで，将来，大型の化学プラント容器やエネルギー発電容器の表面温度計測システムへの展開が期待される。

第1章　発光材料

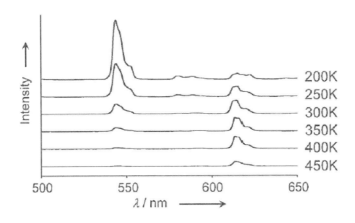

図7　カメレオン発光体の発光スペクトルの温度変化[9]

8.4　希土類元素ブロックナノ粒子[10〜12]

　希土類元素ブロック高分子は希土類錯体が三次元集積されたバルク化合物であり，一般の有機溶媒や水に均一分散しない。ここで筆者は「ナノ粒子」に注目した。可視光の波長よりも小さな粒子はナノ粒子と呼ばれ，溶液に分散した状態において光散乱が起こらない特徴を持つ。有機媒体に透明（光散乱しない）かつ均一に分散できる希土類元素ブロック高分子を開発するため，我々は「希土類元素ブロックナノ粒子」に関する研究を開始した。

　これまでの希土類元素ブロック高分子は，発光性の希土類錯体パーツと連結パーツをメタノール中で結合させて合成していた。希土類元素ブロックナノ粒子を合成するためには，合成段階で粒子径が大きくならない工夫が必要となる。ここで，我々は界面活性剤から構成されるミセルを反応場として利用することにした。ミセルとは，界面活性剤（洗剤のような分子）が水中で集合してできたカプセル状のナノ粒子である。このカプセルの中には油溶性物質（有機化合物）を取り込むことができる。水中に存在するミセル内部に希土類錯体パーツを入れ，別に準備した連結パーツ内包ミセルを混入することによる二種類のミセル融合検討を行った。その結果，水中で融合ミセルが形成され，融合ミセル中でカメレオン発光体のナノ粒子が形成されていることがわかった（図8）。その平均粒径は66 nmと見積もられた。このミセル法によって合成された希土類元素ブロックナノ粒子は，均一に有機媒体やプラスチック中に均一分散できる。さらに，ナノ粒子化しても希土類ブロック特有の発光特性と熱耐久性は失われないことが明らかとなった。洗剤のアワの起源であるミセルから着想された新しいアイディアを用いることで，希土類元素ブロック高分子の機能を進化させることに成功した[10]。このミセル技術を応用することで，透明電極上に希土類元素ブロック高分子の薄膜を形成させることにも成功した[11]。今後，このナノ粒子技術は新しいディスプレイ素子への応用展開などが期待される。

　このナノ粒子化に関して，メタノール溶媒中で希土類元素ブロックナノ粒子の大量合成法の開発にも最近成功した。これは希土類元素ブロック高分子の合成反応時に「成長停止剤」を加えて

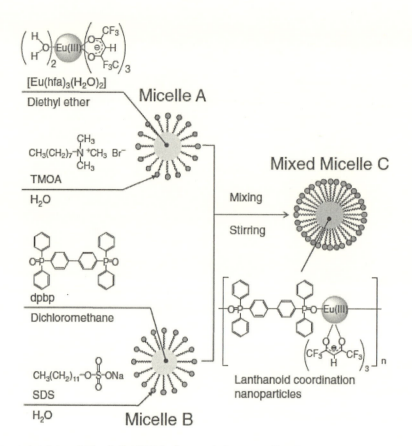

図8 水中のミセルを用いた希土類元素ブロック高分子のナノ粒子化とナノ粒子のSEM画像[10]

反応進行を制御するものである。具体的には，単座配位子であるトリフェニルホスフィンオキシド誘導体を希土類元素ブロック高分子の合成反応時に加える。この方法によって平均粒径100 nm程度のナノ粒子が得られることが分かった。さらに，トリフェニルホスフィンオキシド部位にビニル基を導入することで，ナノ粒子表面を有機ポリマーで保護することもできる。ビニル基を導入した成長停止剤はナノ結晶の最表面に位置するため，ナノ結晶調製後に反応溶液にスチレンモノマーと重合を加えて結晶表面での重合を行った。得られたナノ結晶はポリスチレンで保護されており，表面保護された希土類元素ブロックナノ粒子は，強酸性条件下（pH = 0.92）においても安定に発光することがわかった。一般に金属錯体は酸性条件下で分解するといった欠点があったが，このナノ粒子表面のポリスチレン保護は耐酸性効果も発現することが明らかになった[12]。

希土類元素ブロックナノ粒子は産業への応用展開を指向した新しい発光体である。しかもナノ粒子の表面を保護することにより，耐酸性にもすぐれた機能を発揮することがわかった。この希土類錯体ナノ粒子は新しいタイプの希土類元素ブロック高分子として今後益々の発展が期待される。

8.5 ガラス形成能を示す希土類元素ブロック高分子[13]

これまで説明してきた新型発光体「希土類元素ブロック高分子」は耐久性に優れ，感温特性や耐酸性などの特異機能を発現することを紹介してきた。この発光体は希土類イオンとの配位結合によってポリマー鎖が構築されているため，明確な結晶構造を持ち，有機分子で構成されるポリマーのようなガラス転移温度は示さない。ガラス形成機能を有するアモルファス型の希土類元素ブロック高分子は新しい光機能材料を切り開くと考えられる。

希土類元素ブロック高分子にガラス形成機能を与えるため，希土類元素ブロックから構成される集積体の対称構造に着目した。一般に，有機分子が c_3 対称構造（分子の主軸を120度回転すると元の分子構造と一致する立体構造）を有すると，分子の集合体においてガラス形成機能が発現する。これまで c_3 対称構造を有するアモルファス分子材料の研究が城田および中野らによって行われてきた[14]。さらに，金属イオンを連結部位が曲がった連結分子でつなぐと，自己会合により超分子集合体が形成されることも藤田らによって報告されている[15]。

ここで我々は，希土類元素ブロックを「曲がった連結パーツ」でつなぐことで c_3 対称構造が形成できれば，希土類元素ブロック高分子のガラス形成機能が誘起されるのではないかと考えた。さらに，ポリマー鎖間の強固な立体結合の原因となる CH-π 相互作用切断も重要である。これらの集合体設計の指針に基づき，120度の角度でアルケニル基がつながった新型連結パーツ「m-depeb」を合成し，m-depeb 連結パーツを使った希土類元素ブロック高分子の合成を検討した。この m-depeb で連結した希土類元素ブロック高分子は，Eu(III) イオンが3つから構成されることがマススペクトル測定により明らかになった。さらに，この化合物は65℃付近において明確なガラス転移温度を示し，室温で安定にガラス状態を形成することが示差熱分析測定によりわかった。その状態はアモルファスであり，単結晶によるX線構造解析ができない。ここでガウシアン計算による集合体構造の推定（Gaussian 09, B3LYP, SDD for Eu and 6-31G**）を行ったところ，希土類錯体が3つ連結した c_3 対称構造（[Eu(hfa)$_3$(m-depeb)]$_3$：図9）を形成

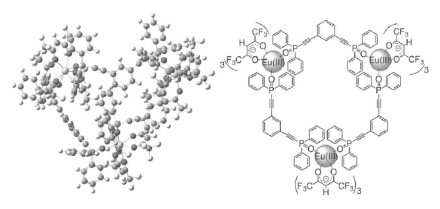

図9 ガラス形成機能を有する希土類元素ブロック高分子 [Eu(hfa)$_3$(m-depeb)]$_3$ の化学構造と最適化構造[13]

していると見積もられた。

　この発光体の発光量子効率は72%であり，従来の希土類元素ブロック高分子と同様に強発光特性を示す[13]。ガラス形成できる強発光性の希土類元素ブロック高分子は有機EL素子の発光部位や光ファイバーへの応用展開が可能であり，新しい光機能材料として興味深い。希土類元素ブロック高分子の集積構造を制御することは新しい光機能材料開発において重要であることがわかった。

8.6　さいごに

　新しい光機能物質を創成するため，我々は希土類錯体を基本骨格とした新しい発光体「希土類元素ブロック高分子」の研究を行ってきた[16,17]。筆者はこの希土類元素ブロック高分子の他に，希土類イオンが高次に配列した希土類多核クラスターや希土類半導体の研究も行っている[18~25]。筆者等が世界に先駆けて明らかにした学術的成果は化学の分野ばかりでなく，応用物理学分野や電子工学および産業界からも大きく注目されている。

　近年，発光性の希土類ナノ物質は次世代の光機能材料としての関心が世界的に高まっており，アメリカ，ロシア，中国等の研究機関において研究が活発化している。希土類錯体の配位子を三次元配列させた希土類元素ブロック高分子は，従来の希土類錯体やセラミック材料とは異なる新しい光機能物質として興味深い。本研究をさらに進めることで，新しい発光体の開発とその応用を今後も探求していきたい。

文　献

1) Y. Hasegawa, Y. Kimura, K. Murakoshi, Y. Wada, T. Yamanaka, J. Kim, N. Nakashima and S. Yanagida, *J. Phys. Chem.* **100**, 10201 (1996)
2) Y. Hasegawa, T. Ohkubo, K. Sogabe, Y. Kawamura, Y. Wada, N. Nakashima, S. Yanagida, *Angew. Chem., Int. Ed.*, **39**, 357 (2000)
3) Y. Hasegawa, M. Yamamuro, Y. Wada, N. Kanehisa, Kai, S. Yanagida, *J. Phys. Chem. A*, **107**, 1697 (2003)
4) K. Nakamura, Y. Hasegawa, H. Kawai, N. Yasuda, N. Kanehisa, Y. Kai, T. Nagamura, S. Yanagida, Y. Wada, *J. Phys. Chem. A*, **111**, 3029 (2007)
5) K. Miyata, T. Nakagawa, R. Kawakami, Y. Kita, K. Sugimoto, T. Nakashima, T. Harada, T. Kawai, Y. Hasegawa, *Chem. Eur. J.*, **17**, 521 (2011)
6) K. Miyata, T. Ohba, A. Kobayashi, M. Kato, T. Nakanishi, K. Fushimi, Y. Hasegawa, *ChemPlusChem*, **77**, 277 (2012)
7) H. Kataoka, T. Kitano, T. Takizawa, Y. Hirai, T. Nakanishi, Y. Hasegawa, *J. Alloys*

第 1 章　発光材料

Compd., **601**, 293 (2014)

8) Y. H. Kataoka, T. Nakanishi, S. Omagari, Y. Takabatake, Y. Kitagawa, Y. Hasegawa, *Bull. Chem. Soc. Jpn.*, **89**, 103 (2016)

9) K. Miyata, Y. Konno, T. Nakanishi, A. Kobayashi, M. Kato, K. Fushimi, Y. Hasegawa, *Angew. Chem. Int. Ed.*, **52**, 6413 (2013)

10) H. Onodera, T. Nakanishi, K. Fushimi, Y. Hasegawa, *Bull. Chem. Soc. Jpn.*, **87**, 1386 (2014)

11) Y. Hasegawa, T. Sugawara, T. Nakanishi, Y. Kitagawa, M. Takada, A. Niwa, H. Naito, K. Fushimi, *ChemPlusChem*, in press (2016)

12) H. Onodera, Y. Kitagawa, T. Nakanishi, K. Fushimi, Y. Hasegawa, *J. Mater. Chem. C*, **4**, 75 (2016)

13) Y. Hirai, T. Nakanishi, Y. Kitagawa, K. Fushimi, T. Seki, H. Ito, H. Fueno, K. Tanaka, T. Satoh, Y. Hasegawa, *Inorg. Chem.*, **54**, 4364 (2015)

14) H. Nakano, T. Tanino, T. Takahashi, H. Ando, Y. Shirota, *J. Mater. Chem.*, **18**, 242 (2008)

15) Y. Inokuma, M. Kawano, M. Fujita, *Nat. Chem.*, **3**, 349 (2011)

16) Y. Hasegawa, T. Nakanishi, *RSC Advances*, **5**, 338 (2015)

17) Y. Hasegawa, *Bull. Chem. Soc. Jpn.*, **87**, 1029 (2014)

18) Y. Hasegawa, T. Adachi, A. Tanaka, M. Afzaal, P. O'Brien, T. Doi, Y. Hinatsu, K. Fujita, K. Tanaka, T. Kawai, *J. Am. Chem. Soc.*, **130**, 5710 (2008)

19) Y. Hasegawa, M. Maeda, T. Nakanishi, Y. Doi, Y. Hinatsu, K. Fujita, K. Tanaka, H. Koizumi, K. Fushimi, *J. Am. Chem. Soc.*, **135**, 2659 (2013)

20) A. Kawashima, T. Nakanishi, T. Shibayama, S. Watanabe, K. Fujita, K. Tanaka, H. Koizumi, K. Fushimi, Y. Hasegawa, *Chem. Eur. J.*, **19**, 14438 (2013)

21) T. Nakanishi, Y. Suzuki, Y. Doi, T. Seki, H. Koizumi, K. Fushimi, K. Fujita, Y. Hinatsu, H. Ito, K. Tanaka, Y. Hasegawa, *Inorg. Chem.*, **53**, 7635 (2014)

22) Y. Hasegawa, N. Sato, Y. Hirai, T. Nakanishi, Y. Kitagawa, A. Kobayashi, M. Kato, T. Seki, H. Ito, K. Fushimi, *J. Phys. Chem. A*, **119**, 4825 (2015)

23) K. Yanagisawa, T. Nakanishi, Y. Kitagawa, T. Seki, T. Akama, M. Kobayashi, T. Taketsugu, H. Ito, K. Fushimi, Y. Hasegawa, *Eur. J. Inorg. Chem.*, 4769 (2015)

24) S. Omagari, T. Nakanishi, T. Seki, Y. Kitagawa, Y. Takahata, K. Fushimi, H. Ito, Y. Hasegawa, *J. Phys. Chem. A*, **119**, 1943 (2015)

25) S. Wada, Y. Kitagawa, T. Nakanishi, K. Fushimi, Y. Morisaki, K. Fujita, K. Konishi, K. Tanaka, Y. Chujo, Y. Hasegawa, Nature Publication Group (NPG) Asia Materials, in press (2016)

9 元素ブロックのハイブリッド化による発光材料の創出とデバイスへの応用

渡瀬星児[*]

9.1 はじめに

多彩な元素で構成される構造単位である元素ブロックは，同時に，固有の性質や機能を発現する構成単位でもある[1,2]。それらは多くの場合，優れた性質や機能を有していても，それ単体では材料として応用する際に求められる要件のすべてを満たせるわけではない。しかし，様々な性質や機能を有する種々の元素ブロックを選択し，それらを繋ぎ合わせて構成する元素ブロック材料では，単独の元素ブロックの集合体では実現することが容易ではないと思われる性質や機能をも組み込むことができ，それら元素ブロックが相補的に働くことで，長所を併せ持ち短所を補い合う，トレードオフを解消した新しい材料の創出が期待できる。例えば，耐久性や塗工性，光学的透明性に優れているが光・電子機能には乏しい高分子材料と，優れた光・電子機能を有しているが加工性，機械的強度に乏しい有機分子や金属錯体をそれぞれ元素ブロックとして，それらをうまく組み合わせた材料では，これまでには利用することが叶わなかった性質や機能の創出が期待できるようになる。本項では，その一例として，元素ブロックとしてのポリシルセスキオキサンと希土類錯体とのハイブリッド化による発光材料の創出とデバイスへの応用について紹介する。

9.2 元素ブロックとしてのポリシルセスキオキサン

ポリシルセスキオキサンはケイ素に直接結合した有機基を一つ有する $(R\text{-}SiO_{3/2})n$（R＝有機基）で表わされるケイ素系高分子材料で，トリアルコキシシラン $R\text{-}Si(OR')_3$（R'＝Me, Et, etc.）のゾルゲル反応により合成することができる[3〜5]。ポリシルセスキオキサンは図1に示したように，かご型，ラダー型，または，それらを組み合わせたランダム型の構造をとることが知られており，シリカ $(R\text{-}SiO_{4/2})n$ とシリコーン $(R_2\text{-}SiO_{2/2})n$ との間に位置づけられる。その性質は，三次元に架橋したシロキサンネットワークに由来する耐熱性・耐久性・硬さなどの無機材料的性質を示す一方で，有機基に由来する柔軟性・可溶性・成形性などの有機材料的性質を併せ持っており，ガラスより柔らかくシリコーンよりも硬いという中間的な特徴を有している。また，ポリシルセスキオキサンの原料であるトリアルコキシシランにテトラアルコキシシランまたはジアルコキシシランを組み合わせて共縮合を行うと，耐湿性，耐熱性，ガスバリア性，機械的強度などの物性制御が可能であることから，これら一連のケイ素系高分子材料を組み合わせて利用することも含めて，耐熱性コーティングや耐摩耗性ハードコートをはじめとする塗材，光学材料や電子材料など様々な分野での応用開発が進められている[6〜10]。

ポリシルセスキオキサンは，耐久性や塗工性などの材料に求められる性質に優れた元素ブロッ

---

[*] Seiji Watase　大阪市立工業研究所　電子材料研究部　ハイブリッド材料研究室　研究室長

第1章　発光材料

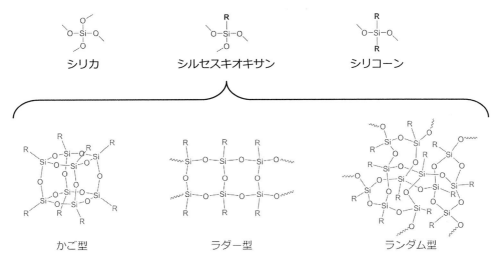

図1　ケイ素系高分子材料の構造

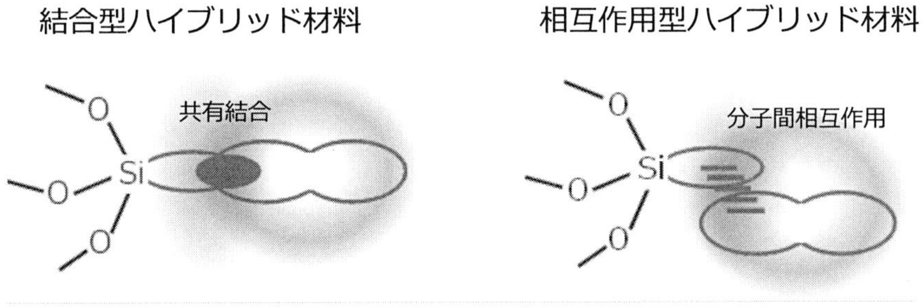

図2　ハイブリッド化の方法

クであり，同時に，ケイ素に結合した有機基を基点に化学結合を介して元素ブロックをハイブリッド化することで機能を追加できる，結合型ハイブリッド材料の基盤材料にもなりうる（図2）。また，フェニル基などの芳香族系有機基を介した分子間相互作用を利用して，有機化合物や金属錯体，ナノ構造体などの元素ブロックを超分子的に組み込んで機能を追加することで，相互作用型ハイブリッド材料を創ることもできる（図2）[11]。このようにポリシルセスキオキサンは，元素ブロックをハイブリッド化していくことで，あたかも様々な電子部品を取り付け，繋げて回路とする万能基板のごとく，様々な機能を組み入れるホスト材料として利用することができる。そのような特徴を利用して，りん光発光性金属錯体をハイブリッド化した固体りん光薄膜[12]や金属ナノ粒子をハイブリッド化して無電解銅めっきに対して触媒活性を示す薄膜材料[13]などの機能材料が創り出されている。

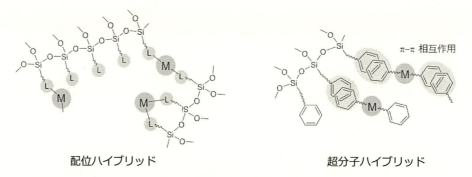

配位ハイブリッド　　　　　　　　　　　超分子ハイブリッド

図3　金属錯体のハイブリッド化

9.3　ポリシルセスキオキサンへの発光特性の付与

ポリシルセスキオキサンに発光特性を付与するために発光中心となる元素ブロックを組み込むことは有効な手法の一つであり，特に，りん光発光中心となる金属錯体を元素ブロックとしてハイブリッド化することで，その特徴を活かした固体りん光材料の創出が期待できる。また，ポリシルセスキオキサンの有機材料的な性質を活用することで，金属錯体には不得手な加工性を付与することが期待でき，プリンタブルなりん光発光材料を創出することもできる。ポリシルセスキオキサンに金属錯体を組み込む方法としては，ポリシルセスキオキサンに配位性の有機基を導入し，直接配位結合により金属元素を組み込む配位ハイブリッドとする方法と，ポリシルセスキオキサンの有機基と金属錯体の配位子に分子間相互作用を誘起することが期待できる芳香族系有機基を導入し，超分子ハイブリッドとする方法の二通りが考えられるが（図3），以下，より多様性に富んだ方法となりうる後者について紹介する。

9.3.1　ポリシルセスキオキサンへのカルバゾール基の導入

分子間相互作用を介した金属錯体との超分子ハイブリッドを作製するために，ポリシルセスキオキサンには予め適切な有機基を導入しておく必要がある。具体的には，ポリシルセスキオキサンの前駆体となるトリアルコキシシランに化学反応を利用して適切な有機基を導入しておき，これをゾルゲル反応により高分子化することで目的とするポリシルセスキオキサンを得ることができる。トリアルコキシシランへの有機基の導入には，ハイドロシリレーションなどの化学反応が利用され，それには重金属触媒が用いられる。しかし，光・電子機能材料用途に利用するポリシルセスキオキサンを合成する場合には，残留する重金属触媒が光・電子物性に与えうる影響を排除するために，重金属触媒を用いない化学反応を利用することが望ましい。チオールとアリル基またはビニル基との反応によりC-S結合を形成するチオールエン反応は，触媒を使用せず，光や熱などの温和な条件で生成するチイルラジカルを活性種として反応が進行するクリック反応である。この反応は，酸素による反応阻害を受けることもなく，副生成物を生じないクリーンな反応であることから，簡便に有機基を導入する方法として有効である。このチオールエン反応を利用して，ハイブリッド化の際に分子間相互作用を誘起することが期待できる元素ブロックとし

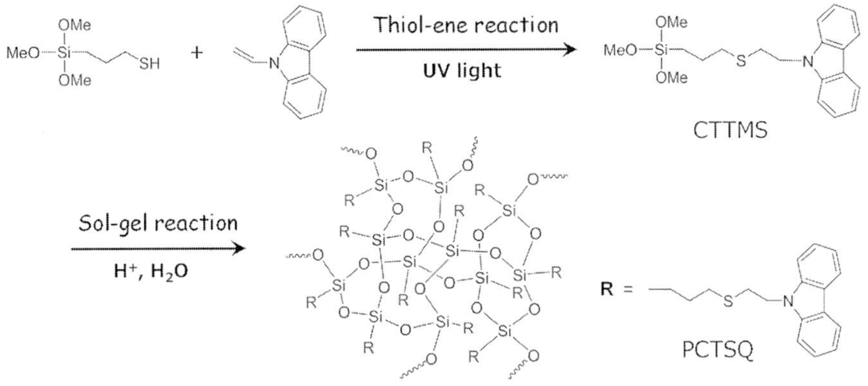

第1章　発光材料

図4　カルバゾール基を導入したポリシルセスキオキサンの合成

て，カルバゾール基をポリシルセスキオキサンに導入した。すなわち，3-メルカプトプロピルトリメトキシシランと 9-ビニルカルバゾールを等量混合し，無溶媒，無触媒条件下で撹拌しながら UV 光を照射し，チオールエン反応を行った[14～16]。^{1}H-NMR による生成物の確認では，9-ビニルカルバゾール由来のビニル基および 3-メルカプトプロピルトリメトキシシラン由来のチオール基に帰属されるピークの消失とともに新たにメチレン鎖に帰属されるピークの生成が確認され，カルバゾール基を導入したトリアルコキシシラン CTTMS を定量的に合成することができた（図4）。さらに，この CTTMS を水，酸触媒の存在下で加水分解・重縮合を行い，目的とするカルバゾール基を導入したポリシルセスキオキサン PCTSQ を合成した（図4）。次に，このポリシルセスキオキサンを用いた金属錯体とのハイブリッド化について検討を行った。

9.3.2　ポリシルセスキオキサンと金属錯体のハイブリッド化

りん光発光性の金属錯体は有機 EL 素子の高効率化に寄与すると期待されており，これまでに数多くの優れたりん光発光性金属錯体が見出されてきた。しかし，その多くはそれ単体では薄膜を形成できないことなどが材料化への妨げとなり，発光材料として応用されていないものも少なくない。ポリシルセスキオキサンと金属錯体とのハイブリッド化は，ポリシルセスキオキサンに発光機能を付与するという目的を果たすと同時に，金属錯体において配位子設計だけでは達成が困難な性質や機能を補う方法の一つとして有効であり，金属錯体に材料化への可能性を与える方法にもなりうる。我々はこれまでに，第三遷移金属の金錯体やユーロピウム錯体の合成ならびにそれらを用いたりん光ハイブリッド薄膜の作製について検討を行ってきた。その中で，同じ配位子を有する金属錯体をハイブリッド化する場合でも，ポリシルセスキオキサンの有機基の違いによってその発光特性が大きく変わることや，発光強度の温度依存性が著しく変化するなど，ポリシルセスキオキサンとのハイブリッド化があたかも第二または第三の配位子のごとく金属錯体の発光特性に影響を及ぼすことを見出してきている。ここでは，希土類元素のサマリウムの錯体を組み込んだハイブリッド薄膜の作製とその発光特性について紹介する。

サマリウムは希土類元素の一つで，周期表でユーロピウムの一つ前の 62 番に位置している元

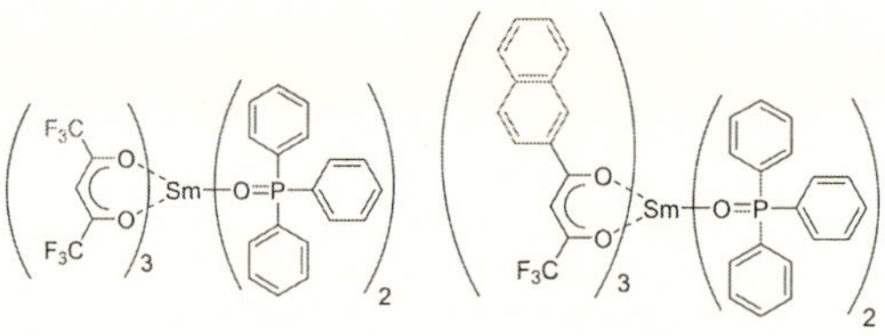

図5 サマリウム錯体の構造

素である。ユーロピウムと同様に3価のイオンはf–f遷移に由来する半値幅の狭い特徴的な発光スペクトルを示すが，f–f遷移が本来禁制の遷移であるため，ほとんど光を吸収することができず，発光も極めて弱い。そのため，錯体化によりサマリウム周辺に有機配位子を配置し，これを光捕捉アンテナとして光を吸収させ，そのエネルギーを配位子からサマリウムに移動することによって発光を増強するといった工夫がなされている。サマリウム錯体はユーロピウム錯体とは異なる色合いの赤色発光を示し，白色灯の演色性改善のためなどに用いられているが，ユーロピウムに比べて著しく発光量子効率が低いことから，発光の増強が課題となっており，種々の配位子設計が検討されている[17]。図5に，ポリシルセスキオキサンにハイブリッド化する元素ブロックとして，2種のサマリウム錯体 $Sm(HFA)_3(TPPO)_2$（錯体1）と $Sm(NTFA)_3(TPPO)_2$（錯体2）の構造を示す。ハイブリッド化そのものは，予め双方に分子間相互作用を誘起できる有機基を組み入れておくことで自己組織化的に進む。したがって，ポリシルセスキオキサンとサマリウム錯体を混合した溶液を用いて基板上にスピンコートし，乾燥するだけで，容易に目的とするハイブリッド薄膜を得ることができる。得られた薄膜にはサマリウム錯体の結晶化や凝集によるくすみも無く，いずれも全光線透過率は90％程度と高く，ヘイズ値は0.1％程度と低い，透明で濁りのない均一な薄膜が得られた。

9.3.3 ハイブリッド薄膜の発光特性

カルバゾール基を導入したポリシルセスキオキサン（PCTSQ）薄膜，ならびに，PCTSQにサマリウム錯体をハイブリッド化した薄膜の発光特性について説明する。まず，PCTSQの励起スペクトルは365 nmより短波長側に観測され，340 nm付近にカルバゾールに由来する特徴的な2つのシャープな吸収ピークが認められた（図6）。発光では，360 nm付近に吸収と同様に特徴的な発光ピークを有する300-650 nmの範囲におよぶブロードなスペクトルが観測され，この薄膜は視覚的には青色発光を示した。次に，PCTSQと芳香族基を含まないβジケトン配位子を用いたサマリウム錯体1とを20：1のモル比でハイブリッド化した薄膜の発光（λ_{ex} = 346 nm）では，PCTSQ由来のブロードな発光スペクトルとサマリウム錯体由来のシャープな発光スペクトルが同時に観測され，重ね合わされた形状をしていた（図7）。これに対して，PCTSQとナフチル基を有するβジケトン配位子を用いたサマリウム錯体2とを20：1のモル比でハイブリッド化した薄膜の発光スペクトル（λ_{ex} = 346 nm）では，PCTSQ由来のブロードな発光スペクトルが完全に消光され，サマリウム錯体由来のシャープな発光スペクトルだけが観測された

第1章　発光材料

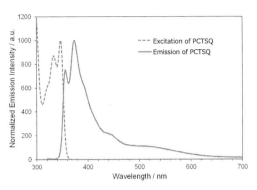

図6　PCTSQ の吸収および発光スペクトル

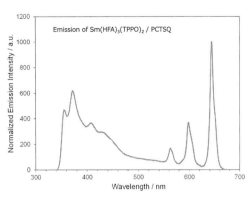

図7　錯体1をハイブリッド化した PCTSQ 薄膜の発光スペクトル

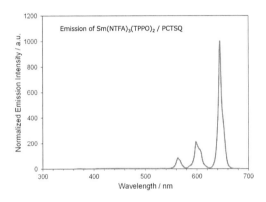

図8　錯体2をハイブリッド化した PCTSQ 薄膜の発光スペクトル

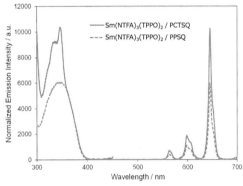

図9　二つのハイブリッドの励起スペクトルと発光スペクトルの比較

(図8)。すなわち，サマリウム錯体2をモル数にして20分の1ほどハイブリッド化するだけで，PCTSQ 由来の発光は完全に消光されることがわかる。また，有機基にフェニル基を有するポリシルセスキオキサン（PPSQ）にサマリウム錯体2をハイブリッド化した場合と比較すると，サマリウム錯体の発光（λ_{em} = 645 nm）でモニターした励起スペクトルでは，PCTSQ にハイブリッド化した薄膜では明らかに PCTSQ の吸収がサマリウム錯体の吸収と重なった形状をしており，見かけ上の吸光係数が増加していることがわかる（図9）。これはつまり，PCTSQ で吸収された光エネルギーがサマリウム錯体の配位子を介してサマリウムにエネルギー移動し，最終的にサマリウムから発光エネルギーとして取り出されているということを意味している。すなわち，PCTSQ がサマリウム錯体の配位子のごとく光捕捉アンテナとして働き，サマリウム錯体2の吸収断面積が増加することで発光が強められた，増感型の発光を示していることがわかる（図10）。このとき増感効果は，ハイブリッド化する錯体の濃度に依存して変化し，PCTSQ とサマリウム錯体の比が20：1の場合には1.7倍の増感効果があることがわかった。このように，

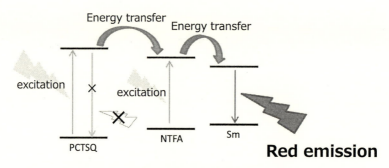

図10 増感発光のメカニズム

ポリシルセスキオキサンとサマリウム錯体とをハイブリッド化することによって，そこに新たなエネルギー移動パスが形成され，結果として，サマリウム元素特有の性質をよりクローズアップすることができるということを示している。

9.4 ポリシルセスキオキサンへの半導体特性の付与

ポリシルセスキオキサンにサマリウム錯体をハイブリッド化することで発光特性を付与することが出来たので，さらにこのハイブリッド薄膜を半導体素子へと応用展開するためには，電気的性質を付与することが必要である。一般に，ポリシルセスキオキサンは前述のように石英（ガラス）やシリコーン樹脂と同種の化合物であると認識されているため，絶縁体であると考えられている。実際，ポリシルセスキオキサンの厚膜は有機薄膜トランジスタのゲート絶縁膜として応用できることが多数報告されている[18~22]。しかし，電気的性質を有する元素ブロックをポリシルセスキオキサンに組み込み，その上でさらに，優れた塗工性を活かして薄膜化することによって，ポリシルセスキオキサンにも半導体的性質を付与することが期待できる[23]。ここで，電気的性質を有する元素ブロックには様々なものが候補としてあげられるが，先に用いたカルバゾールもまたホール輸送性を有することが知られている。そこで，カルバゾールを導入したポリシルセスキオキサン（PCTSQ）の電気的性質を確認するために整流素子（ダイオード）を作製した。ITO基板上に電解析出法によりn型半導体の酸化亜鉛（ZnO）薄膜を形成し[24]，その上にスピンコート法によりPCTSQ薄膜を積層した。さらにその上には真空蒸着により電極となる金属膜を形成して素子を作製した（図11）[25]。この素子の断面FESEM像を図12に示す。この素子の電流密度-電圧（J-V）特性を調べるために電圧を印加すると，順バイアスにおいて顕著な電流上昇が認められた（図13）。素子に流れる電流値はPCTSQの膜厚に依存して変化し，膜厚が薄い場合には電流値は大きくなるものの，逆バイアスにおけるリーク電流も大きくなった。一方，若干厚い膜の場合には，順バイアスでの電流値は幾分低下するものの，逆バイアスにおけるリーク電流は効果的に抑制された。その結果，整流比12,000という優れた整流特性を示し，理想因子は2前後の値を示した（表1）。このように，少なくともカルバゾール基を導入したポリシルセスキオキサン薄膜PCTSQは，n型半導体である酸化亜鉛薄膜上に積層した場合にはp型半導

第1章　発光材料

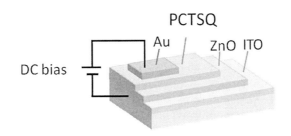

図11　整流素子の構造

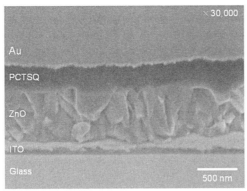

図12　整流素子の断面 FESEM 像

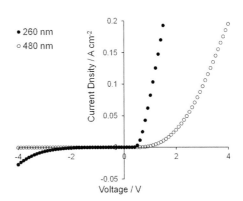

図13　素子の J-V 特性

表1　整流素子の特性

	Thickness of PCTSQ nm	Mximum of Rectification Ratio	Forward Current Density A	Leakage Current Density A	Ideality Factor[c]
1	260	1850[a]	4.28×10^{-2} [a]	2.31×10^{-5} [a]	1.8
2	480	12000[b]	1.25×10^{-1} [b]	1.04×10^{-5} [b]	2.4

[a] at 0.8 V　[b] at 3.3 V　[c] 0.1-0.5 V

体として振る舞い，接合を形成して優れた整流性を示すことがわかる。

9.5　電流注入発光素子への応用

　ポリシルセスキオキサンにカルバゾール基とサマリウム錯体を共ハイブリッド化することによって，発光特性と半導体特性を同時に有するハイブリッド薄膜を作ることができた。つまり次の展開として，このハイブリッド薄膜の電流注入発光素子の発光層への応用が期待できる。

　透明導電性基板である ITO 上にホール輸送層として PEDOT:PSS をスピンコート法で成膜し，その上に，サマリウム錯体をハイブリッド化した PCTSQ 薄膜を同じくスピンコート法で積層した。さらにその上に，真空蒸着法によりホールブロック層として働く TAZ 層を積層し，最

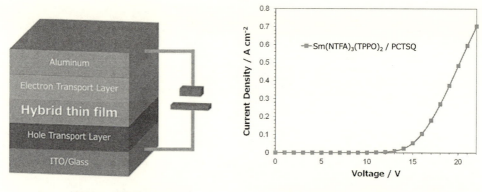

図14　電流注入発光素子の構造　　　図15　電流注入発光素子のJ-V特性

後に金属電極としてアルミニウム電極を形成して素子を作製した（図14）。この素子の電気的性質を調べたところ，印加する電圧が10 Vを越えたあたりから電流が流れ始め，電圧の上昇とともに電流値は増加し，18 Vで約270 mA/cm^{2}ほどの電流が流れた（図15）。同じく10 Vを越えたあたりから弱い赤色発光が認められるようになり，電流値の増加とともにその輝度も強くなり，18 Vで約90 cd/m^{2}に達した。その時の電流注入発光スペクトルを図16に示す。300-540 nmの範囲には発光は全く観測されず，564，600，646 nmにサマリウム由来のf-f遷移に基づく特徴的なシャープなスペクトルだけが観測され，赤色発光を示した。このことはすなわち，電流注入によって生成したPCTSQの励起状態に由来する発光は，共存するサマリウム錯体によって完全に消光されていると考えられる。すなわち，この素子内部では，PCTSQの励起状態から速やかにサマリウム錯体の配位子へとエネルギーが移動し，さらに，配位子からサマリウムへとエネルギー移動することで，強い赤色発光に変換されていると考えられる。言い換えると，カルバゾールを導入したポリシルセスキオキサンは電気エネルギーを捕捉してそのエネルギーをサマ

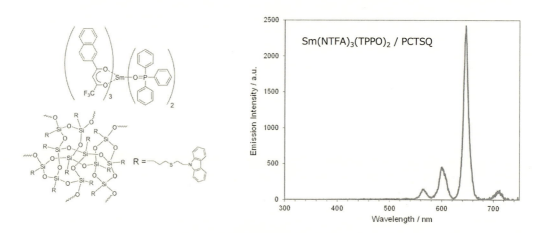

図16　電流注入発光スペクトル

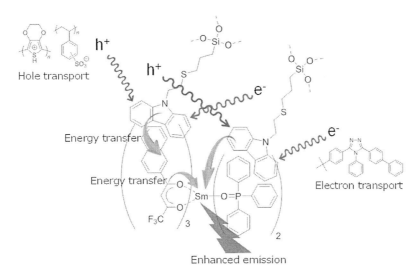

図17　電流注入発光のメカニズム

リウム錯体へと渡す，言わばメディエータとして機能しており（図17），その動きによって，サマリウム錯体から強い電流注入発光を取り出すことができたものと考えられる．

9.6　おわりに

　赤色にりん光発光する元素ブロックとホールを輸送することができる元素ブロックをポリシルセスキオキサンにハイブリッド化することで発光機能と電気的性質が付加され，ポリシルセスキオキサンがりん光発光材料にも，またp型半導体材料にもなることがわかった．そしてそれらの材料は，整流素子や電流注入発光素子などの半導体素子にも応用できることを紹介した．このようなポリシルセスキオキサンへの元素ブロックのハイブリッド化は，まるで万能基板に部品を組み込んで回路を作り上げていくようでもあり，耐久性や製膜性をもたらす元素ブロックであったポリシルセスキオキサンが，そのような万能基板としての場となることもまた，重要な特徴の一つである．そのような場を利用して元素ブロックが自己組織化的に繋ぎ合わされ，互いに協調し，連動することによって，新たな機能が創み出されていくことを期待したい．

文　　献

1) Yoshiki Chujo, Kazuo Tanaka, *Bull. Chem. Soc. Jpn.*, **88**, 633 (2015)
2) 中條善樹　監修,"元素ブロック高分子　-有機-無機ハイブリッド材料の新概念-", シーエムシー出版 (2015)
3) R. H. Baney, M. Itoh, A. Sakakibara, T. Suzuki, *Chem. Rev.*, **95**, 1409 (1995)
4) Y. Kaneko, E. B. Coughlin, T. Gunji, M. Itoh, K. Matsukawa, K. Naka, *Int. J. Polym. Sci.*, 453821 (2012)
5) 伊藤真樹　監修,"シルセスキオキサン材料の最新技術と応用", シーエムシー出版 (2013)
6) D. K. Chattopadhyay, K. V. S. N. Raju, *Progress in Polym. Sci.*, **32**, 352 (2007)
7) K. Matsukawa, T. Fukuda, S. Watase, H. Goda, *J.Photopolym. Sci. Technol.*, **23**, 115 (2010)
8) H. Araki, K. Naka, *Macromol.*, **44**, 6039 (2011)
9) K. Tanaka, S. Adachi, Y. Chujo, *J. Polym. Sci., Part A: Polym. Chem.*, **48**, 5712 (2010)
10) A. Watanabe, S. Tadenuma, T. Miyashita, *J.Photopolym. Sci. Technol.*, **21**, 317 (2008)
11) R. Tamaki, K. Samura, Y. Chujo, *Chem. Commun.* 1131 (1998)
12) 伊藤和也, 渡瀬星児, 渡辺充, 西岡昇, 松川公洋, 高分子論文集, **67**, 412 (2010)
13) 手嶋彩由里, 村橋浩一郎, 大塚邦顕, 御田村紘志, 渡瀬星児, 松川公洋, エレクトロニクス実装学会誌, **18**, 479 (2015)
14) A. B. Lowe, M. A. Harvison, *Austr. J. Chem.*, **63**, 1251 (2010)
15) C. E. Hoyle, C. N. Bowman, *Angew. Chem. Int. Ed. Engl.*, **49**, 1540 (2010)
16) A. Dondoni, A. Marra, *Chem. Soc. Rev.*, **41**, 573 (2012)
17) K. Miyata, T. Nakagawa, R. Kawakami, Y. Kita, K. Sugimoto, T. Nakashima, T. Harada, T. Kawai, Y. Hasegawa, *Chem. Eur. J.*, **17**, 521 (2011)
18) S. Jeong, D. Kim, S. Lee, B. -K. Park, J. Moon, *Appl. Phys. Lett.*, **89**, 092101 (2006)
19) K. Tomatsu, T. Hamada, T, Nagase, S. Yamazaki, E.T. Kobayashi, S. Murakami, K. Matsukawa, H. Naito, *J. J. Appl. Phys.*, **47**, 3196 (2008)
20) T. Hamada, T. Nagase, M. Watanabe, S. Watase, H. Naito, K. Matsukawa, *J.Photopolym. Sci. Technol.*, **21**, 319 (2008)
21) S. Yamazaki, T. Hamada, T. Nagase, S. Tokai, M. Yoshikawa, T. Kobayashi, Y. Michiwaki, S. Watase, M. Watanabe, K. Matsukawa, H. Naito, *Applied Physics Express*, **3**, 091602 (2010)
22) T. Nagase, T. Hamada, K. Tomatsu, S. Yamazaki, T. Kobayashi, S. Murakami, K. Matsukawa, H. Naito, *Adv. Mater.*, **22**, 4706 (2010)
23) B. A. Kamino, T. P. Bender, *Chem. Soc. Rev.*, **42**, 5119 (2013)
24) M. Izaki, T. Omi, *Appl. Phys. Lett.*, **68**, 2439 (1996)
25) S. Watase, D. Fujisaki, M. Watanabe, K. Mitamura, N. Nishioka, k. Matsukawa, *Chem. Eur. J.*, **20**, 12773 (2014)

第2章　光電変換材料

1　有機太陽電池の太陽電池特性と電子物性

内藤裕義*

1.1　はじめに

　元素ブロック材料には様々な機能性があるが，光電機能性の観点からは，太陽電池応用が有望である。本稿では，有機太陽電池（OPV）について概説し，著者の行っている電子物性評価の一部を紹介する。

　バルクヘテロ接合を用いることでOPVの効率は飛躍的に向上し，現在では10％を超える電力変換効率が報告されている[1]。バルクヘテロ接合は有機溶剤に可溶なフラーレン誘導体（［6,6］-pheynl butyric acid methyl ester（PCBM）），［6,6］-phenyl-C_{71}-butyric acid methyl ester（$PC_{71}BM$）など）と高分子を混合し，スピンコート法などにより塗布製膜が可能である。塗布製膜により形成されるバルクヘテロ接合の構造を模式的に図1に示す。

　電子供与体（ドナー）の高分子と電子受容体（アクセプター）のフラーレンが相分離したバルクヘテロ接合中のドナー/アクセプター界面で励起子を自由電子と自由正孔に分離する。相分離構造の幅は20 nm程度で，光生成した励起子の多くがドナー/アクセプター界面に到達することができ，一重項励起子の拡散距離が数nmの有機半導体においても，効率よくキャリア生成を行うことができる。図1における光電過程は，

① 　バルクヘテロ接合での光吸収
② 　一重項励起子生成

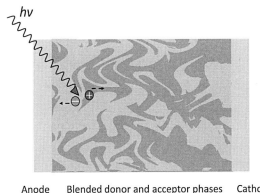
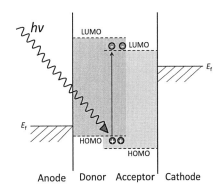
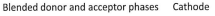

図1　バルクヘテロ接合の構造を模式図（a），（b），およびエネルギー図（c）

＊　Hiroyoshi Naito　大阪府立大学　大学院工学研究科　教授

③ 一重項励起子のドナー/アクセプター界面への拡散

④ ドナー/アクセプター界面で自由電子,自由正孔に乖離

⑤ 内部電界により自由電子は陰極,自由正孔は陽極へとドリフト（光電流）

である。

OPVの構造には,図1 (a) において陽極に基板上のITO,陽極バッファ層としてpoly (3,4-ethylene-dioxythiophene):poly (styrenesulphonate) (PEDOT:PSS),陰極バッファ層にLiF,陰極にAlなどを用いた順方向OPV,陰極に基板上のITO（あるいはAl添加ZnOなど）,陰極バッファ層としてpolyethyleneimine (PEI),陽極バッファ層にMoO$_3$,陽極にAlを用いた逆方向OPVがある[1]。基板に対して陽極,陰極の積層順がことなることから逆方向OPVと呼ばれる。順方向に比べ逆方向OPVでより高い電力変換効率が報告されている[1,2]。

1.2 太陽電池特性

1.2.1 太陽電池特性評価

太陽電池の光照射下の電流－電圧特性の測定は,ソーラーシミュレータを用いて,光強度100 mW/cm^2 (AM1.5),基板温度25℃の環境下で行う[3]。ソーラーシミュレータの光量はJIS, IEC規格で規定された方法で調整されている必要がある。光照射下で,外部電圧を印加し電流－電圧特性を測定する。この際,OPVの受光部分にのみ光が入射するようにマスクを用いる。

図2に太陽電池の電流－電圧特性を示す。太陽電池を特徴付ける物理量としての開放起電圧（V_{OC}）,短絡電流密度（J_{SC}）,曲線因子（Fill Factor：FF）,電力変換効率がある。V_{OC}とJ_{SC}は図2中で定義できる。太陽電池の発電量が最大となるのは図2中の四角形の面積が最大になる時で,この時の電力をP_{out},電圧をV_m,電流密度をJ_mとすると,$P_{out} = V_m \times J_m$となる。曲線因子は,

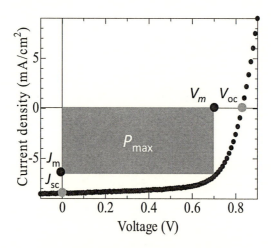

図2 太陽電池の典型的な電流－電圧特性

$$FF = \frac{V_m J_m}{V_{oc} J_{sc}}$$

で与えられ，電力変換効率は，

$$PCE = \frac{V_m J_m}{P_{in}} = \frac{V_{oc} J_{sc} FF}{P_{in}} \qquad 式(1)$$

で与えられる。

外部量子効率（IPCE）も重要な物理量で，太陽電池に毎秒吸収された光子が何個の電子を発生させたかの比率である。

$$IPCE = \frac{J_{sc} \times 1240}{\lambda \times \phi_{in}(\lambda)}$$

ここで，J_{sc} の単位は（mA/cm^2），$\phi_{in}(\lambda)$（mW/cm^2）は照射単色光の光強度，λ（nm）は照射単色光の波長である。IPCE を用いて太陽電池の J_{sc} を

$$J_{sc} = \int IPCE(\lambda) \times \frac{P_{in}(\lambda) \times \lambda}{1240} d\lambda$$

を求めることができる。ここで $P_{in}(\lambda)$（mW/nm cm^2）は基準太陽光スペクトルである。IPCE を用いて算出した J_{sc} と電流-電圧測定で求めた J_{sc} の一致を確認することは，太陽電池特性を正しく評価するために重要である。

1.2.2 太陽電池等価回路解析

膜厚 d のバルクヘテロ接合層中の電荷輸送は内蔵電位によるドリフトに起因するため，電荷のドリフト長（飛程）は，内蔵電位 V_{bi}，印加電位 V，電荷移動度 μ，電荷寿命 τ を用いて，

$$L_C(V) = \mu \tau E = \frac{\mu \tau (V_{bi} - V)}{d}$$

と表わすことができる。電荷のドリフト長 L_C は，正孔と電子のドリフト長の和である[4]。

$$\mu \tau = \mu_n \tau_n + \mu_p \tau_p$$

ここで，μ_p，μ_n はバルクヘテロ接合層中における正孔，電子の移動度，τ_p，τ_n は寿命である。$L_C(V)$ により，電荷収集効率 η_{CC} は

$$\eta_{CC}(V) = \frac{L_C(V)}{d}\left[1 - exp\left\{\frac{d}{L_C(V)}\right\}\right]$$

で表される[4]。電荷収集効率を考慮し，図3の1ダイオード等価回路から導かれる光照射時の電流-電圧特性は，

$$J = J_s\left[exp\left\{\frac{q(V - JR_s)}{nkT}\right\} - 1\right] + \frac{V - JR_s}{R_{sh}} - J^0_{light}\eta_{CC}(V)$$

と表される[5]。ここで，J_s は逆方向飽和電流，n は理想ダイオード因子，R_S は直列抵抗，R_{sh} はシャント抵抗，J^0_{light} は，$\eta_{CC}=1$ の場合に得られる光電流である。

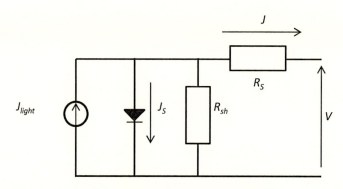

図3 太陽電池の1ダイオード等価回路

　図3の太陽電池の1ダイオード等価回路に基づき図2に示したような電流-電圧特性を数値計算し，実験結果と数値計算結果との最小二乗フィッティングにより理想ダイオード因子，逆方向飽和電流，直列抵抗，シャント抵抗，光電流，内部電位，$\mu\tau$ 積の7つの物理量を決定できる。著者らは，遺伝的アルゴリズムと Levenberg-Marquardt 法を組み合わせたアルゴリズムにより，初期値の選び方に依存せず，高精度かつ比較的短時間で最適解（上記7つの物理量）が得られる方法を提案している[5]。このような単純な解析により太陽電池の効率向上を行った好例として色素増感太陽電池の電力変換効率の向上が挙げられる[6]。

1.3 有機太陽電池の物性予測

　アクセプターを $PC_{71}BM$ とした場合，高効率 OPV を実現するためのドナー性高分子の満たすべき要件について述べる。V_{oc} とドナー性高分子の最高被占軌道（HOMO）準位 E_{HOMO}^{donor}，$PC_{71}BM$ の最低空軌道（LUMO）準位 $E_{LUMO}^{acceptor}$（$=-4.3$ eV）には次の関係がある[7]。

$$V_{oc} = \frac{1}{q}(|E_{HOMO}^{donor}| - |E_{LUMO}^{acceptor}|) - 0.3$$

ここで，q は電荷素量である。IPCE を波長によらず 0.65，FF も 0.65 と仮定すると，J_{sc} は単に AM1.5 スペクトルをドナー性高分子の E_g 以上の範囲で積分し IPCE を掛けて得られる。この際，$PC_{71}BM$ による吸収は無視し，ドナー性高分子は E_g 以上の光子を全て吸収すると仮定する。従って，電力変換効率は式（1）より得られる[7]。

　ドナー性高分子の LUMO 準位，E_g における電力変換効率の等高線を図4に示す。ドナー性高分子の E_g が 1.5 eV の時に，電力変換効率が 10% 程度と最高の変換効率を示すことがわかる。ローバンドギャップポリマーと呼ばれるドナー性高分子が盛んに合成されているのはこのような背景による。この極めて簡単な計算結果と実験値との関係を調べた結果を図5に示す[8]。ここで，thieno[3,4-b]thiophene and benzodithiphene（PTB7）[9]，poly[2,6-(4,4-bis-(2-ethylhexyl)-4H-cyclopenta[2,1-b;3,4-b)]-dithiphene)-alt-4,7-(2,1,3-difluorobenzothiadiazole)]（PDTP-DFBT）[10]，poly[2,7-(5,5-bis-(3,7-dimethyloctyl)-5H-dithieno[3,2-n:20,30-d]

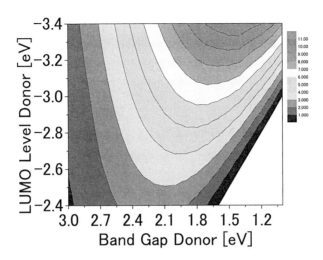

図4　AM1.5下でアクセプター材料としてPC$_{71}$BM，ドナー性材料として様々なE_gとLUMO準位を有するOPVを想定して算出した電力変換効率等高線

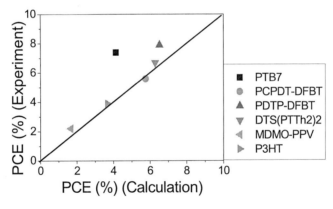

図5　図4の計算値と実験値の比較

pyran)-alt-4,7-(5,6-difluro-2,1,3-benzothiadiazole)] (PDTP-DFBT)[10]，5;50-bisf(4-(7-hexylthiophen-2-yl)-thiophen-2-yl)-1,2,5]thiasiazolo[3,4-c]pyridineg-3;30-di-2-ethylhexylsilylene-2;20-bithiophene (DTS (PTTh$_2$)$_2$)[11]，poly[2-methoxy-5-(3',7'-dimethylocyloxy)-1,4-phenylenevinylene] (MDMO-PPV)[12]，poly(3-hexylthiophene-2,5-diyl (P3HT)[12,13]である．同図より，計算結果と実験値とは良い一致を示しており，このような簡単な計算であっても電力変換効率予測には有効であることがわかる．

1．4　電子物性評価

図5での理論予測と実験結果の一致によるとE_gを1.5 eV付近に有するドナー性高分子を合成すれば良いような印象を与えるが，太陽電池特性を向上させるには，上述の1から5までの光

電過程で，ドナー/アクセプター界面での効率的な一重項励起子の乖離（高い IPCE），ドリフト移動度，キャリア寿命などの電子物性が重要となる。図5において引用した報告では，光電過程の最適化もある程度行われていると思われる。

効率的な一重項励起子の乖離については，IPCE 測定から評価が可能で，理論的な取り扱いも見られる[14]。一方，OPV の構造でキャリアのドリフト移動度や寿命を評価する手段は，一般的とは言えない。そこで，ここでは，OPV 構造でのドリフト移動度評価法としてインピーダンス分光法について述べる。

1.5 インピーダンス分光によるドリフト移動度評価

有機半導体等の高抵抗薄膜における移動度測定方法には time-of-flight（TOF）法，空間電荷制限電流（space-charge-limited current: SCLC）から求める方法，電界効果トランジスタ（FET）の評価による測定等が報告されている[15]。しかし，TOF 法を用いた測定を行う場合，同一試料で印加電界を反転させることにより電子と正孔移動度を測定することができるが，少なくとも 1 μm 程度の膜厚が必要になる（走行時間を観察するためには，励起光の吸収係数の逆数より大きな膜厚が必要である）。有機半導体は膜厚により電子物性が変化するため，実際の素子と同程度の膜厚による測定が望ましい。SCLC 法は，実際の素子に適用できるが，膜厚に対するスケーリング則を確認しておく必要がある。残念ながら最近の SCLC 法を適用している報告においてはスケーリング則を確認している報告がほとんどないようである（これは，電子物性の膜厚依存性によりスケーリング則が成立していないことに起因していると推察される）。SCLC 法を適用する場合には，電子オンリー素子，あるいは，正孔オンリー素子を作製してそれぞれ電子移動度，正孔移動度を評価する必要がある。FET 構造ではバルクヘテロ接合層の電子，正孔移動度測定を行うことが出来るが，電荷の伝導方向が FET の場合，絶縁体／有機半導体界面の 10 nm 程度の領域の電荷輸送を観察していることになる。このような移動度はバルクヘテロ接合層の膜厚方向に伝導する電荷のドリフト移動度と必ずしも一致するとは限らない。一方，インピーダンス分光測定では，実際の OPV を用いて測定を行うことができ，電子，正孔移動度を同時測定できる。

インピーダンス分光による電荷ドリフト移動度の決定は，電子，正孔のうちいずれか一種類の電荷が有機半導体に注入される単電荷注入（single injection）モデル[16]に基づいている。この単電荷注入モデルの解析には，電流の式，ポアソンの式，電流連続の式を用い，拡散電流，および，捕獲準位を無視する。これらの基本方程式を空間電荷制限下で微小交流信号解析を行うと，有機半導体によるダイオードのアドミタンスを得ることができる。ここで，ダイオードとは，少なくとも一方の電極が電子，あるいは，正孔に対してオーミック接触を持っている二端子素子を指す。紙面の都合から，導出過程は他書に譲る[17]。実際の結果（素子構造：ITO/PEDOT:PSS/正孔輸送層/Al）の静電容量 $C(\omega)$ の周波数特性を図示すると，図6（a）のようになる。高周波域から低周波域に向かって静電容量は減少していることが分かる（走行時間効果（transit-

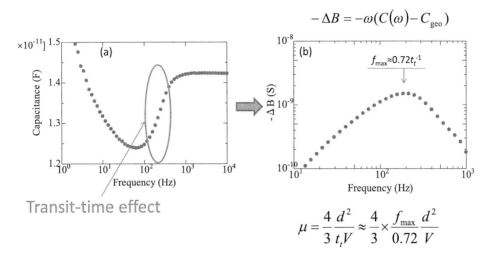

図6 ITO/PEDOT:PSS/正孔輸送層/Al の静電容量 $C(\omega)$ の周波数特性 (a),差分サセプタンスの周波数特性 (b)

time effect))。これは,高周波域では注入された電荷が微小交流電圧に完全には追従できずに,電流に位相遅れを生じるため,観測される静電容量は幾何容量 C_{geo} になる。図中に走行時間効果(transit-time effect)を示した[17]。

走行時間を容易に決定するため,差分サセプタンス

$$-\Delta B = -\omega\{C(\omega) - C_{geo}\}$$

の周波数特性を図示すると,図6(b)のようになる。ここで,$-\Delta B$ が極大となる周波数 f_{max} と走行時間 t_t との間には

$$t_t \approx 0.72 f_{max}^{-1}$$

の関係がある。従って,インピーダンス測定より,$-\Delta B$ の周波数特性を図示すれば,走行時間が得られ,空間電荷制限下における走行時間とドリフト移動度の関係[17]

$$\mu = \frac{4}{3}\frac{d^2}{t_t V}$$

によって移動度を算出することができる。V は有機半導体層への実効的な印加電圧である。

印加電圧が 1.1 V で様々な温度で測定した P3HT: indene-C60 bisadduct(ICBA)OPV(電力変換効率 4.9%)の差分サセプタンスの周波数依存性を図7に示す。240-260 K では走行時間由来のピークが2つ現れ,電子,正孔のドリフト移動度が同時測定できていることを示している。

P3HT:ICBA OPV のドリフト移動度の温度依存性を図8に示す。ドリフト移動度は熱活性化型の温度依存性

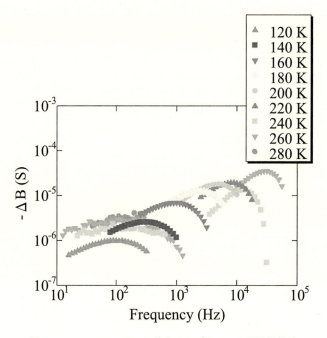

図7　P3HT:ICBA OPV の差分サセプタンスの周波数特性

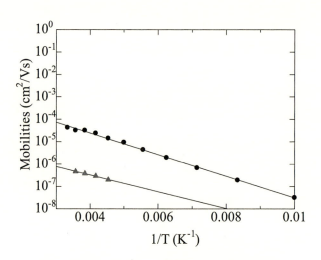

図8　P3HT:ICBA OPV の電荷移動度の温度依存性

$$\mu = \mu_0 exp\,(-E_a/kT)$$

を示した．300 K におけるドリフト移動度を見積もると，$\mu_a = 5.1 \times 10^{-5}$ cm^2/Vs，$\mu_b = 5.8 \times 10^{-7}$ cm^2/Vs となった．活性化エネルギーは，それぞれ 0.10 eV と 0.07 eV であった．算出した二つの移動度の差は 30 倍以上あるため，2 つ走行時間を分離して観測することができた（図7

第2章 光電変換材料

における二つのピークに対応)[18]。

　この二つの移動度の電荷種を同定するには電子オンリー素子，正孔オンリー素子を作製し，電子，正孔のドリフト移動度を独立に同定する方法が一般的である。一方，著者らは，実際のOPVでのドリフト移動度評価が重要であると考え，実際のOPVで正孔ドリフト移動度を評価するため，非局在正孔ポーラロンの光誘導吸収（PIA）測定を行った。PIA測定では，ポンプ光を変調し，プローブ光の微小な変化をロックインアンプにより検出する。P3HT:ICBA OPVでは，P3HTの非局在正孔ポーラロンの光誘導吸収のポンプ光の変調周波数依存性より正孔走行時間に対応する周波数を検出した[19]。これより算出した正孔移動度は$\mu_h = 2.2 \times 10^{-5}$ cm^2/Vsとなり，インピーダンス分光法により決定した二つの移動度のうちμ_aが正孔ドリフト移動度，μ_bが電子ドリフト移動度であることが分かる。

　同様な測定をP3HT:PCBM，PTB7:PC$_{71}$BM OPVでも行った。特に7％以上の電力変換効率を示すPTB7:PC$_{71}$BM OPVでは，電力変換効率と電子移動度，正孔移動度との関係を調べるため，様々な作製条件でOPVを作製した。異なる電力変換効率のPTB7:PC$_{71}$BM OPVにおいて電子，正孔移動度の温度依存性を測定し，300 Kにおける電子，正孔移動度を決定した。電子，正孔移動度の比（移動度バランス）と電力変換効率の関係を図9に示す。電力変換効率が7％を超えるようなOPVにおいては移動度バランスが比較的良好であるのに対し，擬似太陽光を照射して劣化させたOPVや，1,8-diiodoctaneを添加しなかったOPVでは電力変換効率が低く，移動度バランスは低下することが分かった。以上より，電子物性を評価することにより，電子，正孔移動度が電力変換効率を支配していることを明らかにすることができた。この結果は，移動度バランスと電力変換効率の関係をデバイスシミュレーションにより予測した結果[20]と一致している。今後，様々なドナー性高分子を用いたOPVで電子物性を評価することにより，高分子骨格と電子物性の相関を明らかにしていくことが肝要と思われる。

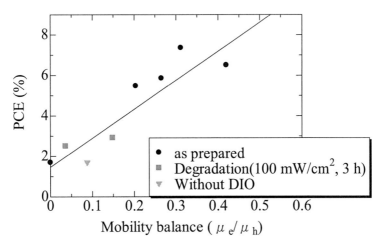

図9　PTB7:PC$_{71}$BM OPVの移動度バランスと電力変換効率の関係

文　　献

1) V. Vohra, K. Kawashima, T. Kakara, T. Koganezawa, I. Osaka, K. Takimiya, and H. Murata, *Nature Photonics* **9**, 403 (2015)
2) Y. Zhou, C. Fuentes-Hernandez, J. Shim, J. Meyer, A. J. Giordano, H. Li, P. Winget, T. Papadopoulos, H. Cheun, J. Kim, M. Fenoll, A. Dindar, W. Haske, E. Najafabadi, T. M. Khan, H. Sojoudi, S. Barlow, S. Graham, J-L. Brédas, S. R. Marder, A. Kahn, and B. Kippelen1, *Science* **336**, 327 (2012)
3) 菱川善博, 太陽エネルギー, **32**, 29 (2006)
4) R. S. Crandall, *J. Appl. Phys*. **54**, 7176 (1983)
5) 西田孝平, 岡将来, 長谷紘行, 内藤裕義, 電気学会論文誌 C **131**, 283 (2011)
6) L. Han, N. Koide, Y. Chiba, A. Islam, R. Komiya, N. Fuke, A. Fukui, and R. Yamanaka, *Appl. Phys. Lett*. **86**, 213501 (2005)
7) M. C. Scharber, D. Muhlbacher, M. Koppe, P. Denk, C. Waldauf, A. J. Heeger, and C. J. Brabec, *Adv. Mater*. **18**, 789 (2006)
8) T. Otsura, E. Nakatsuka, T. Nagase, T. Kobayashi, and H. Naito, *J. Nanosci. Nanotechnol*. **16**, (2016) in press.
9) Y. Liang, Z. Xu, J. Xia, S. Tsai, Y. Wu, G. Li, C. Ray, and L. Yu, *Adv. Mater*. **22**, E135 (2010)
10) J. You, L. Dou, K. Yoshimura, T. Kato, K. Ohya, T. Moriarty, K. Emery, C. C. Chen, J. Gao, G. Li, and Y. Yang, *Nat. Commun*. **4**, 1446 (2013)
11) Y. M. Sun, G. C. Welch, W. L. Leong, C. J. Takacs, G. C. Bazan, and A. J. Heeger, *Nat. Mater*. **11**, 44 (2012)
12) P. A. Troshin, H. Hoppe, A. S. Peregudov, M. Egginger, S. Shokhovets, G. Gobsch, N. S. Sariciftci, and V. F. Razumov, *Chem. Sus. Chem* **4**, 119 (2011)
13) Y. J. He, H. Y. Chen, J. H. Hou, and Y. F. Li, *J. Am. Chem. Soc*. **132**, 1377 (2010)
14) H. Bässler and A. Köhler, *Phys. Chem. Chem. Phys*., **17**, 28451 (2015)
15) 安達千波矢, 有機半導体のデバイス物性, 講談社 (2012)
16) J. Shao, and G. T. Wright, *Solid-State Electron*. **3**, 291 (1961)
17) 岡地崇之, 大阪府立大学 博士論文 (2008), URI: http://hdl.handle.net/10466/6615
18) S. Ishihara, H. Hase, T. Okachi, and H. Naito, *J. Appl. Phys*. **110**, 036104 (2011)
19) T. Kobayashi, Y. Terada, T. Nagase, and H. Naito, *Appl. Phys. Express*, **4** 126602 (2011)
20) J. D. Kotlarski and P. W. M. Blom, *Appl. Phys. Lett*. **100**, 013306 (2012)

2　有機無機ハイブリッド・ペロブスカイト太陽電池の光電気特性評価

佐伯昭紀*

2.1　はじめに

本書の中核である「有機・無機ハイブリッド」と「多種な元素や骨格から成るビルディングブロック」の概念に基づき，これまでにない物性や機能の発現が広く試みられている。本章で対象とする太陽電池分野では，シリコンあるいはCIGS（Cu-In-Ga-Se）・CdTeといった化合物半導体から成る無機太陽電池が既に実用化されている。無機太陽電池はトランジスタの発明直後から半世紀以上の歴史を持ち，変換効率（20～25％）と耐久性（＞10年）の点で非常に優れているが，高品質結晶を作成するための高温プロセスや真空プロセスを多用するため，価格とペイバックタイム（初期投資を回収するための時間）の点では純粋に採算ベースに乗るとは言えない状況である。また，衝撃に脆いため強固な枠材に固定しなければならず，重量・設置コストがかさんでしまう。また，それに付随して，重量に耐えうる屋上・屋根や地面といった場所に設置が制限される。これらの問題を解決するため，低コストで軽量な太陽電池の開発が世界中で進められており，活性層が有機半導体のみから成る有機薄膜太陽電池，酸化チタン・色素・電解質液体から成る色素増感太陽電池，そして有機無機ハイブリッド材料からなる全固体ペロブスカイト太陽電池がその有力な候補である（他にも無機量子ドットからなる太陽電池も，この数年で性能が大きく向上しつつある）。酸化チタン・有機無機ペロブスカイト膜・ホール輸送薄膜から成るハイブリッド型太陽電池が2012年に登場し[1,2]，2015年には最高変換効率は20％まで上昇した[3,4]（図1）。この太陽電池は色素増感太陽電池の優れた光電変換能を有しながら有機薄膜太陽電池の

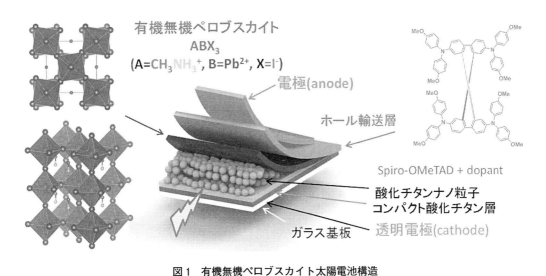

図1　有機無機ペロブスカイト太陽電池構造

＊　Akinori Saeki　大阪大学　大学院工学研究科　応用化学専攻　准教授

ように全固体型であり，色素増感太陽電池の時にボトルネックであった開放電圧のロスが非常に小さい特徴を持つ。しかし，有機無機ハイブリッド・ペロブスカイトの光電気物性は未だ不明な点が多く，高効率化と併せて活発な研究が行われている。

筆者らはこれまでに，励起パルス光とGHz電磁波（マイクロ波）を用いた時間分解マイクロ波伝導度（Time-resolved microwave conductivity, TRMC）法の開発と有機太陽電池の研究を行ってきた[5〜8]。代表的なポリチオフェン（P3HT）：PCBM素子を作製し，ナノ秒レーザーからの単色光を励起源とするLaser-flash TRMC信号を検討した結果，変換効率と過渡伝導度との間の優れた相関を明らかにし，TRMC法が不純物・劣化効果を最小限にした迅速かつ簡便な電極レス直接評価手法として，材料・プロセス探索に有効であることを実証した[9]。さらに，様々な吸収特性を持つ高分子への適応範囲拡大を志向し，Xe flash lampからの白色光パルスを照射源として用いた新規な有機薄膜太陽電池評価装置を考案した（図2）[10]。通常，Xe-flash lampは分析光として用いるのが普通だが，発想の転換と高感度化技術によって，"マイクロ秒白色パルス"を励起源とする画期的な評価システムを実現し，新規太陽電池高分子[11〜15]とフラーレン[16〜18]の合成・設計指針としての利用に展開した。また，局所電荷キャリア移動度と結晶子サイズ，すなわち電荷非局在性が初期電荷分離効率の支配因子であることを10種類の高分子材料間で初めて示し，重要な基礎科学的知見を得た[19]。

さらに近年，TRMC法の深化と基礎電子物性の解明を目指し，通常の周波数（9 GHz）に加えて，高周波領域でのGHz周波数変調測定システムを構築した[20]（図3a）。このFrequency-modulated TRMC（FM-TRMC）を用いて酸化チタンナノ粒子を評価したところ，他の有機材料と比べて3倍大きい伝導度の虚部成分が観測された。そこで，独自のDrude-Smith-Zenerモデルを構築して実虚部比の周波数分散を解析したところ，電荷キャリアトラップ深さと密度を同時に得ることに成功した（図3b）。本稿では，このFM-TRMC法を用いてメチルアンモニウムカチオン（MA^+）・鉛（Pb^{2+}）・ヨウ素（I^-）からなるペロブスカイト（$MAPbI_3$）の光電変換機

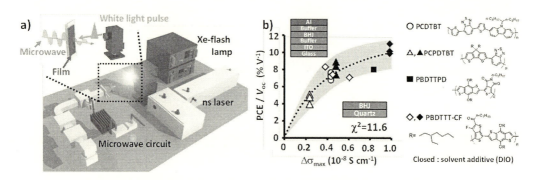

図2 a）太陽電池評価に用いるLaser-flash/Xe-flash TRMC装置図，b）低バンドギャップ高分子・フラーレン混合膜のXe-flash TRMC信号（横軸）とデバイス性能（縦軸）の相関
文献10）より許可を得て転記。

第 2 章　光電変換材料

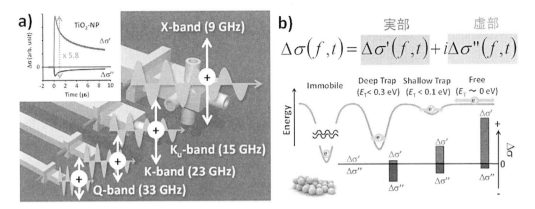

図3　a) FM-TRMCによる周波数変調複素光電気伝導度評価。Inset：酸化チタンナノ粒子（TiO$_2$-NP）の伝導度変化実部（Δσ'）と虚部（Δσ''），b) 複素光伝導度の実部と虚部が電荷トラップへ与える影響の概念図

文献20）より許可を得て転載。

構の解明[21〜23]と，高性能ホール輸送材開発を志向したホール移動直接観察[24]について紹介する。

2.2　ペロブスカイト膜中の電荷キャリア移動度

本研究では石英基板上に2-Step法[25]で作成したMAPbI$_3$（1種類），メソポーラス（mp-）TiO$_2$ないしAl$_2$O$_3$上に1-Stepないし2-Step法で作成したMAPbI$_3$（4種類）を準備した。なお，マイクロ波で得られる過渡電気伝導度Δσ（S/cm）は，レーザー強度等で規格化することでφΣμの物理量（移動度と同じ単位系：cm^2/Vs）に変換する。φは吸収光子1個当たりの電荷キャリア生成量子収率，Σμは正負電荷キャリア移動度の和（＝$\mu_+ + \mu_-$）である。ただし，この場合のφ（＜1）は40 ns程度の時間分解能での値であるため，ナノ秒レーザー強度や波長に依存する変数である。典型的な有機薄膜太陽電池材料であるpoly（3-hexylthiophene）（P3HT）とphenyl-C$_{61}$-butyric acid methyl ester（PCBM）の1：1混合膜およびmp-TiO$_2$膜単体と比べると，ペロブスカイトは2〜5桁高いφΣμ値を示し，優れた光電気特性を持っていることが分かる。2-Step法で作成したMAPbI$_3$単膜とMAPbI$_3$/mp-TiO$_2$膜では，レーザー強度I_0（/cm^2）の減少と共に時間分解能内での非線形失活過程（バルク電荷再結合等）の減少によりφは増加し，10^{10}/cm^{2}オーダーで20 cm^2/Vsに達する極めて高いφΣμ$_{max}$が観測された（9 GHz）。P3HT:PCBMでは0.22 cm^2/Vs程度であるため[9]，ペロブスカイトは2桁近く高い電荷キャリア移動度を有し，非常に優れた電気特性を持っている。MAPbI$_3$/mp-Al$_2$O$_3$膜でも10 cm^2/Vsを示し，この交流電場・局所電荷キャリア移動度はTHz分光で得られたペロブスカイト膜の電荷キャリア移動度（7.5〜20 cm^2/Vs）と同程度となった[26,27]。23 GHzでは時間分可能の向上によりφの上限がさらに1に近づき，より正確なΣμの評価が可能である。興味深いことに23 GHzでは，下地の種類・有無にかかわらず，65〜75 cm^2/Vsという高い値が得られた。この値は，

ドープされた MAPbI$_3$ 結晶のホール (Hall) 効果測定で得られたホール移動度 (66 cm^2/Vs)[28] と同程度であり, 2015年時点での他の Hall 移動度報告値 (115, 165 cm^2/Vs)[29,30] の半分程度となっている。

2.3 結晶サイズと電荷キャリア移動度の相関

原子間力顕微鏡 (AFM) で評価した結晶サイズと 9 GHz 電荷キャリア移動度の両者をプロットしたのが図4である。1-Step 法と 2-Step 法, さらに下地膜の有 (mp-TiO$_2$, mp-Al$_2$O$_3$) 無によって結晶サイズが 400 nm 程度から 70 nm 程度まで大きく異なり, 電荷キャリア移動度と正の相関が観測された。今回評価した5種類の MAPbI$_3$ 膜では, 下地に mp-TiO$_2$ を有する 2-Step 法で作成したペロブスカイト膜が最も大きい結晶サイズと電荷キャリア移動度 (主にホール) を示した。同じく 2-Step 法で作製し, 下地に mp-Al$_2$O$_3$ を有するペロブスカイト膜は小さい結晶サイズと低い電荷キャリア移動度を示し, 今回我々が評価したデバイスでも低い変換効率を示している。このようにペロブスカイト太陽電池では塗布プロセスのわずかな違いによって結晶サイズや性能が大きく変化し複雑にデバイス性能に関与しているため, 有機薄膜太陽電池以上にプロセス開発が重要な割合を担う。理想的には, ペロブスカイト結晶のサイズができるだけ大きく, かつリーク・ショートを防ぐように密に詰まった構造が良いと考えられる。実際に, そのような膜が蒸着法や溶媒処理法によって作成され, それぞれ高い変換効率 (15.4%, 16.2%) が得られている[31,32]。

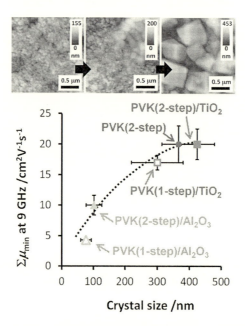

図4 ペロブスカイト膜の AFM 形状像および 9 GHz での Σμ と結晶サイズのプロット
文献21) より許可を得て転記。

2.4 電荷再結合ダイナミクス

MAPbI$_3$膜は極めて高いTRMC信号を与えるため，10^{10}～10^{11}/cm^{2}台の低いレーザー強度（I_0）で$\phi\Sigma\mu_{max}$を評価することができる。したがって，低強度領域ではϕが1に近づいているため，$\phi\Sigma\mu_{max}$は最小電荷キャリア移動度（$\Sigma\mu$）と見なすことができる（$\phi_{max}≒1$）。厳密にはまだ時間分解能内での電荷再結合を含んでいるので，より正確なϕ（および$\Sigma\mu$）の見積には時間分解能が高い20 GHz程度の高周波マイクロ波評価が必要である（後述）。いずれにせよ，$\Sigma\mu$がI_0によって変化しないという前提のもとに，各レーザー強度でのϕを計算することができ，1次および2次の反応速度解析[33]から電荷再結合速度が得られる。

MAPbI$_3$膜の2次再結合速度k_2をI_0に対してプロットすると，I_0増加と共にk_2が減少する結果となった。疑似太陽光照射下（100 mW/cm^2）での定常濃度（10^{17}/cm^3）と同程度の電荷キャリア密度を与えるI_0において，MAPbI$_3$単膜のk_2は$8×10^{-12}$ cm^3/sとなった。この値は，マクロな電荷キャリア移動度を用いて均一系で計算されるランジュバン再結合速度k_{LG}：$3.0×10^{-7}$ cm^3/sと比べると4～5桁低い値である。この値はTHz分光の結果とも一致しており[26]，ペロブスカイト膜は高分子・フラーレン太陽電池のような2種類のp/n混合相を有していないにもかかわらず，電荷再結合が極めて効率的に抑制されている。P3HT:PCBMをTRMCで同様に評価すると，$k_2 = 1×10^{-11}$ cm^3/s，$k_{LG} = 1.7×10^{-9}$ cm^3/sとなり，電荷再結合は約2～3桁程度抑制されている。

2.5 周波数変調と電荷輸送メカニズム

GHz分光ではキャリアトラップと関連した情報が得られると期待されるが，広い周波数範囲で変調した伝導度評価はこれまで行われていなかった。新たに開発したFM-TRMC法では，それぞれの周波数で微小周波数変調（例えば±60 kHz）し，空洞共振器のQ値の変化と周波数シフトを分離することで，光過渡伝導度の実虚部の分離・評価が可能になる。各マイクロ波周波数で複素光電気伝導度の実部と虚部を分離し，虚部/実部の周波数分散をDrude-Smith-Zenerモデルを用いて解析した。なおこの解析では，電荷キャリアの有効質量として計算値（$m_h^* = 0.29$ m_e，$m_e^* = 0.23$ m_e）[34]を用いている。解析の結果，MAPbI$_3$単膜とMAPbI$_3$/mp-TiO$_2$膜で，電荷キャリアトラップの深さが10 meV，密度は全キャリア中3%程度となった。一方，MAPbI$_3$/mp-Al$_2$O$_3$でも同程度のトラップ深さであったが，密度は8%程度とやや多くなった。MAPbI$_3$単膜では励起強度増加と共にトラップ密度が10%まで増加したが，MAPbI$_3$/mp-TiO$_2$膜ではそのような強度依存性は見られなかった。浅いトラップに捕捉された電子の割合の励起強度依存性は，TiO$_2$-NPでTRMC減衰挙動の実虚部比変化とともに顕著に見られる現象である。したがって，下地層の有無や種類はペロブスカイト結晶サイズを変化させるだけでなく，電荷キャリア移動度・再結合・トラップといった電気機能にも影響を与えることを示している。

さらに，MAPbI$_3$/mp-TiO$_2$膜のTRMC強度の温度依存性を評価すると，温度Tの低下に伴い伝導度が増加する結果となった（図5）。P3HT:PCBMなどの有機半導体では通常，温度低下に

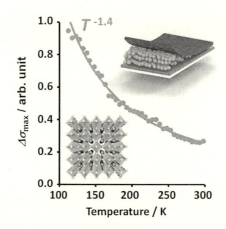

図5 ペロブスカイト膜の TRMC 過渡伝導強度最大値（$\Delta\sigma_{max}$）の温度依存性。実線は $T^{-1.4}$ によるフィッティング

文献 21）より許可を得て転記。

伴い伝導度が減少し，$1/T$ に対してプロットすると熱活性型（アレニウス型）の負の直線が得られる。しかし，MAPbI$_3$ ではフォノン散乱に起因するバンド伝導（$T^{-3/2}$）と同程度の温度依存性（$T^{-1.4}$）を示し，高い電荷キャリア移動度や低いトラップ深さと併せると MAPbI$_3$ は有機というよりも無機材料に近い電荷輸送性能と機構を有していると言える。

2. 6 有機無機・異種界面ホール輸送材料の探索

ホール輸送層（Hole transport layer, HTL）に求められる特性には，（1）空間制限電流効果を引き起こさない程度以上のホール移動度を有すること，（2）ホール輸送層そのものは，できるだけ太陽光を吸収しないこと，（3）ペロブスカイト層の価電子帯とのエネルギーマッチング，（4）粗いペロブスカイト層の細部の隙間まで埋めてくれる膜平坦性を有することが挙げられる。貧溶媒処理による改良型 1-step 法[32]では，ペロブスカイト膜の平坦性がかなり向上したため，（4）の条件は緩和される可能性が高い。また，ペロブスカイト膜は吸光係数が高く，やや厚膜（〜300 nm）であるため，（2）の条件も緩和される可能性がある（ただし，HTL を透明電極側とする構造では，可視光透過性はクリティカルである）。ペロブスカイト太陽電池に見られるヒステリシスの根本原因は未だ不明であるが，有機ホール輸送材との組合せやプロセスによって変化する現象も観測されており，ハイブリッド・有機共役分子界面での電荷の蓄積・ホール移動が関与している可能性もある。

これまでの一連の研究から，ペロブスカイト中のホール移動度は有機ホール輸送層（HTL）の移動度よりも2桁近く高いため，ペロブスカイト層からホール輸送層へホールが移動すると TRMC 信号が大きく減少することが分かった[21]。したがって，TRMC 法の特徴である「デバイスを作製することなく本来の特性を安定に・正確に評価できる」点に加え，パルスエンドでの減

第 2 章　光電変換材料

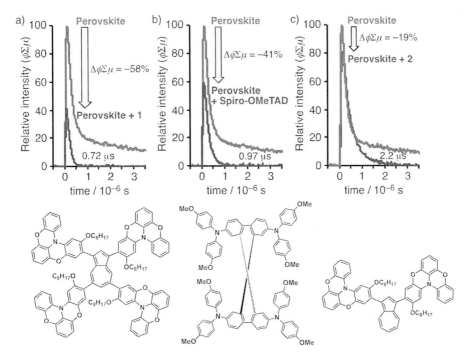

図 6　TRMC 法による MAPbI$_3$ ペロブスカイト膜から HTL へのホール移動過程の直接観察。a) 化合物 1，b) Spiro-OMeTAD，c) 化合物 2

文献 24) より許可を得て転記。

少割合と数 μs 後までの減少速度からホール輸送効率を直接評価することで，迅速に新規材料の分子設計とプロセスをスクリーニングできると考えた。図 6 にペロブスカイト薄膜単体とホール輸送層（新規 HTL 化合物 1，2 および Spiro-OMeTAD）を塗布したペロブスカイト 2 層膜の TRMC 時間挙動を示す[24]。Spiro-OMeTAD のような高性能 HTL では，1 μs 後にはペロブスカイト中のホールがすべて HTL へ移動しているのに対し，デバイス性能の低い化合物 2 では 2.2 μs ほどかかり，ピークの減衰率（−19％）も小さい。しかし，化合物 1 では Spiro-OMeTAD を上回るピーク減衰率と速い減衰時間（0.72 μs）を示し，すぐれた HTL であることが分かった。実際に太陽電池素子を作製したところ，TRMC 挙動と一致する性能の相関が判明し，新規高効率 HTL の開発に有用であることを示した。

2.7　おわりに

FM-TRMC によって移動度評価に加え，周波数・実虚部・時間・温度から多面的に電荷分離・輸送過程メカニズムを調べる手法を確立した。この手法を用いて有機無機ペロブスカイト（MAPbI$_3$）膜の電荷キャリア移動度・電荷再結合・トラップ・電荷輸送メカニズム評価について紹介した。ペロブスカイトはホールと電子の両者を輸送し，プロセス（下地膜，1-Step/2-Step）によって結晶サイズや移動度の値・移動度の比率・再結合速度が大きく変化する。その

電荷キャリア移動度は有機薄膜太陽電池材料と比べて2桁近く高く（65～75 cm^2/Vs），多くの無機半導体で見られるバンド伝導を示した。また，浅いトラップの深さや密度も有機薄膜太陽電池のそれらと比べても非常に小さく，優れた電気特性を有している。また，MAPbI$_3$層とMAPbI$_3$層上にHTLを塗布した薄膜のTMRC信号を比較することで，HTLへのホール移動過程の直接観察ができることを示した。デバイス性能とも良い相関があり，有機無機ハイブリッド光電変換材料の基礎物性評価と共に，高性能HTL探索において強力な手法となりえる。

謝辞

本研究は科学研究費補助金：新学術領域「元素ブロック」（2013～2016年度），基盤研究（B）（2013～2015年度），基盤研究（A）（2016年度～），村田学術振興団研究助成（2014年度），JSTさきがけ「太陽光と光電変換機能（2009～2013年度）」「マテリアルズ・インフォマティクス（2015年度～）」の援助により行われた。また，共同研究者の大阪大学大学院　大賀光君，石田直輝君，関修平教授（現・京都大学大学院），九州工業大学大学院　尾込裕平助教，早瀬修二教授，京都大学化学研究所　若宮淳志准教授，村田靖次郎教授に深く感謝する。

文　　献

1) M. M. Lee *et al.*, *Science*, **338**, 643 (2012)
2) H. –S. Kim *et al.*, *Sci. Rep.*, **2**, 591 (2012)
3) W. S. Yang *et al.*, *Science*, **348**, 1234 (2015)
4) M. Saliba *et al.*, *Nat. Energy*, **1**, 15017 (2016)
5) 佐伯昭紀ほか，有機薄膜太陽電池の研究最前線，シーエムシー出版，p.219 (2012)
6) 佐伯昭紀，高分子論文集，**70**, 370 (2013)
7) 佐伯昭紀ほか，高次π空間の創発と機能開発，シーエムシー出版，p.151 (2013)
8) 佐伯昭紀，生産と技術，**66**, 92 (2014)
9) A. Saeki *et al.*, *Adv. Energy Mater.*, **1**, 661 (2011)
10) A. Saeki *et al.*, *J. Am. Chem. Soc.*, **134**, 19035 (2012)
11) M. Tsuji *et al.*, *Adv. Funct. Mater.*, **24**, 28 (2014)
12) A. Saeki *et al.*, *J. Mater. Chem. A*, **2**, 6075 (2014)
13) M. Ide *et al.*, *J. Phys. Chem. C*, **117**, 26859 (2013)
14) M. Ide *et al.*, *J. Mater. Chem. A*, **3**, 21578 (2015)
15) A. Gopal *et al.*, *ACS Sustainable Chem. Eng.*, **2**, 2613 (2014)
16) T. Mikie *et al.*, *ACS Appl. Mater. Interfaces*, **7**, 12894 (2015)
17) T. Mikie *et al.*, *ACS Appl. Mater. Interfaces*, **7**, 8915 (2015)
18) T. Mikie *et al.*, *J. Mater. Chem. A*, **3**, 1152 (2015)
19) S. Yoshikawa *et al.*, *Phys. Chem. Chem. Phys.*, **17**, 17778 (2015)
20) A. Saeki *et al.*, *J. Phys. Chem. C*, **118**, 22561 (2014)

第 2 章　光電変換材料

21) H. Oga *et al.*, *J. Am. Chem. Soc.*, **136**, 13818 (2014)
22) 佐伯昭紀, ファインケミカル **44**, 34 (2015)
23) 佐伯昭紀, 生産と技術 **68**, 21 (2016)
24) H. Nishimura *et al.*, *J. Am. Chem. Soc.*, **137**, 15656 (2015)
25) J. Burschka *et al.*, *Nature*, **499**, 316 (2013)
26) C. Wehrenfennig *et al.*, *Adv. Mater.*, **26**, 1584 (2014)
27) C. S. Ponseca, Jr. *et al.*, *J. Am. Chem. Soc.*, **136**, 5189 (2014)
28) C. C. Stoumpos *et al.*, *Inorg. Chem.*, **52**, 9019 (2013)
29) D. Shi *et al.*, *Science*, **347**, 519 (2015)
30) Q. Dong *et al.*, *Science*, **347**, 967 (2015)
31) M. Liu, M. B. Johnston, H. J. Snaith, *Nature*, **501**, 395 (2013)
32) N. J. Jeon, J. H. Noh, Y. C. Kim, W. S. Yang, S. Ryu, S. I. Seok, *Nature Mater.*, **13**, 897 (2014)
33) A. Saeki *et al.*, *J. Phys. Chem. Lett.*, **2**, 2549 (2011)
34) G. Giorgi *et al.*, *J. Phys. Chem. Lett.*, **4**, 4213 (2013)

第3章　感光性材料

1　有機−無機ハイブリッドを用いるポリシルセスキオキサンの機能化とその特性評価

郡司天博[*1]，塚田　学[*2]，五十嵐隆浩[*3]

1.1　はじめに

材料科学分野における材料創製のための新しい概念として元素ブロックおよび元素ブロック高分子が提唱されている。元素ブロックは「様々な元素群で構成される構造単位」[1]を指し，元素ブロック高分子は「元素の特性を縦横に組み合わせて活用した高分子」[1]を指す。たとえば，ポリオクタヘドラルシルセスキオキサン（T_8^H）やかご型オクタシリケート（Q_8^{TMA}，Q_8^{DMS}）はケイ素と酸素がシロキサン結合を一辺とする立方体状に並んだ構造からなる元素ブロックということができる。

最も基本的なかご型シルセスキオキサンであるT_8^Hは，立方体状に結合した8つの$HSiO_{3/2}$構造から構成されている。T_8^Hを重合して合成される高分子化合物は，T_8^Hがケイ素と酸素からなり炭素を含有しないのでシリカ材料の有用な前駆体高分子になる。全シロキサン型高分子はジエチルヒドロキシルアミン存在下でT_8^Hを穏やかに脱水素縮合することにより合成される[2]。他のT_8^H含有高分子はフェニルシロキサンジオール[3]やポリジメチルシロキサンジオール[3]との脱水素縮合によって合成される。この反応はT_8^Hとアルキレンジオールの反応にも応用でき[4]，T_8^Hがアルキレンジオラート基により結合した構造からなるT_8^H含有高分子を生成する。この反応は下嶋らにより多孔性のシリカゲルの調製[5]に利用されている。ヒドロシリル基とヒドロキシル基の反応ではシロキサンまたはシリルエステル結合と水素が特異的に生成される。従って，かご構造は生成物の中に残存する。この特異的な反応を応用して，オクタキスアルコキシかご型シルセスキオキサンが高選択的に合成されている[4,6]。

T_8^Hはトリクロロシランの加水分解重縮合により収率20％で合成される[7,8]。T_8^Hは合成の収率が低く，また，その原料であるトリクロロシランの取扱いが困難であることから，工業用原料としての利用が進んでいない要因となっている。一方，Q_8^{TMA}は8つの$SiO_{5/2}(CH_3)_4N$構造からなるかご型オクタシリケートである。Q_8^{TMA}はテトラエトキシシランを水酸化テトラメチルアンモニウムを触媒として加水分解重縮合することにより収率75％で合成される[9]。Q_8^{TMA}は比較的安価なテトラエトキシシランから高収率に合成できるという利点を有する。一方，多数の付加水

[*1] Takahiro Gunji　東京理科大学　理工学部　工業化学科　教授
[*2] Satoru Tsukada　東京理科大学　理工学部　工業化学科　助教
[*3] Takahiro Igarashi　東京理科大学大学院　理工学研究科

第3章 感光性材料

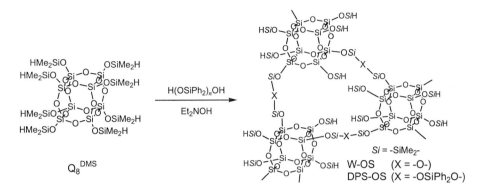

スキーム1 Synthetic procedure of cage octasilicate polymers from Q_8^{DMS}

を有するので誘導体の合成が難しいのが不利である。他のかご型シルセスキオキサンとして8つの $SiO_{3/2}(OSi(CH_3)_2H)$ 構造からなる Q_8^{DMS} が挙げられる。Q_8^{DMS} は側鎖の末端にヒドロシリル基を有するので，T_8^H と同様な反応性が期待される。

全シロキサン型のかご含有高分子は國武らにより報告されており，シリル化したダブルデッカー型フェニルシルセスキオキサンをオリゴジメチルシロキサンで繋げることにより合成している[10]。これらの高分子では，かご型構造のリンカー部の長さを変えることにより鎖長とガラス転移温度の相関を明らかにしている。

本稿では，かご型オクタシリケート高分子の合成をスキーム1により検討し，その透明な有機−無機ハイブリッド材料としての評価を報告する。特に，その前駆体となる全シロキサン型かご型オクタシリケートポリマーの合成について，合わせて報告する。

1.2 実験
1.2.1 水ガラスを用いる Q_8^{DMS} の合成

200 mL 四ツ口フラスコに 3 mol/L HCl 20 mL (60 mmol) を入れて撹拌し，氷浴で冷却する。水ガラス（3号）10 g を 25 mL の水で希釈した溶液を，15分かけて滴下する。次いで，テトラヒドロフラン 50 mL を，さらに塩化ナトリウム 15 g を加えて30分間撹拌する。この溶液を分液漏斗に移し，テトラヒドロフランと水の層が分離するのを待つ。テトラヒドロフラン層を取り出して，無水硫酸マグネシウムで乾燥する。固体を濾過により分離して，ケイ酸／テトラヒドロフラン溶液を得る。

還流冷却器を備えた 200 mL 二口フラスコに水酸化テトラメチルアンモニウム 3.0 g (15 mmol)，水 14 mL，アセトン 19 mL を入れ撹拌する。ここにケイ酸／テトラヒドロフラン溶液 25 mL を滴下する。さらに 24 時間撹拌してから，固体が溶解するまで還流加熱する。室温まで放冷後，濾過し，固体を減圧乾燥して，オクタキステトラメチルアンモニウムオクタシルセスキオキサン水和物（Q_8^{TMA}）の白色固体を得る。

200 mL四ツ口フラスコにQ_8^{TMA} 1.5 g（1.3 mmol），ヘプタン30 mL，ジメチルホルムアミド12 mLを入れて，氷浴で冷却する。ここにクロロ（ジメチル）シラン5.5 g（51 mmol）を30分で滴下してから30分間撹拌し，さらに氷浴を外して室温で2時間撹拌する。少量の水を加えてから分液漏斗に移して静置し，有機層を取り出す。減圧下で濃縮してからアセトニトリルから再結晶してオクタキスジメチルシロキシオクタシリケート（Q_8^{DMS}）の白色固体を得る。

1．2．2　かご型オクタシリケートポリマーの合成

還流冷却器を備えた200 mL二口フラスコにQ_8^{DMS} 0.5 g（0.46 mmol），テトラヒドロフラン5 mL，所定量の水を加えて撹拌する。ここにジエチルヒドロキシルアミン5 μL（50 μmol）を加えて，70℃で24時間撹拌する。水に対して1当量のクロロ（トリメチル）シランを加えて30分間撹拌する。さらに水に対して1当量のトリエチルアミンを水10 mLで希釈してから滴下し，1時間加熱する。トリエチルアミン塩酸塩を濾過により分離し，濾液を減圧下で濃縮してからメタノールに滴下する。固体を濾過してから減圧乾燥により白色固体のかご型オクタシリケートポリマー（W-OS）を得る。

同様の方法により，水をジフェニルシランジオールに置き換えることによりジフェニルシランジオキシ基をスペーサーとするかご型オクタシリケートポリマー（DPS-OS）が合成される。

1．2．3　二段階反応によるDPS-OSの合成

還流冷却器を備えた200 mL二口フラスコにQ_8^{DMS} 0.5 g（0.46 mmol），テトラヒドロフラン5 mL，所定量のジフェニルシランジオールを加えて撹拌する。ここにジエチルヒドロキシルアミン5 μL（50 μmol）を加えて，70℃で12時間撹拌する。ここに，Q_8^{DMS} 0.5 g（0.46 mmol），テトラヒドロフラン5 mL，ジエチルヒドロキシルアミン5 μL（50 μmol）を加えて，70℃で12時間撹拌する。水に対して1当量のクロロ（トリメチル）シランを加えて30分間撹拌する。さらに水に対して1当量のトリエチルアミンを水10 mLで希釈してから滴下し，1時間加熱する。トリエチルアミン塩酸塩を濾過により分離し，濾液を減圧下で濃縮してからメタノールに滴下する。固体を濾過してから減圧乾燥により白色固体のDPS-OSポリマーを得る。

1．2．4　かご型オクタシリケートポリマーからの自立膜の調製

還流冷却器を備えた200 mL二口フラスコにQ_8^{DMS} 0.5 g（0.46 mmol），テトラヒドロフラン5 mL，所定量の水またはジフェニルシランジオールを加えて撹拌する。ここにジエチルヒドロキシルアミン5 μL（50 μmol）を加えて，70℃で24時間撹拌する。水と水に対して1当量の1,1,3,3-ヘキサメチルジシラザンを加えて70℃で1時間撹拌する。この溶液をテフロン製シャーレ（55 mmφ）に入れて，室温で2時間，さらに80℃で3時間加熱して，自立膜を得る。

1．3　結果および考察

1．3．1　水ガラスからのQ_8^{DMS}の合成

Q_8^{DMS}は水ガラスから2段階反応により合成された。水ガラスは塩酸で中和して生じるケイ酸をテトラヒドロフランにより抽出される。塩化ナトリウムはテトラヒドロフランと水の層を分離

するのに添加する。この方法により95％の収率でケイ酸がテトラヒドロフランに抽出される。

クロロ（ジメチル）シランをケイ酸／テトラヒドロフラン溶液に加えて反応することによりQ_8^{DMS}が収率75％で白色固体として得られる。水ガラスからQ_8^{DMS}を合成するときの収率は72％になる。

1．3．2　Q_8^{DMS}と水の反応によるかご型オクタシリケートポリマーの合成結果

表1にジエチルヒドロキシルアミンを触媒とするQ_8^{DMS}と水の反応によるかご型オクタシリケートポリマーW-OSの合成結果を示す。W-OSは水とQ_8^{DMS}のモル比を変えて合成した。Run 1～3ではモル比H_2O/Q_8^{DMS}を1, 2, 8としたところ，反応中にゲルを生じた。一方，run 4, 5では再沈殿により重量平均分子量が12,000, 8,600の白色粉末としてW-OSを単離した。

このように水のモル比を変えることにより生成物の性状が変化することは，ポリマーの生成について脱水素反応と縮合反応という2種類の反応を仮定することにより説明される。シラノールは触媒を用いてヒドロシリル基と水から脱水素反応することにより生成する（式(1)）。一方，シロキサン結合は，ヒドロシリル基とシラノール間の脱水素反応（式(2)）または2つのシラノール間の脱水反応（式(3)）により生成する。脱水素反応（式(1)，(2)）はジエチルヒドロキシルアミンの添加により速やかに進行し，脱水反応（式(3)）よりも速いと考えられる。水のモル比H_2O/Q_8^{DMS}が小さいときはQ_8^{DMS}のいくつかのヒドロシリル基が水と反応してシラノールを生成する。このヒドロキシ（ジメチル）シロキシ基が未反応のジメチルシロキシ基と反応してシロキサン結合を生成し，このシロキサン結合の生成が速やかに進行するので迅速に高分

表1　Results of the synthesis of W-OS[a]

Run	Molar ratio		Mass fraction of Q_8^{DMS}/ wt%	Yield/g	M_w (M_w/M_n)[b]	Note
	H_2O/Q_8^{DMS}	Et_2NOH/Q_8^{DMS}				
1	1	0.1	10	−	−	Gel
2	2	0.1	10	−	−	Gel
3	8	0.1	10	−	−	Gel
4	10	0.1	10	0.43	12000 (1.4)	White solid
5	20	0.1	10	0.43	8600 (1.3)	White solid
6	20	0.1	5	0.18	7400 (1.3)	White solid

a) Scale in operation：Q_8^{DMS} 0.5 g, THF 5 mL. Temp.：70℃. Time：24 h.
b) Calculated based on standard polystyrene.

式(1)　>Si−H　+　H_2O　⟶　>Si−OH　+　H_2

式(2)　>Si−H　+　HO−Si<　⟶　>Si−O−Si<　+　H_2

式(3)　>Si−OH　+　HO−Si<　⟶　>Si−O−Si<　+　H_2O

元素ブロック材料の創出と応用展開

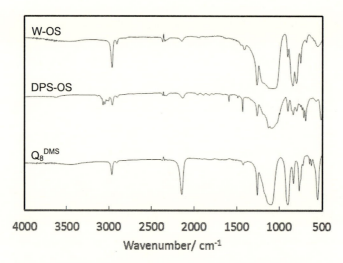

図1 IR spectra of Q_8^{DMS}, W-OS (Run 4), and DPS-OS (Run 5)

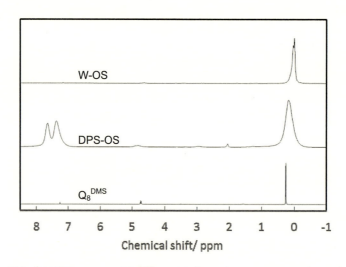

図2 ^{1}H NMR spectra of Q_8^{DMS}, W-OS (Run 4), and DPS-OS (Run 5)

子化が進行してゲルを生成する。一方、H_2O/Q_8^{DMS} が大きいときは、Q_8^{DMS} にある多くのジメチルシロキシ基がヒドロキシ（ジメチル）シロキシ基に変換され、シラノール間でゆっくりと脱水素反応が進行するので、かご型オクタシリケートポリマーW-OSが単離されたと考えられる。

W-OS（Run 4）のIRスペクトルを図1に示す。3400 cm^{-1} 付近（ν_{O-H}）には明確な吸収帯がみられず、2140 cm^{-1}（ν_{Si-H}）の吸収帯は減少し、1000〜1100 cm^{-1} の $\nu_{Si-O-Si}$ による吸収帯は広幅化した。図2にW-OS（Run 4）の ^{1}H NMRスペクトルを示す。ヒドロシリル基によるシグナルはほとんど減少し、一方、ジメチルシリル基によるシグナルは広幅化し、トリメチルシリル基による鋭いシグナルと重複した。図3にW-OS（Run 4）の ^{29}Si NMRスペクトルを示す。

第3章 感光性材料

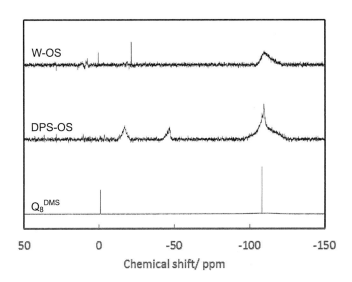

図3 ²⁹Si NMR spectra of Q_8^{DMS}, W-OS（Run 4），and DPS-OS（Run 5）

M^{Me}（SiMe₃O- 基，8.6 ppm）および M^H（SiMe₂HO- 基，0.5 ppm）による小さなシグナルとともに，D^{Me}（SiMe₂(O_{1/2})_2 基，−21.4 ppm）および Q^4（Si(O_{1/2})_4 基，−110 ppm）による新しいシグナルがみられた。これらのスペクトルデータは，脱水素反応によりシロキサン結合が生成していること，また，かご型構造を保持したままで高分子量な化合物を生成していることを支持する。

Q_8^{DMS} とジフェニルシランジオールの反応によるかご型オクタシリケートポリマーの合成結果
表2にジエチルヒドロキシルアミンを触媒とする Q_8^{DMS} とジフェニルシランジオールの反応によるかご型オクタシリケートポリマーDPS-OSの合成結果を示す。Run 1, 2 ではジフェニルシランジオールとのモル比 DPS/Q_8^{DMS} を 1, 2 としたところ，反応中にゲルを生じた。一方，run 3, 4 では再沈殿により重量平均分子量が 4,000, 2,000 の白色粉末として DPS-OS を単離した。DPS-OS の分子量は相当する W-OS よりも小さい。この差は架橋構造のシロキサン結合を

表2 Results of the synthesis of DPS-OS[a]

Run	Molar ratio		Mass fraction of Q_8^{DMS}/ wt%	Yield/g	M_w (M_w/M_n)[b]	Note
	DPS/Q_8^{DMS}	Et₂NOH/Q_8^{DMS}				
1	1	0.1	10	−	−	Gel
2	2	0.1	10	−	−	Gel
3	10	0.1	10	0.31	4000 (1.4)	White solid
4	20	0.1	10	0.23	2000 (1.5)	White solid
5[c]	5	0.1	10	1.3	18000 (3.1)	White solid

a) Scale in operation：Q_8^{DMS} 0.5 g, THF 5 mL. Temp.：70℃. Time：24 h.
b) Calculated based on standard polystyrene.
c) Sequential reaction. Scale in operation：Q_8^{DMS} 1.0 g, THF 10 mL. Temp：70℃. Time：24 h.

生成するヒドロキシ（ジフェニル）シロキシ基（-OSiPh$_2$OH）の反応性がヒドロキシ（ジメチル）シロキシ基（-OSiMe$_2$OH）より低いことによる。

ヒドロキシ（ジフェニル）シロキシ基とヒドロキシ（ジメチル）シロキシ基の反応をより効果的に進めるために，ヒドロキシ（ジフェニル）シロキシ基が生成してからQ$_8^{DMS}$の濃度を増加することを試みた。Run 5ではQ$_8^{DMS}$を2回に分けて添加することにより，ヒドロキシ（ジフェニル）シロキシ基とQ$_8^{DMS}$上のジメチルシロキシ基の反応を促進した。その結果，18,000の分子量を有するDPS-OSの白色固体を再沈殿により単離することができた。

DPS-OS (Run 5) のIRスペクトルを図1に示す。2140 cm^{-1} (ν_{Si-H}) の吸収帯は減少し，3100～3000および3000～2900 cm^{-1}にはν_{CH}による吸収帯がみられるとともに，1000～1100 cm^{-1} ($\nu_{Si-O-Si}$) の吸収帯は広幅化した。ν_{CH}による吸収帯が＞3100 cm^{-1}にみられることからヒドロキシ（ジメチル）シロキシ基とジフェニルシランジオールの反応によりシロキサン結合が生成していることがわかる。図2にDPS-OS (Run 5) の^{1}H NMRスペクトルを示す。フェニル基（7.1～7.9 ppm），ヒドロシリル基（4.9 ppm），シリルメチル基（0.2～0.6 ppm）によるシグナルがみられた。フェニル基によるシグナルがみられることからQ$_8^{DMS}$を連結するシロキサン結合が生成していると支持される。また，これらのシグナルが広幅化していることから，重合体の生成が示唆される。図3にDPS-OS (Run 5) の^{29}Si NMRスペクトルを示す。D^{Me}（SiMe$_2$(O$_{1/2}$)$_2$基，-17 ppm），D^{Ph}（SiPh$_2$(O$_{1/2}$)$_2$基，-47 ppm）およびQ^4（Si(O$_{1/2}$)$_4$基，-110 ppm）によるシグナルがみられた。これらのスペクトルデータは，かご型構造を保持したままで高分子量な化合物を生成していることを支持する。

DPS-OS (Run 5) のTG/DTA分析では，300～400および500～700℃に重量減少を伴った発熱ピークがみられた。5％重量減少温度は415℃であり，1000℃におけるセラミック収率は58％であった。

1.3.3　かご型オクタシリケートポリマーからの自立膜の調製結果

W-OSはQ$_8^{DMS}$と水をテトラヒドロフラン中でジエチルヒドロキシルアミンを触媒として撹拌し，トリメチルクロロシランに代えて1,1,3,3-ヘキサメチルジシラザンを加えることにより調製した。この溶液をテフロン製のシャーレに入れて加熱すると，溶媒の揮発とともに縮合も進み，自立膜が得られた。また，水の代わりにジフェニルシランジオールを用いて同様の方法によりDPS-OSから自立膜を得た。

図4にDPS-OS自立膜の写真を示す。自立膜は無色透明で，加熱による収縮は見られなかった。膜厚は120-150 μmであり，硬く脆かった。また，W-OS自立膜は無色透明で，膜厚が200-260 μmであり，硬く脆かった。

図5にW-OSおよびDPS-OS自立膜の紫外－可視吸光スペクトルの測定結果を示す。W-OS自立膜は230 nm以上で透過率が増加し，260～270 nmでは約50％の透過率となり，300～400 nmでは80～90％，400 nm以上の可視光域では約90％の透過率を示した。一方，DPS-OS自立膜は280 nm以上で透過率が増加し，300～400 nmでは80～90％，400 nm以上の可視光域

第3章 感光性材料

図4 Photograph of DPS-OS free-standing film

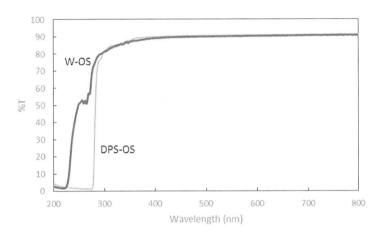

図5 UV-Vis spectra of W-OS and DPS-OS free-standing films

では約90％の透過率を示した。

1.4 おわりに

　水ガラス（3号）を中和してからテトラヒドロフランにより抽出してケイ酸のテトラヒドロフラン溶液を調製した。ここにクロロ（ジメチル）シランを加えて反応させることによりオクタキス（ジメチルシリル）オクタシリケート（Q_8^{DMS}）を得た。

　Q_8^{DMS}と水をジエチルヒドロキシルアミン存在下で脱水素縮合することにより全シロキサン型のかご型シルセスキオキサン含有高分子を得た。一方，Q_8^{DMS}とジフェニルシランジオールを同様に反応することによりオリゴマーが得られたが，Q_8^{DMS}を2回に分けて反応させることにより縮合が進行し，重量平均分子量が18000の高分子を得た。

　これらの高分子をシャーレに入れて加熱することにより自立膜を得た。この自立膜は可視光域

で90％以上の透過率を示した。

　本研究は，文部科学省科学研究費補助金新学術領域研究「元素ブロック高分子材料の創出」（領域番号2401）/課題番号24102008A02を受けて行われた。

文　　献

1) Chujo Y, Tanaka K (2015) New polymeric materials based on element-blocks. *Bull Chem Soc Jpn* **88**：633-643
2) Shioda T, Gunji T, Abe N, Abe Y (2011) Preparation and properties of polyhedral oligomeric silsesquioxane polymers. *App Organometal Chem* **25**：661-664
3) Gunji T, Shioda T, Tsuchihara K, Seki H, Kajiwara T, Abe Y (2010) Preparation and properties of poly oligomeric silsesquioxane/polysiloxane copolymers. *Appl Organometal Chem Soc* **24**：545-550
4) Tsukada S, Sekiguchi Y, Takai S, Abe Y, Gunji T (2015) Preparation of POSS derivatives by the dehydrogenative condensation of T_8^H with alcohols. *J Ceram Soc Jpn* **123**：739-743
5) Wada Y, Iyoki K, Sugawara-Narutaki A, Okubo T, Shimojima A (2013) Diol-linked microporous networks of cubic siloxane cages. *Chem Eur J* **19**：1700-1705
6) Ueda N, Gunji T, Abe Y (2008) Synthesis of alkoxy octasilsesquioxanes by a convenient one-pot reaction. *Material Technology* **26**：162-169
7) Agaskar PA (1991) New synthetic route to the hydridospherosiloxanes O_h-$H_8Si_8O_{12}$ and D_{5h}-$H_{10}Si_{10}O_{15}$. *Inorg Chem* **30**：2707-2708
8) Feher FJ, Newman DA, Walzer JF (1989) Silsesquioxanes as models for silica surfaces. *J Am Chem Soc* **111**：1741-1748
9) Provatas A, Luft M, Mu JC, White AH, Matisons JG, Skelton BW (1998) Silsesquioxanes: Part I: A key intermediate in the building of molecular composite materials. *J Organomet Chem* **565**：159-164
10) Yoshimatsu M, Komori K, Ohnagamitsu Y, Sueyoshi N, Kawashima N, Chinen S, Murakami Y, Izumi J, Inoki D, Sakai K, Matsuo T, Watanabe K, Kunitake M (2012) Necklace-shaped dimethylsiloxane polymers bearing a polyhedral oligomeric silsesquioxane cage prepared by polycondensation and ring-opening polymerization. *Chem Lett* **41**：622-624

2 反応現像画像形成を利用したエンプラ／元素ブロック系への感光性付与

大山俊幸*

2.1 はじめに

　感光性ポリマーを用いた微細パターン形成は，集積回路（IC）の超微細パターン形成のためのフォトレジストや，多層配線板の層間絶縁膜，ICチップ／封止樹脂間のバッファコート層などといった電子材料用途，刷版作製などの印刷用途，さらには光導波路やMicro-Electro-Mechanical System（MEMS）の作製など，非常に幅広く用いられている[1~3]。これらの用途のそれぞれにおいて，感光性ポリマーには様々な特性が要求されており，その要求に応じた感光性ポリマーを開発する努力が続けられている。そのなかでも，バッファコート層や層間絶縁膜など，形成した微細パターンをそのまま残して使用する用途においては，現状で求められる解像度は μm レベルであるものの，パターンには高い熱的・機械的安定性，耐久性，電気絶縁性などが求められている。

　このような要求を満たす感光性ポリマーとしては，代表的なスーパーエンプラであるポリイミドの微細パターンを形成できる感光性ポリイミドがよく知られている[4,5]。しかし，現行の感光性ポリイミドは，ポリイミド前駆体であるポリアミック酸を化学修飾したポリマーなどを使用しているため（図1），合成の煩雑化や合成コストの増大を招き，ポリイミド本来の優れた物性が低下してしまうことが多い。また，ポリアミック酸を用いた系は感光性ワニスの保存安定性が悪く，かつパターン形成後に300℃以上の加熱によるアミック酸→イミドへの変換が必要であるなど，多くの問題を有している。

　一方，有機および無機材料をnmレベルで複合化した有機無機ハイブリッドは，有機材料と無機材料のそれぞれの特性を相乗的に発現可能であり，有機－無機成分間の共有結合や水素結合，π-π相互作用などによりハイブリッド化を実現した種々の材料が開発されている[6]。これらのハイブリッド材料に感光性を付与できれば高性能微細パターンが簡便に形成できると期待され，

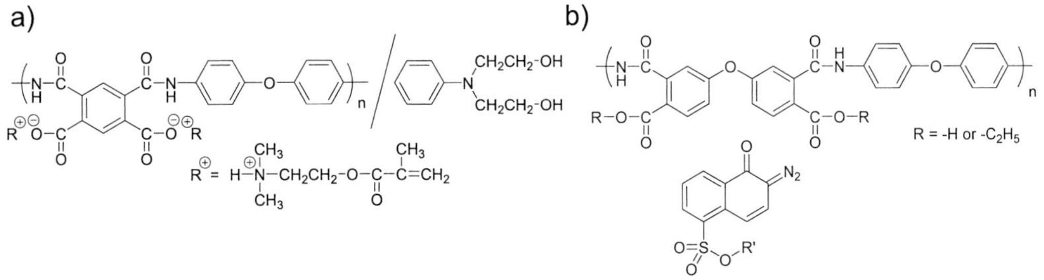

図1　従来型の感光性ポリイミドの例
a) ネガ型　b) ポジ型

＊　Toshiyuki Oyama　横浜国立大学　大学院工学研究院　教授

種々の試みが行われきてている[7,8]。しかし，ポリイミドなどの高性能エンプラを用いた感光性ハイブリッドは，高耐熱性，高強度，低熱膨張性などを有する非常に優れた微細パターンを与えると期待されるにも関わらず，報告例は少ない。特に，ポリイミド・ポリベンゾオキサゾール以外のエンプラを用いた感光性有機無機ハイブリッドは，我々の知る限り報告例がない。ポリイミド・ポリベンゾオキサゾールを用いたハイブリッドについても，ベンゾフェノン型ポリイミドの光架橋を利用した長時間露光系（図2a）[9]やポリアミック酸塩を用いた有機溶媒現像系（図2b）[10]などの汎用性の低い系しか報告されていない。

このような状況の中，我々は，特別な化学修飾を行っていないポリイミド・ポリエステル・ポリカーボネートなどのエンプラや N-フェニルマレイミド−スチレン共重合体など，主鎖または側鎖にカルボン酸類縁基を有するポリマーに広く適用できる微細パターン形成法である「反応現像画像形成法（Reaction Development Patterning, RDP）」を新たに開発し研究を進めてきている[11〜15]。RDPは，ポリマー主鎖や側鎖に存在するカルボン酸類縁基と現像液中の求核剤（アミン，OH⁻など）との求核アシル置換反応によるポリマーの溶解性変化を利用して微細パターンを形成する手法である（図3）。これまでに，現像時の求核アシル置換反応を露光部でのみ行うポジ型RDP[11,16〜18]と未露光部でのみ行うネガ型RDP[19〜21]の両方を開発しており，現像液として環境負荷の小さいアルカリ水溶液を使用できる系も見出している。

RDPでは，市販のポリイミドやポリエステルなどのカルボン酸類縁基結合含有ポリマーに感光剤等を添加するだけで感光性ポリマーとして利用できるようになるため，汎用性が高く実用化への障害も小さいと考えられる。よって，ポリイミドなどのエンプラとシリカ等の無機成分とのハイブリッド系についても，RDPの適用により簡便な感光性の付与が可能となると期待され

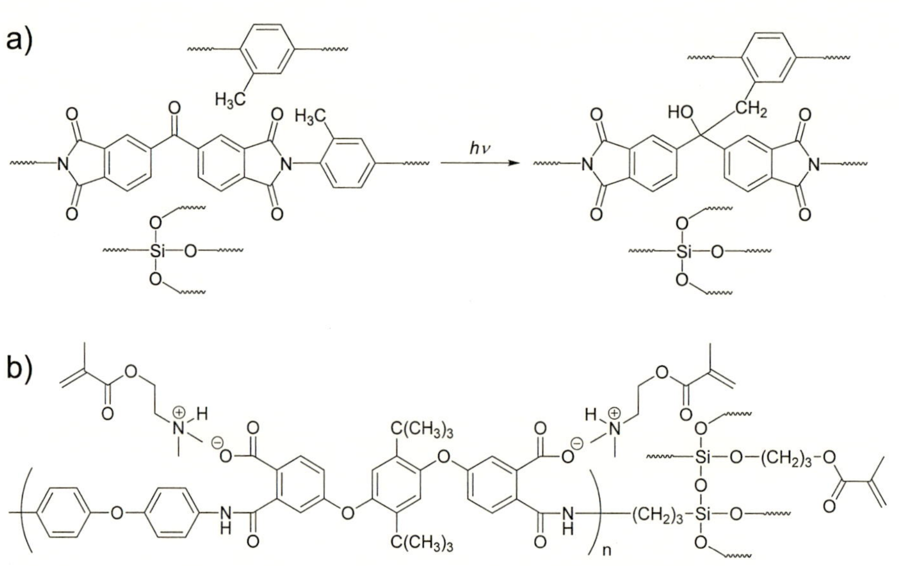

図2 ポリイミド／シリカハイブリッドの報告例

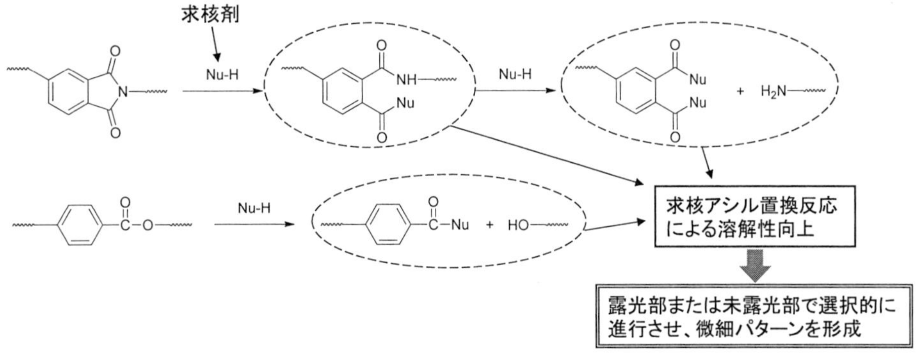

第 3 章　感光性材料

図 3　反応現像画像形成（RDP）の原理

る。前述のとおり，RDP はエンプラなどにもともと存在するカルボン酸類縁基を利用する手法であるため，有機成分への特別な分子設計は不要である。また，エンプラ中に分散している無機成分は，エンプラの可溶化・分解に伴い現像液中に分散・除去されると考えられるため，エンプラ／無機成分間のハイブリッド化手法にかかわらず感光性付与が可能であると期待される。本稿では，ポリイミドとシリコーンが共有結合で連結したマルチブロック共重合体へのネガ型 RDP の適用，およびポジ型 RDP と膜内でのゾル－ゲル反応との組み合わせによる非共有結合型ハイブリッド微細パターンの形成について述べる。

2.2　ポリイミド－シリコーン共重合体への RDP 適用によるネガ型微細パターン形成

ポリエーテルイミド（PEI, Ultem™）とポリジメチルシロキサン（シリコーン）とのマルチブロック共重合体である Siltem™（スキーム 1）は，ポリイミド由来の高い耐熱性とシリコーン部位由来の柔軟性や金属への高い接着性を兼ね備えており，コーティング材料などとして利用されているが，感光性の付与により微細パターン形成が可能になれば電子材料分野などへのさらなる応用展開が期待される。よって Siltem™ へのネガ型 RDP 適用による微細パターン形成について検討した。N-フェニルマレイミド（PMI）および感光剤（ジアゾナフトキノン（DNQ（PC-5）），スキーム 1）を含んだ Siltem™ の薄膜を作製し，超高圧水銀灯からの UV 光を露光したのちに，水酸化テトラメチルアンモニウム（TMAH）／水／NMP／メタノールからなる現像液[19,20)]で現像を行った（表 1）。その結果，現像液中の NMP の比率が小さい場合には露光部／未露光部間の現像速度の差が小さく，微細パターンを得ることができなかったのに対し（entry 1），NMP の比率が大きい現像液ではネガ型微細パターンの形成に成功した（entries 2, 3）。得られた微細パターンを走査型電子顕微鏡（SEM）により観察したところ，entry 2 の系では微細部においてパターン間のポリマーの溶解が不十分であったが，entry 3 の系では良好な微細パターンが形成されていることが示された（図 4）。Siltem™ における微細パターン形成は，我々がすでに見出しているポリイミドでのネガ型 RDP と同様の機構，すなわち PMI の二量化による現像液浸透の抑制（図 5 の **1b**）と，インデンカルボン酸と TMAH との反応による OH⁻の消

元素ブロック材料の創出と応用展開

Siltem™ (m : n = 91 : 9, k = 6.1)

PMI DNQ (PC-5) HIPA

SiPI (k = 9)   X = (1/1)

スキーム 1

表 1 Siltem™ への RDP 適用によるネガ型微細パターンの形成[1]

Entry	Developer TMAH/H₂O/NMP/CH₃OH	Development time [min'sec]	Film thickness[2] [μm]		Resolution[3] [μm]	Residual thickness [%]
			Irradiated	Unirradiated		
1	2/5/5/18	5'00	9.9 → 9.3	9.9 → 7.0	—	—
2	2/5/7.5/18	3'04	11.2 → 7.8	11.2 → 0	15	70
3	2/5/10/18	5'10	11.2 → 6.9	11.2 → 0	10	62

1) Films of the copolymer were prepared from its 16 wt% NMP solution containing DNQ and PMI (20 and 10 wt% for the copolymer, respectively).
　Exposure dose : 300 mJ/cm², Development condition : 50℃/ultrasonication
2) By contact-type thickness analyzer　3) Determined by SEM

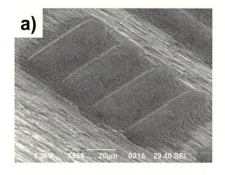 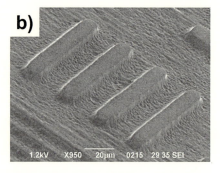

図 4　Siltem™ への RDP 適用により形成したネガ型微細パターンの SEM 画像 (15 μm line and space (L/S))

a) 表 1, entry 2　b) 表 1, entry 3

第3章 感光性材料

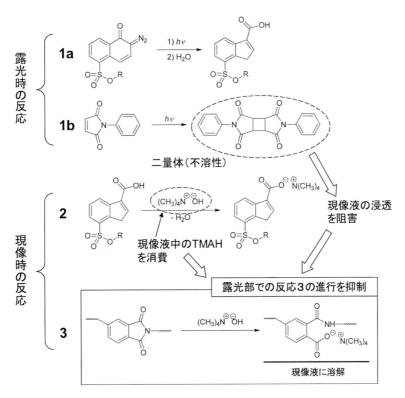

図5 Siltem™へのネガ型RDPにおける微細パターン形成機構

費（図5の**2**）の効果によって，露光部においてポリイミド→ポリアミック酸の反応（図5の**3**）が抑制されることによりネガ型パターンが形成されているものと考えられる[15, 20]。

Siltem™へのネガ型RDP適用の結果より，元素ブロックを主鎖中に有するポリイミドへのRDPによる感光性付与が可能であることが示された。しかし，この系では有機溶媒を含む現像液の使用が必要であり，環境負荷の小さい希薄アルカリ水溶液による現像は不可能であった。そこで次に，ネガ型RDPによるアルカリ水溶液現像が可能な分子構造を有するポリイミド[22]にシリコーン部位を導入したマルチブロック共重合体であるSiPI（スキーム1）を合成し，このポリマーへのRDPの適用を検討した。感光剤（DNQ（PC-5）），PMIおよび5-ヒドロキシイソフタル酸（HIPA，スキーム1）を含んだSiPIの薄膜を作製し，超高圧水銀灯からのUV光を露光したのちに，2.5 wt% TMAH水溶液を用いて現像を行った（表2）。その結果，シリコーン部位の導入量の増加とともに現像時間が長くなったものの，希薄アルカリ水溶液での現像によりネガ型微細パターンを形成できることが明らかとなった[23]。シリコーン部位はRDPにおける現像反応（図5の**3**）においても分解されることがないため，その導入量の増大とともに分解可能な部位が減少し溶解速度が低下したものと考えられる。また，entry 2の系のSEM画像（図6）においては，微細パターン間にやや溶け残りがみられるもののネガ型パターンの形成が確認された。

表2 アルカリ水溶液現像型 RDP による SiPI のネガ型微細パターン形成[1]

Entry	m/n	Development time [min'sec]	Film thickness[2] [μm]		Dissolution rate [nm/sec]		Residual thickness[3] [%]
			Exposed	Unexposed	Exposed	Unexposed	
1	100/0	8'30	11.0 → 5.5	11.0 → 0	10.8	21.6	50
2	95/5	13'28	12.7 → 9.6	12.7 → 0	3.84	15.7	76
3	80/20	33'33	10.1 → 8.9	10.1 → 0	0.596	5.02	88

1) DNQ (10 wt% for SiPI), PMI (20 wt% for SiPI), HIPA (10 wt% for SiPI), Exposure dose : 300 mJ/cm^2, Development condition: 2.5 wt% TMAH/r.t./immersion　2) By contact-type thickness analyzer

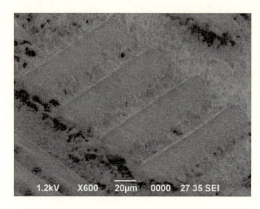

図6　SiPI への RDP 適用により形成したネガ型微細パターンの SEM 画像
表2, entry 2 (25 μm L/S)

2.3　ポジ型 RDP とゾル－ゲル反応を利用したハイブリッド微細パターンの形成

　前項において，無機成分が共有結合で組み込まれたコポリマーへの RDP 適用について紹介したが，この手法では，あらかじめハイブリッドコポリマーを合成する必要があり，汎用性の点では必ずしも十分でないと考えられる。よって次に，製膜ないしパターン形成後にゾル－ゲル反応により無機成分を重合し，ハイブリッド微細パターンを形成する手法について検討を行った。

　感光剤（DNQ (PC-5)）およびトリメトキシフェニルシラン（TMPS）を含んだ PEI（Ultem^{TM}）の薄膜を作製し（スキーム2），超高圧水銀灯からの露光および80℃での露光後加熱（Post-exposure baking：PEB）を行ったのちに，一級アミン／NMP／水 = 4/1/1（重量比）の現像液で現像を行った。その結果を表3に示すが，アミンとしてエタノールアミン（EA，スキーム2）を用いた場合には75分間の現像が必要であったのに対し（entry 1），PEI 膜への浸透性が高い 2-メトキシエチルアミン[24]（MOEA，スキーム2）を用いた系では同条件での露光・PEB・現像において3分8秒の現像時間で良好なポジ型微細パターンを得ることができた（entry 2）。また，TMPS 添加量および PEB 時間を最適化した MOEA 現像系では，TMPS 未添加の RDP 型感光性 PEI[25]と比較して現像時間を1/10に短縮（13分→1分19秒）できることが明らかとなった（entry 3）。感度についても，従来の RDP 型感光性 PEI[25]と比較して最大で

第3章　感光性材料

PEI (Ultem™)

TMPS　　　TMMS　　　TEOS

EA　　　MOEA

スキーム2

表3　PEI/TMPS系へのRDP適用によるポジ型微細パターン形成[1]

Entry	TMPS [wt% for PEI]	PEB [min]	Amine in developer[2]	Development [min'sec]	Film thickness[3] [μm]		Residual thickness [%]	Resolution[4] [μm]
					Exposed	Unexposed		
1	10	60	EA	75'00	10.6→0.0	10.6→3.7	35	—[5]
2	10	60	MOEA	3'08	11.8→0.0	11.8→9.8	83	40
3	25	5	MOEA	1'19	11.6→0.0	11.6→11.1	96	15
4	50	10	MOEA	1'37	10.4→0.0	10.4→9.5	91	15

1) DNQ: PC-5 (20 wt% for PEI), Prebaking: 90℃/10 min, Exposure dose: 500 mJ/cm^2, PEB temperature : 80℃
2) Development condition: amine/NMP/H$_2$O = 4/1/1 (w/w/w), 50℃/ultrasonication
3) By contact-type thickness analyzer　4) By SEM　5) Peeling of the patterns

40倍以上の高感度化（2000→43 mJ/cm^2（entry 4））が達成された。Entry 3において作製したポジ型微細パターンのSEM画像を図7aに示すが，良好な微細パターンの形成が確認された。アルコキシシラン添加系での推定反応機構を図8に示す。露光により感光剤から生成する酸を触媒としたアルコキシシランの加水分解がPEBおよび現像時に起こり，その結果として生成するシラノールと感光剤からの酸の両方が露光部での求核性（かつ塩基性）の現像液の浸透を促進し，高感度化と短時間現像が達成されたものと考えられる。

TMPSの添加により高感度・短時間現像での微細パターン形成が可能になったが，形成されたパターン中でTMPSのゾル–ゲル反応を進行させパターンのハイブリッド化を行う必要がある。よって，得られた微細パターンを1000 mJ/cm^{2}の露光量で再露光したのちに50～200℃で加熱するPost-development baking (PDB)（図8）について検討を行った。再露光およびPDB

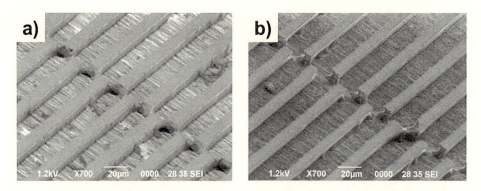

図7 PEI/TMPS系へのRDP適用により形成したポジ型微細パターンのSEM画像（15 μm L/S）
a) 表3，entry 3
b) 表3，entry 3のパターンへの再露光（1000 mJ/cm^2）およびPDB（50℃/1.5h + 80℃/1.5h + 110℃/1.5h + 140℃/1.5h + 170℃/3h + 200℃/3h）処理後

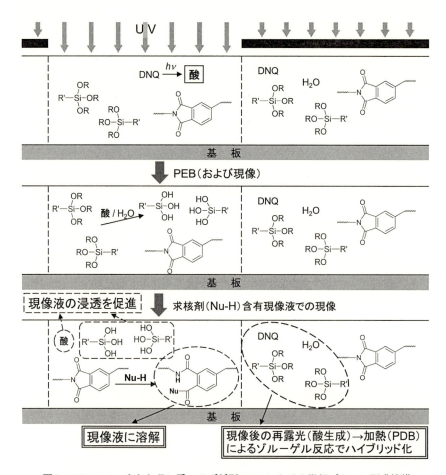

図8 PEI/アルコキシシラン系へのポジ型RDPにおける微細パターン形成機構

第3章 感光性材料

後のパターンのSEM画像を図7bに示すが,やや収縮がみられたものの形状の崩れなどは観測されず,良好な微細パターンが維持されることが明らかとなった。しかし,露光→PDB処理を行った薄膜の動的粘弾性測定を行ったところ,Ultem^{TM}のT_g付近での大幅な貯蔵弾性率の低下がみられ,一般的な有機無機ハイブリッドでみられるような「T_g以上の温度域での貯蔵弾性率の維持」は確認できなかった(図9)。これは,微細パターン形成からPDBまでのプロセスにおけるアルコキシシランの揮発や,PDBプロセスにおけるゾル-ゲル反応によるTMPSの高分子量化が不十分であったことが原因であると考えられる。

そこで次に,製膜前の溶液中でアルコキシシランの重合をある程度進行させておく「$in\ situ$オリゴマー化(図10)」と「テトラエトキシシラン(TEOS)の添加」により,最終微細パターン中での無機成分の重合度を増大させることを試みた。PEI,TMPSまたはトリメトキシメチルシラン(TMMS),およびTEOS(スキーム2)をNMPに溶解させたのちに塩酸により系のpHを2に調整し,60℃で1時間加熱撹拌しアルコキシシランのオリゴマー化を行った。得られた溶液に感光剤(DNQ(PC-5))を加え,室温で15分間撹拌したのちに銅箔へスピンコート法により塗布し,90℃で10分間予備加熱し薄膜を調製した。得られた膜を超高圧水銀灯により露光し,PEB(80℃/5分)を行ったのち,MOEA含有現像液で現像することによりポジ型微細パターンを得た。その結果を図11a,bに示すが,TMPS-TEOS系ではポジ型微細パターンは形成されたものの,基板(銅箔シャイン面)からのパターンの剥離が観測された。一方,TMMSを用いた系ではパターンの剥離は観測されず,約2分間の短時間現像により良好なポジ型微細パターンを形成することが可能であった。この系の感度は64 mJ/cm^{2}であり,現在実用

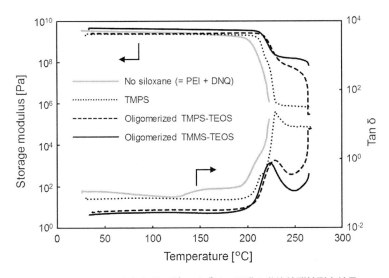

図9 PEI/アルコキシシラン系ハイブリッド膜の動的粘弾性測定結果
昇温速度:5℃/分,周波数:1 Hz,空気下
DNQ(PC-5):PEIに対して20 wt%,アルコキシシラン:PEIに対して25 wt%(SiO$_2$換算),
トリアルコキシシラン:TEOS = 7:3(重量比)

化されている従来型の感光性ポリイミドと同等以上の感度を有していることが明らかとなった。また，in situ オリゴマー化 TMMS-TEOS 系微細パターンに再露光（1000 mJ/cm^2）および 50〜200℃での PDB を行ったところ，パターン形状の崩れなどは観測されず PDB 後も良好な微細パターンの維持が可能であった（図11c）。さらに，in situ オリゴマー化系について，露光→PDB 処理を行った薄膜の動的粘弾性測定を行ったところ，TMMS-TEOS 膜においては T$_g$ 以上の温度域においても貯蔵弾性率の低下が抑制されていることが確認された（図9）。この結果

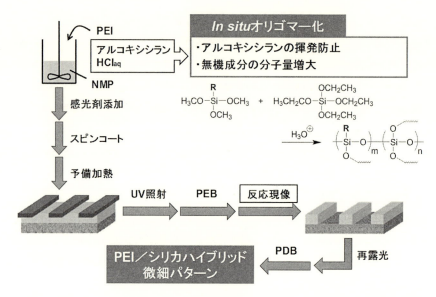

図10 In situ オリゴマー化を利用した反応現像型ハイブリッド微細パターン形成の概念図

図11 In situ オリゴマー化アルコキシシラン／PEI 系への RDP 適用により形成したポジ型ハイブリッド微細パターンの SEM 画像（DNQ（PC-5）：PEI に対して 20 wt%，アルコキシシラン：PEI に対して 25 wt%（SiO$_2$ 換算），予備加熱：90℃／10 分，露光量：500 mJ/cm^2，PEB：80℃／5 分，現像液：MOEA/NMP/H$_2$O = 4/1/1（重量比），現像条件：50℃／超音波処理下）

a) PEI/TMPS-TEOS（TMPS：TEOS = 7：3（重量比），現像時間：1 分 34 秒，35 μm L/S）
b) PEI/TMMS-TEOS（TMMS：TEOS = 7：3（重量比），現像時間：1 分 59 秒，40 μm L/S）
c) b のパターンへの再露光（1000 mJ/cm^2）および PDB（50℃/8h + 80℃/4h + 150℃/3h + 200℃/1h）処理後

は，アルコキシシラン添加PEIへのRDP適用によるハイブリッド微細パターン形成において，*in situ* オリゴマー化およびTEOSの添加が有効であることを示していると考えられる。

2.4 おわりに

本稿では，ポリエーテルイミドとシリカ系の無機成分が共有結合および非共有結合相互作用によりハイブリッド化された系について，RDPの適用により感光性を付与し微細パターンを形成した結果について述べた。本稿で述べた手法は，ポリイミド以外のエンプラやシリカ系以外の無機成分にも適用が可能であると考えられ，予備的な結果ではあるが，ポリエステル（ポリアリレート）とシリコーンとの共重合体についてもRDP適用による微細パターン形成にすでに成功している[26]。RDPはエンプラ主鎖中にもともと存在しているカルボン酸類縁基を利用してパターン形成を行う手法であるため，感光性付与のための特別な分子設計を行う必要がない。よって，今回検討した方法以外の手法によって種々の元素ブロックをエンプラに導入した場合でも，エンプラの繰り返し単位中にカルボン酸類縁基結合がありさえすれば，原理的にはRDPによる微細パターン形成が実現可能であると考えられる。今後は，より多様なエンプラ／元素ブロック系についてRDPによる感光性付与を実現し，エンプラ／元素ブロック系への汎用的感光性付与法を確立することを目指したいと考えている。

本研究は，科学研究費補助金・新学術領域研究「元素ブロック高分子材料の創出（領域番号2401）」の支援を受けたものであり，深く感謝いたします。

文　献

1) Polymers for Microelectronics and Nanoelectronics; Lin, Q.; Pearson, R. A.; Hedrick, J. C., Eds.; ACS Symposium Series 874, American Chemical Society: Washington DC (2004)
2) Micro-and Nanopatterning Polymers; Ito, H.; Reichmanis, E.; Nalamasu, O.; Ueno, T., Eds.; ACS Symposium Series 706, American Chemical Society: Washington DC (1998)
3) "初歩から学ぶ感光性樹脂"，池田章彦，水野晶好 著，工業調査会（2002）
4) 福川健一，上田充，高分子論文集, **63**, 561（2006）
5) K. Fukukawa, M. Ueda, *Polym. J.*, **40**, 281（2008）
6) "有機-無機ナノハイブリッド材料の新展開"，中條善樹監修，シーエムシー出版（2009）
7) T. Tamai, M. Watanabe, S. Ikeda, Y. Kobayashi, Y. Fujikawa, K. Matsukawa, *J. Photopolym. Sci. Technol.*, **25**, 141（2012）
8) K. M. Schreck, D. Leung, C. N. Bowman, *Macromolecules*, **44**, 7520（2011）

9) Z.-K. Zhu, Y. Yin, F. Cao, X. Shang, Q. Lu, *Adv. Mater.*, **12**, 1055 (2000)
10) Y.-W. Wang, W.-C. Chen, *Mater. Chem. Phys.*, **126**, 24 (2011)
11) T. Fukushima, Y. Kawakami, A. Kitamura, T. Oyama, M. Tomoi, *J. Microlith. Microfab. Microsyst.* (JM^3), **3**, 159 (2004)
12) 大山俊幸, 高分子論文集, **67**, 477 (2010)
13) 大山俊幸, 高分子, **61**, 877 (2012)
14) 大山俊幸, ネットワークポリマー, **34**, 261 (2013)
15) 大山俊幸, 科学と工業, **88**, 405 (2014)
16) T. Kawada, A. Takahashi, T. Oyama, *J. Photopolym. Sci. Technol.*, **27**, 219 (2014)
17) T. Oyama, N. Shimada, A. Takahashi, *J. Photopolym. Sci. Technol.*, **28**, 219 (2015)
18) M. Suzuki, T. Oyama, *Polym. Int.*, **64**, 1560 (2015)
19) T. Oyama, S. Sugawara, Y. Shimizu, X. Cheng, M. Tomoi, A. Takahashi, *J. Photopolym. Sci. Technol.*, **22**, 597 (2009)
20) T. Oyama, Y. Shimizu, A. Takahashi, *J. Photopolym. Sci. Technol.*, **23**, 141 (2010)
21) M. Yasuda, A. Takahashi, T. Oyama, *J. Photopolym. Sci. Technol.*, **26**, 357 (2013)
22) T. Oyama, *Proceedings of the International Display Workshop*, **19**, FMC4-3 (2012)
23) 大山俊幸, 日本化学会第94春季年会予稿集, 4S9-17 (2014)
24) T. Oyama, A. Kitamura, E. Sato, M. Tomoi, *J. Polym. Sci. Part A: Polym. Chem.*, **44**, 2694 (2006)
25) T. Fukushima, Y. Kawakami, T. Oyama, M. Tomoi, *J. Photopolym. Sci. Technol.*, **15**, 191 (2002)
26) 未発表データ

3 ZrO$_2$ ナノ微粒子を用いた高透明光学樹脂の設計

榎本航之[*1]，菊地守也[*2]，川口正剛[*3]

3.1 はじめに

　光学部品において屈折率は最も重要な基礎物性値であり，その制御は光の速度や進路を操作し，光を加工する上で重要な基礎的課題である。現在においてもなお，高および低屈折率材料の追及，アッベ数（屈折率の波長依存性），複屈折（屈折率差の異方性）の制御などの材料開発が活発に続けられている。高屈折率材料は小さな曲率でも光の進路をより大きく曲げることができるため，レンズの薄肉化，高解像度化を可能にする。従来の光学部品においては，ガラスやセラミックスなど屈折率を制御できる範囲が広い無機材料が多用されてきたが，近年では軽量化，成形加工性の容易さ，低価格化へのニーズの高まりによって，多くの用途において無機材料から樹脂材料への置き換わりが進んでいる。しかし一方では，樹脂材料は無機材料に比べて屈折率を制御できる範囲が狭いという弱点もあり，用途においては樹脂材料が適用できない場合もある[1,2]。

　有機材料の高屈折率化に向けた分子設計戦略として，密度または分極率を高めるアプローチがある。密度を高める方法として分子容積の小さい環構造，分岐構造[3]などの導入や分子間水素結合の利用が考えられるが，無機材料と同等レベルまで高めることは困難である。分極率を高める方法として，ハロゲン（Cl, Br, I），硫黄，芳香環，重金属原子などを鎖中に導入する方法がある。この方法を用いると屈折率が1.8を超えるポリマーが設計可能となる[4,5]。しかし，一般に屈折率とアッベ数にはトレードオフの関係にあることが知られており，分極率の増加による高屈折率化ではアッベ数が減少する問題がある。アッベ数 ν_D は，（1）式により定義される。

$$\nu_D = \frac{n_D - 1}{n_F - n_C} \tag{1}$$

ここで，n_D，n_F，および n_C はそれぞれ波長589.3 nm，486.1 nm，および656.3 nmにおける屈折率である。材料の分極率の増加は吸収波長の長波長化に繋がる。屈折率は吸収波長周辺において増加するため結果として低波長領域の屈折率の増加，すなわち n_F と n_C の差が増加してしまうためにアッベ数が低下するものと考えられる。また，材料自体も着色してしまうため透明材料を設計する上で限界がある。さらに，酸化による耐熱着色性の悪化，吸水性の上昇，さらに用途においては光学素子の劣化など別の問題も引き起こす場合も指摘されている。

　樹脂材料の屈折率を上げるもう一つの方法として，屈折率の高い無機材料を樹脂中に複合化する方法が検討されてきた[6,7]。加える微粒子の粒子径をナノスケールまで小さくできれば，散乱が抑制された透明な材料が得られるものと期待される[8〜10]。光学的用途すなわち透明性が必要な

---

* Kazushi Enomoto　山形大学　大学院理工学研究科　有機材料工学専攻
* Moriya Kikuchi　山形大学　工学部技術部　計測技術室　技術専門職員
* Seigou Kawaguchi　山形大学　大学院有機材料システム研究科　教授

場合には,少なくともレイリー散乱の領域までフィラーサイズを小さくする必要がある。フィラー微粒子の半径を r,波長を λ とした場合,散乱断面積 $\alpha = \pi r/\lambda$ を用いるとどのような散乱が起こるかを簡便に見積もることができる[11]。すなわち,$\alpha < 0.2$ の時には主にレイリー散乱,$0.2 < \alpha < 1.5$ の時はミー散乱,$\alpha > 1.5$ の時は回折散乱が起こることが知られている[9]。したがって可視光の領域(代表波長として $\lambda = 400$ nm)においては,フィラーサイズは 25 nm 以下でなければ光学材料として基本的に不適格である。薄膜として利用する場合には,$r = 10 \sim 20$ nm 程度の微粒子で透明化は可能である。しかしながら,透明性は膜厚に対して指数的に減少するため,ある程度厚みのあるハイブリッド材料を得るためには,可視光波長のレイリー散乱もできうる限り抑制する必要がある。

以下に,レイリー散乱によって透過率がフィラー半径 r や膜厚 t に対してどのように変化するかを見積もってみる。

厚さ t の材料の透過率 $I(t)$ は,Lambert-Beer の法則から (2)式で定義される。

$$I(t) = I_0 \exp(-\alpha t) \tag{2}$$

α は消衰係数であり,球を仮定した場合のレイリー散乱(α_{scat})は (3)式で与えられる[12]。

$$\alpha_{scat} = \frac{3\phi C_{scat}}{4\pi r^3}, \qquad C_{\text{scat}} = \frac{8}{3}\left(\frac{2\pi n_p r}{\lambda}\right)^4 \left[\frac{\left(\frac{n_p}{n_m}\right)^2 - 1}{\left(\frac{n_p}{n_m}\right)^2 + 2}\right]^2 \pi r^2 \tag{3}$$

ここで,ϕ はフィラー微粒子の体積分率,C_{scat} は散乱断面積,λ は波長,r は微粒子半径,n_m, n_p はマトリックス,フィラーの屈折率である。

図1には,マトリックス樹脂としてポリメタクリル酸メチル(PMMA,$n_m = 1.49$)を用い,その中にジルコニア(ZrO$_2$)微粒子($n_p = 2.20$)をナノ分散させた時のハイブリッドフィルム(厚さ $t = 100$ μm)の透過率 $I(t)$ を ZrO$_2$ 微粒子の半径 r に対してプロットしたものを示す。透過率は微粒子半径および重量分率 w の増加と共に著しく減少することが分かる。ここで,例えば $r = 5$ nm の ZrO$_2$ を $w = 0.5$ で添加した場合には,透過率は 90% 程度に維持することが可能であるが,1 mm の厚さの場合,その透過率は 37% まで減少する。上記の計算では,あくまで ZrO$_2$ 微粒子がマトリックス中にナノ分散していると仮定した場合の計算結果である。高分子マトリックス中で少しでも凝集が起こると材料の透過性は著しく損なわれることに注意されたい。

一方で,微粒子サイズの減少はマトリックス中における粒子間距離を減少させることにも注視すべきである。半径 r の微粒子がマトリックス中に六方充填した場合の微粒子間距離 h は(4)式で与えられる。

$$h = 2r\left[\left(\frac{\pi}{3\sqrt{2}\phi}\right)^{0.5} - 1\right] \tag{4}$$

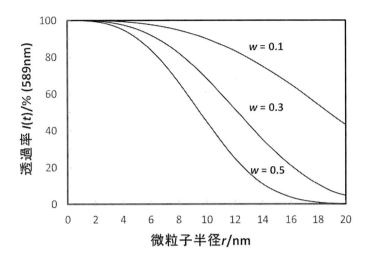

図1 PMMA（n_m=1.49）とZrO$_2$（n_p=2.20）からなるハイブリッドフィルム（t=100 μm）に対して式（2），（3）から計算される透過率$I(t)$と微粒子半径rとの関係，wはZrO$_2$の重量分率を表す

体積分率ϕを0.3とすると，r=50 nmの微粒子を用いた場合，粒子間距離hは57 nm程度と十分に離れて存在しているが，r=3 nmの場合には3.4 nmまで接近する。液体中（分散中）においてもこの距離まで微粒子が接近すると微粒子間には強い相互作用が働き，結果として粘性が増加したり，凝集したりする傾向が増加する。ましてや高分子マトリックス中にナノサイズの異物をナノ分散させることは，混合のギブスエネルギーから考えても非常な困難を伴う。

ハイブリッド材料の巨視的な屈折率n_{av}は，以下に示すMaxwell-Garnettによる（5）式で表される[13]。

$$n_{av} = n_m \left(1 + \frac{3\phi \left(\frac{n_p^2 - n_m^2}{n_p^2 + 2n_m^2} \right)}{1 - \phi \left(\frac{n_p^2 - n_m^2}{n_p^2 + 2n_m^2} \right)} \right)^{0.5} \quad (5)$$

ここで，n_m，n_pはマトリックス，フィラーの屈折率，ϕはフィラーの体積分率である。この式から，ハイブリッド材料の屈折率は重量分率ではなく，体積分率に対して直線的に増加することが分かる。したがって，材料の屈折率をそれなりに増加させるためにはかなり高充填にしなければならないことが分かる。表面修飾によるナノ微粒子の疎水化は界面エネルギーを減少させ，凝集を抑制するためによく用いられる。最も有名な表面処理剤の一つとしてシランカップリング剤があげられる。これは，ナノ微粒子表面の水酸基によるアルコキシシリル基の加水分解，次いでヒドロキシシリル基間の縮合によるゾルゲルプロセスにより達成される。しかし，アルコキシシリル基の高反応性により多層シリカ膜で被覆してしまう場合，表面修飾後のナノ微粒子自体の

屈折率を低下してしまう場合がある[14]。

以上の結果より，高屈折率な無機ナノ微粒子を用いた有機材料の高屈折率化でポイントとなるのは以下の3点である。

① 1 mm 以上の厚さをもつ高透明ハイブリッド材料を得るためには，粒子半径は少なくとも3 nm 程度の無機ナノ微粒子を用いる必要がある。
② 粒子間の凝集を防ぐために表面処理は必要不可欠であるが，過剰な表面処理は最終的な無機含有量を低下させてしまう。
③ ハイブリッド材料の屈折率は無機物の体積分率に比例するため，高屈折率化には無機ナノ微粒子を凝集することなく高濃度でマトリックス中に導入する必要がある。

しかし，これまで $r=3$ nm 以下の無機ナノ微粒子をポリマーバルク中に高充填かつナノ分散させ，屈折率などの制御，特に高屈折率化を行う手法は必ずしも確立されていないのが実情である。

ジルコニア（ZrO_2）は酸化チタン（TiO_2）よりも屈折率の点で劣るが（$n=2.20$），優れた熱的および機械的特性，化学的に不活性などの長所を有する。さらに，吸収端が 248 nm であるため，ハイブリッド化が可能となれば材料の吸収を抑えたまま，すなわちアッベ数を維持したまま屈折率を向上できる可能性がある。Otsuka らはベースポリマーにポリビニルピロリドン（PVP）を用いることで粒子半径 3 nm の ZrO_2 ナノ微粒子をナノ分散させた光透過性の高いハイブリッド薄膜を報告している[15]。PVP のアミド基と ZrO_2 ナノ微粒子表面の水酸基間との水素結合を利用したものである。また，DMF などの非プロトン性極性溶媒を用いる方法[16]やシランカップリング処理を用いる方法[17]も報告されている。また，Imai らはスルホン酸基を導入したポリカーボネート（PC）と 2-エチルヘキシルジフェニルリン酸処理した ZrO_2 ナノ微粒子との複合化について報告している[18]。さらに Ochi ら[19]，Chiang ら[14]，および Schadler ら[20]は，LED 封止材の高屈折率化を目指してエポキシ樹脂と ZrO_2 との複合化について報告している。

著者らは，無機酸化物微粒子の多くは水分散液として得られるという点に着目した。もちろん，この水分散液を高分子中に直接ナノ分散させることは不可能である。また，ナノ微粒子分散液を一度乾燥させ，その粉末を高分子と溶融混練する方法ではナノ分散させることは不可能である（図 2 (a)）。しかし，適切な表面処理剤を用いて高分子と比較的なじみのある有機溶媒中に無機ナノ微粒子をそのままのサイズでナノ分散することができれば，結果として高分子との相溶性が高くなり分散性の向上が期待できるのではないかと考えた。すなわち，水中に分散している無機微粒子をトルエンなどの有機溶媒に凝集することなく相移動させながら同時に表面処理する手法を確立することが，有機・無機ナノハイブリッド化の1つの重要な要素技術であると考えた（図 2 (b)）。

本節では，水中で分散安定している無機ナノ微粒子（ZrO_2）を少量の表面処理剤を用いて水

第3章 感光性材料

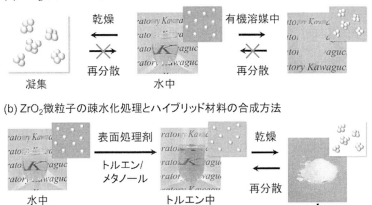

図2 有機・無機ハイブリッド化技術による透明ハイブリッド材料の合成スキーム

と混ざらない疎水性の有機媒体中(例えばトルエン)に1次粒子径を保ったまま相移動と同時に疎水化する方法について述べる[21,22]。また，そのような方法で表面処理された無機ナノ微粒子の性質および高分子中にナノ分散させることによって高い透明性を維持しながら高屈折率なハイブリッドバルク材料を合成する方法について述べる。

3.2 ZrO_2ナノ微粒子の水相からトルエン相への相移動とその場疎水化技術[2,21~25]

図2(b)に検討した表面処理法と透明ハイブリッド材料合成のスキームを示す。図2(a)に示したように，平均微粒子半径約3 nmのZrO_2ナノ微粒子水分散液は見かけ上透明である。これを直接有機溶媒に分散させようとしても激しく凝集が起こり，元のシングルナノオーダーで分散することは極めて困難である。また，ナノZrO_2水分散液を一度凍結乾燥させると1次粒子で再分散することも困難である。これに対して図2(b)に示したように，水分散液に適切な表面処理剤と少量のトルエン，および水およびトルエンの両方に溶解するメタノールを加えた溶液にZrO_2水分散液を加えて均一系にした後，共沸によって水とメタノールを除去する方法を用いると凝集することなく透明なトルエン分散液が得られることが分かった。なお，疎水化したZrO_2ナノ微粒子をトルエン中で動的光散乱測定を行うと，平均微粒子半径4~5 nmとなっており，1次分散していることが確認された。以上の結果より，表面処理剤として酸を用いて水/メタノール共沸溶媒置換法を用いた新規な疎水化処理法は，水相でナノ分散しているZrO_2微粒子をその

ままの粒子径でトルエン中にナノ分散することができる大変興味深い方法であるといえる。表面処理剤には，シランカップリング剤，アルコール，アルデヒド，カルボン酸，アミン，リン酸，スルホン酸，およびエポキシを検討したところ，カルボン酸，リン酸，スルホン酸，およびエポキシを用いた場合には凝集することなく透明なトルエンナノ分散液が得られることが分かった。そこで，様々な分子構造が入手できるカルボン酸およびエポキシについて検討を行った。カルボン酸については，炭素数1から18まで線状，分岐，2重結合を有するカルボン酸について検討をおこなったところ，分岐や2重結合のあるなしにかかわらず炭素数が4以上のカルボン酸を表面処理剤として用いると，トルエン中にナノ分散可能な ZrO_2 微粒子が得られることが分かった[21, 22]。

エポキシの場合，炭素数が12程度のエポキシを表面処理剤として用いると，トルエン中にナノ分散可能な ZrO_2 が得られた。同じ直鎖のカルボン酸と比較してエポキシは高炭素数が必要な理由として，カルボン酸と比較して低沸点であるため，低炭素数のエポキシを表面処理剤として用いるとエバポレーションの際に揮発してしまうためであると考えられる。

表面処理した ZrO_2 トルエンナノ分散液を真空乾燥させ，粉末の状態として得た。表1にラウリル酸（LA）および1, 2-エポキシドデカン（EDD）で表面処理した ZrO_2 粉末の有機溶媒への

表1 カルボン酸およびエポキシ修飾 ZrO_2 ナノ微粒子の再ナノ分散性

溶媒	溶解度パラメータ $(cal/cm^3)^{1/2}$	未修飾 ZrO_2	LA-ZrO_2	EDD-ZrO_2
n-ヘキサン	7.3	×	○	△
ジエチルエーテル	7.4	×	○	△
シクロヘキサン	8.2	×	○	△
トルエン	8.9	×	○	○
酢酸エチル	9.1	×	×	△
THF	9.1	×	○	○
ベンゼン	9.2	×	○	○
スチレン	9.3	×	○	○
クロロホルム	9.3	×	○	○
MMA	9.5	×	○	○
ジクロロメタン	9.7	×	○	○
アセトン	9.9	×	×	×
2-プロパノール	11.5	×	×	×
アセトニトリル	11.9	×	×	×
DMF	12	×	×	×
DMSO	12.0	×	×	×
エタノール	12.7	×	×	×
メタノール	14.5	×	×	×
水	23.4	×	×	×

ZrO_2 含有量 1 wt%
○：ナノ分散，△：分散，×：相分離

第3章 感光性材料

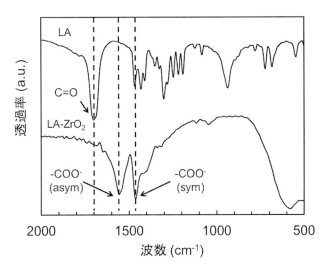

図3 ZrO$_2$（上），ラウリン酸（中央）およびラウリン酸（30 wt%）で表面処理した ZrO$_2$ ナノ微粒子（下）の FT-IR スペクトル

再ナノ分散性試験の結果を示す。一般に，ナノ微粒子を乾燥させると1次粒子径まで分散させることは大変難しい。しかし興味深いことに，表面処理剤が ZrO$_2$ に対して30％と少量にもかかわらず，この疎水化 ZrO$_2$ はトルエン以外にも THF，クロロホルム，ジクロロメタン，St，MMA などの様々な有機溶媒やモノマーに室温下で自発的にナノ分散し，透明な溶液を与えた。

図3に ZrO$_2$ に対して30％のラウリン酸で表面処理した ZrO$_2$ の FT-IR スペクトルを示す。ラウリン酸のカルボキシル基の C=O 結合に由来する 1700 cm^{-1} のピークが大きく減少し，カルボキシレート基に起因するピークが 1554 cm^{-1} と 1467 cm^{-1} 付近に新たな吸収ピークが観察された。一般にフリーのカルボキシレートアニオンの逆対称伸縮振動と対称伸縮振動の振動数差は 150 cm^{-1} 程度である。しかしながら，ZrO$_2$ ナノ微粒子表面上のそれは 87 cm^{-1} と明らかに小さく，2座配位の形でジルコニア表面に結合していると考えられる[26]。

図4に ZrO$_2$ に対して30％の EDD で表面処理した ZrO$_2$ の FT-IR スペクトル，図5には重クロロホルム中 ^{1}H NMR スペクトルの測定結果を示す。FT-IR スペクトル測定においては，エポキシ環に起因する 910 cm^{-1} のピークが消失し，1100 cm^{-1} 付近に新たにブロードなピークが観察された。これは，Zr-O-C 結合に起因するピークであると考えられる[27]。また，^{1}H NMR スペクトルにおいて，FT-IR スペクトルと同様に表面処理後にエポキシ環のプロトンのピーク（2.2～3.0 ppm）が消失していることがわかる。また，興味深いことにエポキシ環に隣接していたメチレンのピークがブロード化していることが明確に観察される。これは，エポキシ環が ZrO$_2$ ナノ微粒子表面と反応し，該当のメチレン基の運動性が低下したことを示唆している。また，ZrO$_2$ ナノ微粒子の分散性について，溶媒置換操作中にはメタノール中にナノ分散可能であったのに対して，完全にトルエンに相移動した後にはメタノールにナノ分散できなくなるとい

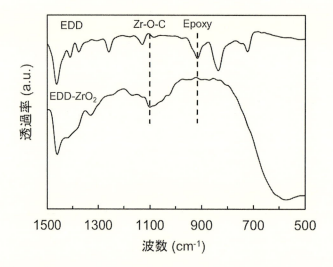

図4 ZrO$_2$（上），エポキシドデカン（中央）およびエポキシドデカン（30 wt%）で表面処理したZrO$_2$ナノ微粒子（下）のFT-IRスペクトル

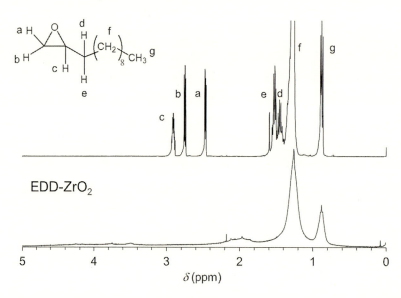

図5 ZrO$_2$（上），エポキシドデカン（中央）およびエポキシドデカン（30 wt%）で表面処理したZrO$_2$ナノ微粒子（下）の重クロロホルム中での^{1}H NMRスペクトル

う様子が観察された。以上のことからエポキシを用いた表面修飾において，現在考察中の反応機構を図6に示す。エポキシ環がZrO$_2$表面の水酸基と反応，生成された2級水酸基が隣接するZrO$_2$表面の水酸基と縮合し，環状構造を形成するものと考えられる。

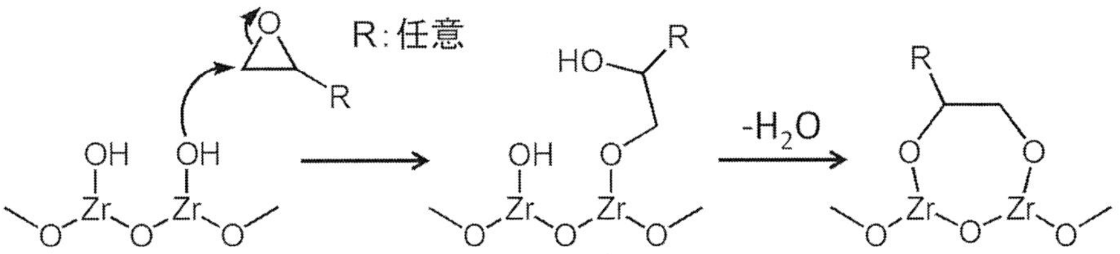

図6 表面処理剤フリーハイブリッド化における ZrO$_2$ ナノ微粒子表面とエポキシとの反応機構

3.3 カルボン酸修飾 ZrO$_2$ ナノ微粒子含有高屈折率透明材料の合成[21, 22]

ビニルポリマーの代表例としてポリスチレン（PSt）とポリメタクリル酸メチル（PMMA）を選択した。疎水化した ZrO$_2$ を所定量の St にナノ分散させ，N$_2$ バブリング後，120℃，48時間，無触媒熱重合を行うことによってハイブリッド化を試みた。ZrO$_2$ 表面の重合性官能基の効果を検討するため，表面処理剤としてヘキサン酸（HA）とメタクリル酸（MA）の二つを用い，ZrO$_2$ に対する表面処理剤の割合を30%と一定にしながら HA と MA 量の重量比を 10：0 から 0：10 へと変化させて疎水化処理を行った。HA と MA の導入率を計算するために固体 ^{13}C CP/MAS NMR 測定を行った。例として HA と MA 量の重量比を 4：6 で疎水化処理した ZrO$_2$ の ^{13}C MAS/NMR スペクトルを図7に示す。ZrO$_2$ 表面との結合部位であるカルボニル炭素が電子密度の違いにより，分離していることがわかる。これらの積分比から HA と MA の導入率を算出した。図8には ^{13}C MAS NMR スペクトルから算出したモル分率および占有面積を HA の仕込みモル分率に対してプロットしたものを示す。ここから HA は比較的定量的に導入されていることがわかる。また，占有面積は MA の重量比の増加に伴い増加することがわかった。これ

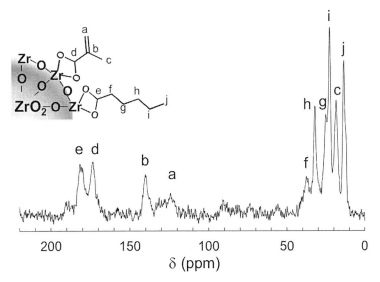

図7 ヘキサン酸とメタクリル酸を重量比 4：6 で共修飾した ZrO$_2$ の ^{13}C CP/MAS NMR スペクトル

元素ブロック材料の創出と応用展開

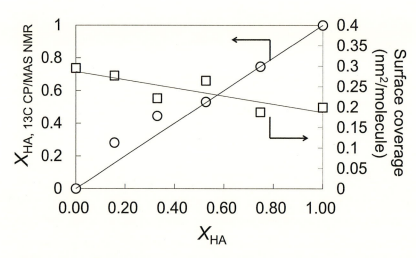

図8 仕込みのヘキサン酸のモル分率 X_{HA} に対する ^{13}C CP/MAS NMR スペクトルのカルボニル炭素における積分比から算出したヘキサン酸のモル導入率（○）および1分子あたりの平均占有面積（□）

図9 ヘキサン酸（HA）とメタクリル酸（MA）の割合を変化させて表面処理を行った ZrO_2 微粒子存在下でスチレンを重合したときに得られるナノハイブリッドの写真：疎水化 ZrO_2 量はスチレンに対して30%，HA＋MA は ZrO_2 に対して30%

は，MA は分岐構造および2重結合の π 共役電子を有するため，直鎖構造の HA に比べて占有面積が大きくなったものと考えられる。

各種重量比で疎水化した ZrO_2 ナノ微粒子を St に対して 30 wt%になるように溶液を調製して直径約1 cm のアンプル管にて(共)重合を行った。重合後に得られた ZrO_2-PS ハイブリッド材

料の外観を図9に示す。ヘキサン酸だけで表面修飾したZrO_2を用いた系（10：0）では，重合前は透明なナノ分散液であったが重合の進行に伴い白濁が生じ，最終的にはマクロ相分離した。しかしながら，スチレンと共重合できるMAを加えて表面処理を行ったZrO_2微粒子を用いた場合にはマクロ相分離が抑制される様子が観察された（9：1と7：3）。さらにMA量を増加させると透明なハイブリッド材料が得られることが分かった（6：4～1：9）。一方，MA酸だけで表面処理を行ったZrO_2の場合（0：10）には重合後は乳白色となった。ここから，ナノ微粒子がモノマー段階においてナノ分散していても，重合に伴うエントロピー低下による熱力学的不安定化は抑えられず，スピノーダル分解によって重合後は相分離を引き起こすこと，また，ZrO_2微粒子に反応性（重合性）官能基を適切量導入することによって相分離および凝集を制御・抑制することができ，光学的に透明なハイブリッドバルク材料を得ることができることがわかった。

HA：MA＝5：5でZrO_2に対して30％で疎水化したZrO_2をStに対して58 wt％，80 wt％と増加させてPStとのハイブリッド化を行ったところ，いずれも透明なバルク材料が得られた。また，モノマーとしてMMAを用いた場合には，1 mm程度のセル内にモノマー混合物を入れ光重合によってハイブリッド化したところ，透明な材料が得られた。

3.4 表面処理剤フリーハイブリッド化

前述したように，エポキシ基を用いてZrO_2ナノ微粒子を表面処理できることがわかった。そこで，代表的な2官能性エポキシモノマーであるビスフェノールAグリシジルエーテル（BADGE）を用いてZrO_2ナノ微粒子を表面修飾した。これを酸無水物硬化剤とリン系硬化促進剤に混合し，1 mm程度のセル内にモノマー混合物を入れ真空脱気後，窒素下100℃で2時間，次いで150℃で3時間，加熱重合を行うことによってハイブリッド化を試みた。特に注視したいのは，本系においてBADGEは表面処理剤とモノマーの両方の役割を果たし，硬化後にはZrO_2ナノ微粒子が「見かけ上」表面処理剤を用いないでエポキシ樹脂中にナノ分散する点である。これを我々は，表面処理剤フリーハイブリッド化手法と呼んでいる。本手法の利点としては，溶媒置換後直接モノマー中に分散させることができること，モノマーに分散する表面処理剤を再設計する必要がなく多くのエポキシ樹脂へのハイブリッド化が可能であること，および第三成分を用いる必要がないためより多くの無機材料を導入できる可能性がありハイブリッド化によるエポキシ樹脂本来の性質の低下を最小限に抑えられることなどが考えられる。実際に，本手法を用いてビスフェノールA型エポキシの他にも，脂環式エポキシ，エポキシ変性シリコーン等の多彩なエポキシ樹脂へZrO_2ナノ微粒子をハイブリッド化させることに成功している。重合後に得られたZrO_2-エポキシハイブリッド材料の外観および超薄切片法により膜厚20 nmで切り出したフィルムのTEM画像を図10に示す。BADGEの添加量は，最終的なハイブリッド材料のZrO_2含有量にあわせて調整した。BAGDEが不揮発性であるために，疎水化後には透明で粘性のあるZrO_2分散液が得られた。この分散液は硬化剤および硬化促進剤に溶解可能であり，透明な分散液を与えた。その後の加熱重合においても透明性を維持でき，透明なエポキシベースのハイブ

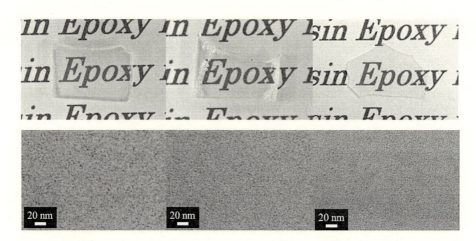

図10 表面処理剤フリーハイブリッド化手法によって調整されたエポキシベースのハイブリッド材料の光学写真およびTEM画像（ZrO_2含有量は左から27.9 wt%，45.1 wt%，および64.9 wt%）

リッド材料を得られた。また，最終のZrO_2含有量が50 wt%を超えたあたりからモノマー混合物の粘性が増加し，真空脱泡することが困難になった。そのため，ZrO_2含有量が60 wt%以上においてはドロップキャスト法を用いてハイブリッド材料を調整した。TEM画像から，ZrO_2微粒子同士の凝集は観察されず，1次粒子のままエポキシ連続相にナノ分散している様子が観察された。また，ZrO_2含有量の増加に伴い充填密度も増加している様子がわかる。これらの粒子間距離を計算すると，22.6 nm，15.3 nm，および4.49 nmといずれも高密度にエポキシ樹脂中に充填されていることが示唆された。

図11には，ZrO_2含有PSt，PMMA，およびエポキシハイブリッド材料の屈折率およびアッベ数をZrO_2の体積分率ϕ_{ZrO2}に対してプロットしたものを示す。全てのハイブリッド材料の屈折率はZrO_2の体積分率の増加とともに直線的に増加している様子が観察できる。疎水化されたZrO_2を80 wt%含んだものはPStよりも0.08だけ屈折率が増加した。また，PMMAの場合には疎水化したZrO_2を80 wt%含んだものは0.13の屈折率の増加が観察された。さらに，表面処理剤フリーハイブリッド化手法を用いたZrO_2含有エポキシハイブリッドの場合にはZrO_2の正味重量が75 wt%において0.23の屈折率の増加が観察された。興味深いことに，屈折率の増加に伴うアッベ数の変化はそれほど顕著ではなかった。

3.5 おわりに

本節では，ZrO_2ナノ微粒子をポリマー中に高濃度でナノ分散した高屈折率光学材料の合成について報告した。ZrO_2水分散液に適切な炭素数のカルボン酸またはエポキシを加えたのち，トルエンに水およびトルエンの両方に溶解する溶媒であるメタノールを加え，共沸によって水とメタノールを除去する方法を用いると凝集することなく透明なトルエン分散液が得られることが分

第3章 感光性材料

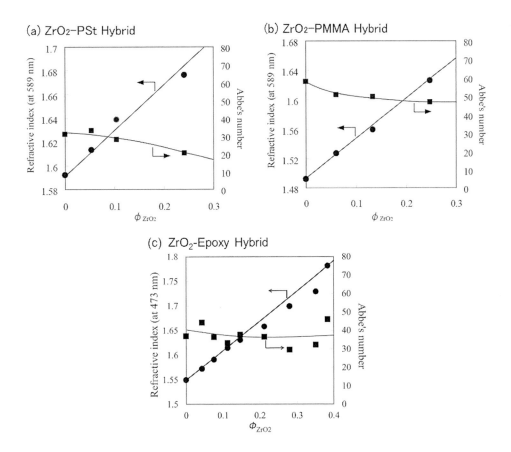

図11 ZrO_2 の体積分率 ϕ_{ZrO2} に対する屈折率とアッベ数の変化 (a) ZrO_2-PSt, (b) ZrO_2-PMMA, (c) ZrO_2-Epoxy

かった。少量の表面処理剤を用いた場合でも，この疎水化処理された ZrO_2 ナノ微粒子は乾燥後も様々な有機溶媒に溶解可能であった。

疎水化処理された ZrO_2 はスチレンやメタクリル酸メチルなど各種ビニルモノマーにも溶解することができるので，高充填しても透明を維持した高屈折率バルク材料が得られことが分かった。さらに，2官能性エポキシをモノマーと表面処理剤の両方として用いた「表面処理剤フリーハイブリッド化手法」について報告した。本手法において，溶媒置換法により ZrO_2 ナノ微粒子の表面処理とエポキシモノマーへの分散を同時に行うことができ，真空乾燥後も透明なモノマー分散液が得られることが分かった。また，硬化後には ZrO_2 ナノ微粒子が「見かけ上」表面処理剤を用いないでエポキシ樹脂中にナノ分散するために，より効率的に ZrO_2 ナノ微粒子をエポキシ樹脂中に導入できることが分かった。

興味深いことに，どのハイブリッド材料においても屈折率の増加に伴うアッベ数の減少は顕著ではなかった。本手法はアッベ数をさほど低下させることなく光学材料の屈折率を増加させる1つの有望な手法として期待される。

謝辞

本研究の一部は日本学術振興会 科学研究費補助金 新学術領域研究「元素ブロック高分子材料の創出」による支援を受け行われました。ここに感謝申し上げます。

文　　献

1) 大林達彦,鈴木亮,望月宏顕,相木康弘, FUJIFILM RESEARCH & DEVELOPMENT, **58**, 48-58 (2013)
2) 榎本航之,菊地守也,川口正剛,"透明ポリマーの材料開発と高性能化" 第2編第6章第3節,シーエムシー出版, 71-81 (2015)
3) H. Kudo, H. Inoue, T. Inagaki, and T. Nishikubo, *Macromolecules*, **42**(4), 1051-1057 (2009)
4) Y. Suzuki, K. Murakami, S. Ando, T. Higashihara, and M. Ueda, *J. Mater. Chem.*, **21**, 15727-15731 (2011)
5) T. Higashihara and M. Ueda, *Macromolecules*, **48**, 1915-1929 (2015)
6) 湯川博 季刊化学総説39 "透明ポリマーの屈折率制御",日本化学会編,学術出版センター, p.195 (1998)
7) 高分子学会編,"超ハイブリッド材料", p.130, エヌ・ティ・エス (2006)
8) 中條善樹監修 "有機-無機ナノハイブリッド材料の新展開",シーエムシー出版 (2009)
9) 高分子学会編 "透明プラスチックの最前線", p.196, エヌ・ティ・エス (2006)
10) 高分子学会編 "高機能透明ポリマー材料", p.92, エヌ・ティ・エス (2012)
11) http://ja.wikipedia.org/wiki/ レイリー散乱
12) C. F. Bohren, D.R. Hu-man, "Absorption and Scattering of Light by Small Partilces, John Wiley & Sons, New York (1983)
13) J. C. Maxwell Garnett, *Phil. Trans. Royal. Soc. A*, **203**, (1904)
14) P. T. Chung, C. T. yang, S. H. Wang, C. W. Chen, A. S.T. Chiang, C.-Y. Liu, *Mater. Chem. Phys.*, **136**, 868 (2012)
15) T. Otsuka, Y. Chujo, *Polym. J.*, **40**, 1157 (2008)
16) T. Otsuka, Y. Chujo, *Polymer*, **50**, 3174 (2009)
17) T. Otsuka, Y. Chujo, *Polym. J.*, **42**, 58 (2010)
18) Y. Imai, A. Terahara, Y. Hakuta, K. Matsui, H. Hayashi, N. Ueno, *Euro. Polym. J.*, **45**, 630 (2009)
19) M. Ochi, D. Nii, M. Harada, *Mater. Chem. Phys.*, **120**, 424 (2011)
20) Peng Tao, Ying Li, Richard W. Siegel, and Linda S. Schadler, *J. APPL. POLYM. SCI.*, **130**, 5, 3785-3793 (2013)
21) 一条祐輔,松本睦,箱崎翔,榎本航之,西辻祥太郎,鳴海敦,川口正剛,ケミカルエンジニアリング, **57**, 60 (2012)

22) Y. Ichijo *et al.*, *Network Polymer*, **34**(4), 185-195 (2013)
23) 川口正剛, "コンポジット材料の混練・コンパウンド技術の分散・界面制御", 技術情報協会, p.760 (2013)
24) S. Hakozaki, K. Enotomo, A. Narumi, S. Kawaguchi, *J. Adhesion. Soc. Jpn.*, **49**, 183 (2013)
25) 榎本航之, 菊地守也, 鳴海敦, 川口正剛, 高分子論文集, **72**, 82-898 (2015)
26) C. Barglik-Chory, U. Schubert, *J. Sol-Gel Sci. Technol.*, **5**, 135 (1995)
27) J. Zhao et al., *J. Non-Cryst. Solids.*, **261**, 15-20 (2000)

第4章　電子・磁性材料

1　カルボランを基盤とする機能性分子材料の展開

伊藤彰浩*

1.1　はじめに

　カルボランとは，多面体構造を有する水素化ホウ素クラスター中のいくつかのホウ素原子を炭素原子に置換した炭素含有ヘテロボランクラスターの総称である[1]。ボランは，一般的に反応性に富み，加水分解に対して熱力学的に不安定であるが，$B_nH_n^{2-}$の組成式をもつ化合物は，速度論的に安定で低反応性であることが知られている。とりわけ，$B_{12}H_{12}^{2-}$は安定であり，正三角形の面のみからなる閉じたデルタ多面体の一つである正二十面体の各頂点位置を12個のホウ素原子が占め，残りの12個の水素原子が二十面体の外側を向き，末端B-H結合を形成したような構造をしている[2]。ボランやその誘導体のクラスター構造をデルタ多面体の骨格形成に携わる電子数と関係づけるウェード則（Wade's rule）[3]によれば，骨格電子の総数が$2n+2$となる$B_nH_n^{2-}$は，閉じたデルタ多面体構造となり，closo（クロソ：ギリシャ語で「閉じた」の意）系に分類される安定なボランクラスター種である[4]。炭素原子の電子数はホウ素原子よりも1つ多いので，CH基はBH⁻基と等電子的である。そこで，ボランのホウ素原子を炭素原子で置換し，もとのボランと等電子なカルボランを（正電荷を一つ増やして）形式的に考えることが可能であり，実際に，$B_{12}H_{12}^{2-}$のホウ素原子が，1個もしくは2個，炭素原子で置換されたものは安定なクラスターとして知られている。このうち，1個炭素原子で置換されたcarba-closo-dodecaborate anion（$[CB_{11}H_{12}]^-$）[5]はモノアニオン種であり，本稿ではモノカルボランと略称する（図1）。一方，2個炭素原子で置換されたdicarba-closo-dodecaborane（$[C_2B_{10}H_{12}]$）は中性種であり，その置換位置（1,2位，1,7位，1,12位）の違いによって3種類の異性体が存在

$[CB_{11}H_{12}]^-$

1,2-isomer

1,7-isomer

1,12-isomer

$C_2B_{10}H_{12}$

図1　モノカルボラン（$[CB_{11}H_{12}]^-$）とo-, m-, p-カルボラン（$[C_2B_{10}H_{12}]$）のクラスター構造
本図を含め以下の諸図では，カルボランクラスターの構造中，炭素原子記号が記載されている以外のクラスター頂点のホウ素原子記号の記載は省く

---

*　Akihiro Ito　京都大学　大学院工学研究科　分子工学専攻　准教授

第4章 電子・磁性材料

する[6]。本稿ではそれぞれ，o-, m-, p-カルボランとそれぞれ略称する（図1）。クラスターを形成する骨格電子はσ結合を介して分子全体に非局在化しており，closo系に代表されるような閉じた形のカルボランクラスターに見られるσ共役に基づく電子的安定性を「三次元芳香族性」と呼ぶこともある[7]。

興味深い分子構造や電子状態を示す安定クラスター類がこれまでに種々合成されてきたカルボランは，医学的応用[8]なども検討されている興味深い無機クラスターである。またモノカルボランやo-, m-, p-カルボランを種々化学修飾すれば，レドックス反応により安定なラジカル種を発生し，スピン源として利用できるほかに，クラスター表面に拡がるσ共役を利用して，結合しているπ電子系有機分子ユニット間を結び，拡張共役系へと展開できる可能性も秘めており，興味深い「元素ブロック」[9]の創出につながるものと考えられる。しかし，カルボランクラスターの有するσ共役系と有機π共役系との間の共役の拡張により，電荷輸送分子材料，磁性分子材料，発光性分子材料への展開を図った例はそれほど多くはない。したがって，π共役系有機分子ユニットとカルボランからなる新規な有機・無機ハイブリッド型「元素ブロック」を新たに分子設計するとともに，それらの電子構造・電子状態を解明することで，従来にない機能性分子材料を開発することが可能になると考えられる。本稿では，カルボランを基盤とする磁性分子材料・発光性分子材料の開発に繋がる種々の研究例について紹介する。

1.2 磁性材料への応用

カルボランを磁性材料として活用する際には，スピン源としての利用と磁性カップリングユニットとしての利用の2方向からのアプローチの仕方があると考えられる。前者のアプローチとしては，カルボランクラスターを構成する糊の役目を担うσ共役電子系から1電子の授受を通じて生成するラジカル種をスピン源化しようとするものである。例えば，図2(a)に示すように，モノカルボランの全ての頂点をメチル化したアニオン種[10]の化学酸化によって安定中性ラジカルが生じることが報告されている[11]。この中性ラジカルは，酸化耐性のある無極性溶媒（ペンタンや四塩化炭素など）に溶解して濃青色を呈する。クラスター骨格上に生成した非局在化ラジカル中心がメチル基の傘で守られることによって，このラジカルは速度論的に安定化されていると考えられるが，母体のモノカルボランの酸化電位（+1.16 V（フェロセン基準））が高いために強力な1電子還元剤であるとも考えられ，磁性材料への応用の観点からは酸化電位の低い誘導体の開発が望まれる。このラジカル種は骨格電子の総数が $2n+1$ となる系であるが，他方，図2(b)に示すように，12頂点モノカルボランに炭素原子を余分に1つ加えて13頂点としたcloso系中性カルボランクラスターを還元することにより生成する骨格電子の総数が $2n+3$ のラジカルアニオン種も単離されている[12]。カウンターカチオンが必要となるが，こうしたカルボランアニオンラジカル種も磁性材料のスピン源として考慮し得る。さらに，カルボランの有するσ共役電子系をクラスター表面の外部へ拡張した形で安定なラジカル種を得ようとする試みもあり，図2(c)に示すように，モノカルボランにトリアゾール環を縮環させ，残りの頂点をすべ

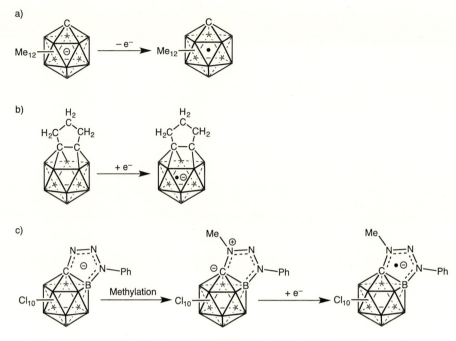

図2 (a) メチル化モノカルボラン中性ラジカルの生成；(b) 13頂点を有するカルボランのラジカルアニオンの生成；(c) トリアゾール縮環モノカルボランのラジカルアニオンの生成

て塩素置換したアニオン種が最近報告されている[13]。この化合物はそれ自体では不可逆なレドックス特性しか示さないが，トリアゾール環上の窒素原子をメチル化することによって双性イオン型の中性種に変換される。このメチル化体は可逆な還元波を示し，化学還元によって単離可能なラジカルアニオン種が生じることが報告されている。スピン中心はトリアゾール環上に局在しており，カルボランの σ 共役電子系とトリアゾール部位の π 共役電子系からなる拡張共役系となっていることが，このラジカル種の安定性の一因と考えられている。

以上は，スピン源としてのカルボランのラジカル種の生成に関するものであったが，これらのラジカル種を複数有するポリラジカル分子系の分子内磁気的相互作用の発現に関する試みも始まっている。Michl らは，図2 (a) の中性ラジカル種を π 共役系リンカーで結んでできるジラジカル種（図3）の発生について報告している[14]。しかしながら，スピン三重項状態を示す明確な証拠は得られていない。量子化学計算からは，高スピン状態を予測する結果が得られており[15]今後の実験的な検証に期待したい。一方，Fox らは電気化学測定の結果，o-カルボランの2つの炭素原子頂点にフェニル基を導入した誘導体分子 **1**（図4 (a)）が2段階の1電子還元過程を示すことから，クラスター骨格電子の総数が $2n+3$ の安定なラジカルアニオン種を発生できることを示した[16]。さらに，量子化学計算の結果（B3LYP/6-31G*），o-カルボランクラスター中のC-C 結合距離は 2.39 Å まで伸長して実質的に結合が切れることを指摘している。この結合の伸長は，中性状態の LUMO が C-C 結合間で反結合性であることからも推察される。さらに Fox

第4章 電子・磁性材料

らは,分子**1**をパラフェニレンおよびメタフェニレンで結合した,いわゆるo-カルボランダイマー**2**と**3**(図4(a))を合成し,その還元体の電子構造ならびに分子構造について調べた[17]。その結果,分子**3**は4段階の1電子還元過程を示す一方,分子**2**は2段階の2電子還元過程を示すことがわかった。分子**2**のジアニオン種は単離可能なほど安定であり,X線構造解析の結果,2つのo-カルボラン部分のC-C結合距離が,分子**1**のアニオン種と同程度伸長していること,さらにはパラフェニレン部分もセミキノイド構造と見なせることがわかり,図4(b)に示したように,2つのo-カルボラン部分の骨格電子の総数が$2n+3$のアニオン種に近い構造をとり,分子全体に電荷が非局在化するために,ジアニオン種は安定であることが明らかとなってい

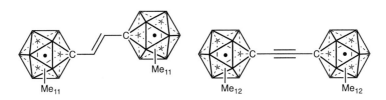

図3 ジラジカルカルボランダイマー

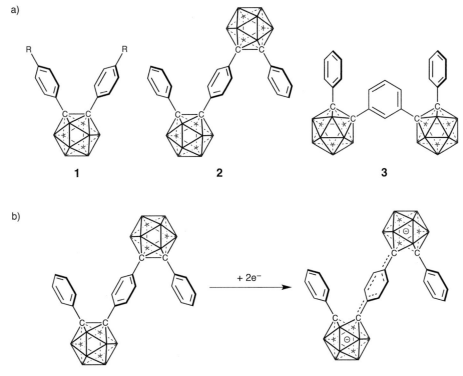

図4 (a) ジフェニルo-カルボラン分子**1**とそのダイマー分子**2**と**3**;(b) 分子**2**の2電子還元によって生じる安定ジアニオン種の構造

る。分子 **2** のジアニオン種は閉殻電子構造であったのに対して，分子 **3** のジアニオン種はジラジカルであることが期待されるが，ジアニオン種は不安定でであり，スピン状態についての知見については残念ながら不明となっている。

　最後に，カルボランを磁性カップリングユニットとして用いるアプローチは，カルボランクラスターの有する σ 共役電子系の共役拡張の可能性とも密接に関係して興味深い。阿部らは o-カルボランに 2 つのフェニルニトロニルニトロキシドラジカル中心を導入して，分子内および分子間の磁気的相互作用について調べている[18]。結果として，ラジカル中心間およびジラジカル分子間には弱い反強磁性的相互作用が働いていることが報告されている。この弱い磁気的相互作用は，スピン中心がカルボラン中心から遠いことや，カルボランの σ 共役系との有効な共役が確保されていないことが原因として考えられるが，こちらも研究例が限られており今後の展開が待たれる。

1.3　発光材料への応用

　前項ではカルボランの磁性材料への応用について述べた。これに対して，カルボランの発光材料への応用に関しては，すでに多くの研究が実施されており，中でも原料の入手が容易で，合成手法の確立している o-カルボラン誘導体に集中している。この o-カルボランの 2 つの炭素原子頂点には，様々な π 共役系分子ユニットを導入することが可能であるが，一般的にこれらの o-カルボラン誘導体は希薄溶液中では発光しない。これは，o-カルボランにおいて特徴的なクラスター中の C-C 結合の存在に起因すると考えられるが，その無輻射失活の機構については必ずしも明らかにされていない。しかしながら，凝集状態や低温状態では発光することがわかっている。とりわけ，中條らは，o-カルボラン誘導体（図 4（a）；化合物 **1**）の凝集誘起発光（Aggregation-Induced Emission；AIE）現象についていち早く報告し，導入する置換基の電子ドナー性やアクセプター性の違いによって発色チューニングすることが可能であることを明らかにした[19]。この発光現象は，置換した π 共役系分子ユニットと o-カルボランの間の電荷移動型励起状態からの発光であると理解されているが，ナフチル基などの嵩高い置換基を導入すると，導入した 2 つの π 共役系分子ユニット間のエキシマー発光も同時に観測されることが報告されており[20]，o-カルボランの 2 つの炭素原子頂点が隣り合っている特徴を活用した発光材料開発が進められている。

　π 共役系有機分子ユニットとカルボランからなる有機・無機ハイブリッド単位を「元素ブロック」と考え，発光性高分子材料の開発に向けた展開も，中條らにより進められており，パラフェニレン-エチニレン単位と m-カルボラン部位を繰り返し単位とする共役系高分子材料（図 5）では，高分子鎖上にわたる共役系の拡張が達成され，o-カルボラン特有の無輻射遷移も起こらないことから，この高分子材料は溶液中で強い青色発光を呈することが明らかとなっている[21]。

　一方，最近，森崎・中條らは，前項で述べた図 4（a）の化合物 **2** の類縁体である 9,10-アントラセニレン連結 o-カルボランダイマー **4**（図 6（a））を合成し，結晶溶媒分子を含む結晶試料

第4章 電子・磁性材料

において非常に興味深い発光・マルチクロミズム現象が起きることを報告している[22]。分子**4**は希薄THF溶液中ではほとんど発光しないが,THF/H_2O（v/v = 1/99）中で凝集誘起発光（AIE）を示す。さらに，結晶溶媒として，塩化メチレン，クロロホルム，ベンゼンをそれぞれ含む結晶試料3種はいずれも，結晶状態で発光する（結晶化誘起発光；Crystallization-Induced Emission；CIE）とともに，X線構造解析の結果，分子**4**は結晶中でアントラセン部位がバタフライ型に折れ曲がった構造（図6（b））をしており，2分子がπ積層ダイマー化していることに原因があることを明らかにしている。さらに結晶試料を加熱もしくは磨り潰すことにより，結晶溶媒が抜けてアモルファス化し，発光性を失う（凝集誘起消光；Aggregation-Induced Quenching；AIQ）こともわかった。さらに驚くべきことに，これら3種の溶媒分子の結晶からの出し入れは相互に可逆的に行えることもわかり，AIE，CIE，AIQ現象とともに，サーモクロミズム・ベイポクロミズム・メカノクロミズムをも示す刺激応答性固体発光材料であることが明らかとなっている。

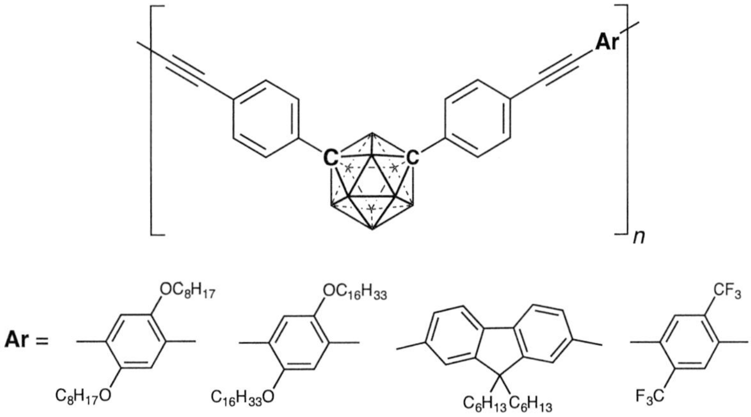

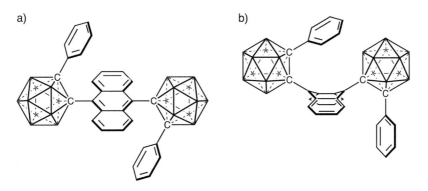

図5 発光性 *m*-カルボラン含有共役高分子

図6 (a) 9,10-アントラセニレン連結 *o*-カルボランダイマー**4**と (b) 結晶中での分子**4**の構造

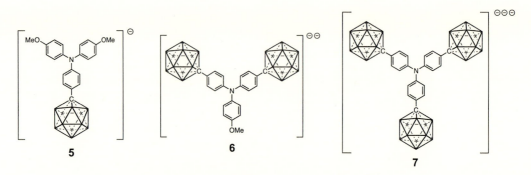

図7 モノカルボラン置換トリフェニルアミン分子 5～7

　最後に，我々の研究グループで最近行っているカルボランを用いた新しい発光性分子材料の開発に関して紹介する。トリフェニルアミンとそのオリゴマー類は，有機LEDデバイスのホール輸送材料として利用されるものの，発光材料として利用されることはまずない。実際にトリアニシルアミン（TAA）の蛍光量子収率（Φ_{PL}）を測定すると，塩化メチレン中で，わずかに0.01であり，本質的に無発光性の化合物であることがわかる[23]。この理由として，HOMO-LUMO遷移に相当する吸収帯が本質的に禁制遷移であることと[24]，振動緩和と $S_1 \rightarrow S_0$ の内部転換の無輻射過程が優勢であるためと考えられる。一方，モノカルボランも本質的に無発光性の無機クラスターアニオンである。我々は，これら無発光性の π 共役性有機分子ユニットと σ 共役性無機クラスターユニットを組み合わせることによってできる有機・無機ハイブリッド分子において，通常のカルボラン誘導体におけるCT性の発光以外の機序で発光する分子の開発に成功した。モノカルボランの炭素原子頂点でのクロスカップリング反応が最近内山らにより開発され，モノカルボランへの π 共役性有機分子ユニットの導入が容易になった[25]。この反応を利用してトリフェニルアミンの末端にモノカルボランを置換した化合物（分子 5～7；図7）の合成を行った。これらの分子は，HOMO の分布がカルボラン置換基上へ非局在化している点を除き，トリフェニルアミンと全く同じ電子構造をしている。しかしながら発光特性を評価すると，分子 5 から分子 7 まで塩化メチレン溶液中で緑色から青色の発光が認められた［分子 5：Φ_{PL} = 0.11；分子 6：Φ_{PL} = 0.14；分子 7：Φ_{PL} = 0.16][24]。さらに，これらの発光は母骨格のトリフェニルアミン中心からの発光であることを振電相互作用解析から明らかにした[26]。つまり，フェニル基末端へカルボランを導入することによって無発光性のトリフェニルアミンに発光特性を付与できることがわかった。発光過程をさらに促進させるためには，遷移双極子モーメントの増大を目指した分子設計も合わせて行う必要がある。

第4章 電子・磁性材料

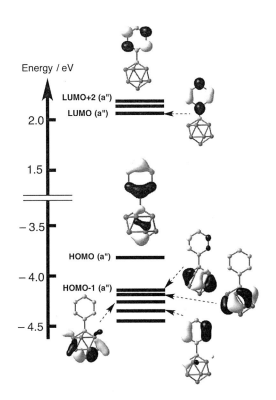

図8 1-Phenyl-carba-*closo*-dodecaborate anion
（C_s 対称）のフロンティア軌道と準位図（B3LYP/6-31＋G*）

1.4 おわりに

　本稿では，カルボランを基盤とする「元素ブロック」機能性分子材料の展開について述べた。発光性分子材料の項の最後に紹介した新規な発光性トリフェニルアミンの分子設計の例に見られるとおり，カルボランのσ共役電子系とπ共役電子系からなる拡張共役系の実現が機能発現にとって極めて重要なポイントであることを強調しておきたい。例えば，モノカルボランにフェニル基を導入した誘導体のDFT計算の結果からも推察されるように（図8），HOMOの分布をみると，フェニル基のみならずカルボラン部位にまで拡がっていることがわかる。他方，LUMOにおいてはフェニル基上に局在した分布をしており，この事実が分子 **5〜7** の発光特性発現の原因となっている[26]。このように，導入するπ共役性ユニットとカルボランのフロンティア軌道のマッチングが，含カルボラン分子材料のσ共役の拡張，ひいては機能創出にとって肝要である。この点は最近の内山らによるモノカルボラン誘導体におけるσ芳香族性とπ芳香族性の間の共役についての研究にも示されているとおりである[27]。

文　　献

1) R. N. Grimes, *Carboranes*, 2nd ed., Academic Press（2011）
2) I. B. Sivaev, V. I. Bregadze, S. Sjöberg, *Collect. Czech. Chem. Commun.*, **67**, 679（2002）
3) K. Wade, *Adv. Inorg. Chem. Radiochem.*, **18**, 1（1976）
4) R. W. Rudolph, *Acc. Chem. Res.*, **9**, 446（1976）
5) (a) S. Körbe, P. J. Schreiber, J. Michl, *Chem. Rev.*, **106**, 5208（2006）(b) C. Douvris, J. Michl, *Chem. Rev.*, **113**, PR179（2013）；文献（a）のアップデート版
6) V. I. Bregadze, *Chem. Rev.*, **92**, 209（1992）
7) R. B. King, *Chem. Rev.*, **101**, 1119（2001）
8) (a) I. B. Sivaev, V. I. Bregadze, *Eur. J. Inorg. Chem.*, **2009**, 1433（2009）(b) F. Issa, M. Kassiou, L. M. Rendina, *Chem. Rev.*, **111**, 5701（2011）(c) M. Scholz, E. Hey-Hawkins, *Chem. Rev.*, **111**, 7035（2011）
9) (a) Y. Chujo, K. Tanaka, *Bull. Chem. Soc. Jpn.*, **88**, 633（2015）(b)「元素ブロック高分子－有機・無機ハイブリッド材料の新概念－」中條善樹監修, シーエムシー出版（2015）
10) B. T. King, Z. Janoušek, B. Grüner, M. Trammell, B. C. Noll, J. Michl, *J. Am. Chem. Soc.*, **118**, 3313（1996）
11) B. T. King, B. C. Noll, A. J. McKinley, J. Michl, *J. Am. Chem. Soc.*, **118**, 10902（1996）
12) X. Fu, H.-S. Chan, Z. Xie, *J. Am. Chem. Soc.*, **129**, 8964（2007）
13) M. Asay, C. E. Kefalidis, J. Estrada, D. S. Weinberger, J. Wright, C. E. Moore, A. L. Rheingold, L. Maron, V. Lavallo, *Angew. Chem. Int. Ed.*, **52**, 11560（2013）
14) L. Eriksson, K. Vyakaranam, J. Ludvík, J. Michl, *J. Org. Chem.*, **72**, 2351（2007）
15) J. M. Oliva, L. Serrano-Andrés, Z. Havlas, J. Michl, *THEOCHEM*, **912**, 13（2009）
16) M. A. Fox, C. Nervi, A. Crivello, P. J. Low, *Chem. Commun.*, **2007**, 2372（2007）
17) J. Kahlert, H.-G. Stammler, B. Neumann, R. A. Harder, L. Weber, M. A. Fox, *Angew. Chem. Int. Ed.*, **53**, 3702（2014）
18) F. Iwahori, Y. Nishikawa, K. Mori, M. Yamashita, J. Abe, *Dalton Trans*, **2006**, 473（2006）
19) K. Kokado, Y. Chujo, *J. Org. Chem.*, **76**, 316（2011）
20) K.-R. Wee, Y.-J. Cho, J. K. Song, S. O. Kang, *Angew. Chem. Int. Ed.*, **52**, 9682（2013）
21) K. Kokado, Y. Tokoro, Y. Chujo, *Macromolecules*, **42**, 2925（2009）
22) H. Naito, Y. Morisaki, Y. Chujo, *Angew. Chem. Int. Ed.*, **54**, 5084（2015）
23) C. Quinton, V. Alain-Rizzo, C. Dumas-Verdes, F. Miomandre, G. Clavier, P. Audebert, *RSC Adv.*, **4**, 34332（2014）
24) M. Uebe, A.Ito, Y. Kameoka, T. Sato, K. Tanaka, *Chem. Phys. Lett.*, **633**, 190（2015）
25) J. Kanazawa, R. Takita, A. Jankowiak, S. Fujii, H. Kagechika, D. Hashizume, K. Shudo, P. Kaszynski, M. Uchiyama, *Angew. Chem. Int. Ed.*, **52**, 8017（2013）
26) Y. Kameoka, M. Uebe, A.Ito, T. Sato, K. Tanaka, *Chem. Phys. Lett.*, **615**, 44（2014）
27) M. Otsuka, R. Takita, J. Kanazawa, K. Miyamoto, A. Muranaka, M. Uchiyama, *J. Am. Chem. Soc.*, **137**, 15082（2015）

2 金属および無機半導体系元素ブロックを用いた光・電子材料

渡辺 明*

2.1 はじめに

自然界には有機材料・無機材料を問わず様々な階層構造が存在し,その形状が機能発現において重要な役割を担っている。階層構造とは,各階を下層から上層へと順に積み重ねて全体を構成しているような構造で,ツリー構造あるいは分岐パターンなどがそれにあたる。自然界の様々な物質においては,各微小部分の形状が全体の形状と相似形になっているような,自己相似性を持つ階層的フラクタルパターンが多く見られる。元素ブロックをビルディングブロックとして機能材料を構築していく場合にも,それらの界面や階層構造の制御が重要となってくる。代表的な元素ブロックとしては,POSS(polyhedral oligomeric silsesquioxane,多面体オリゴメリックシルセスキオキサン)が挙げられる[1]。POSS は Si-O-Si 結合からなるケージ構造を有する化合物群であり,ナノメートルサイズの無機ケージ構造が有機化合物で修飾された化学構造を有している。POSS のサイコロ状のケージ構造は,それらを積み木のように組み合わせた様々な階層構造形成の期待を抱かせてくれる。本稿では,POSS の形成する階層構造を鋳型とした金属ナノ粒子系元素ブロックの構造制御による表面増強ラマン散乱(SERS, Surface Enhanced Raman Scattering)センサーをはじめとして,準安定状態での速度論支配で形成される種々の階層構造を有した金属および無機半導体系元素ブロックの光・電子材料への応用に関して述べる。

2.2 POSS-金属ナノ粒子ハイブリッド系における階層構造形成と SERS センサーへの応用

POSS は対称性の高い構造を有していることから,種々のマトリックス中で会合体を形成する[2,3]。我々は,POSS と金属ナノ粒子のハイブリッドが形成する種々の階層構造に関してこれまでに報告してきている[4,5]。図1には,octavinyl POSS(OV-POSS)と銀(Ag)ナノ粒子(平均粒径 4 nm)とのハイブリッド膜の光学顕微鏡写真(図 1a)および 3D カラーレーザー顕

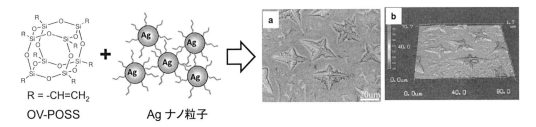

図1 OV-POSS と Ag ナノ粒子とのハイブリッド膜の光学顕微鏡写真(a)および 3D カラーレーザー顕微鏡像(b)

---

* Akira Watanabe 東北大学 多元物質科学研究所 准教授

微鏡像（図1b）を示したが，クロススター状の特異な表面テキスチャの形成が観察されている[5]。図1に示されるように，それらの構造はサイズの大小にかかわらずクロススター状の自己相似性パターンとなっている。このような階層構造（HS, Hierarchical Structure）形成においては，製膜条件の影響が顕著に表れた。OV-POSS-Agナノ粒子の混合溶液（トルエン溶媒）からスピンコート法より製膜を行った場合，製膜初期に加速時間（0 rpmから線形的に定速回転になるまでの時間，5 s設定）をとった場合には，定速となった後の回転速度が1000 rpmと3000 rpmとでほぼ同じサイズおよび形状のクロススター状構造が形成された（図2aおよびb）。これに対して，加速時間をとらずに初期から1000 rpmおよび3000 rpmの回転数でスピンコート製膜した場合には，図2cおよびdにそれぞれ示されるように，同じクロススター状の構造でありながらもサイズの違いが顕著に現れた。以上の結果は，クロススター状構造の成長が製膜初期の溶媒蒸発速度に支配されることを示唆している。図3には，OV-POSS-Agナノ粒子混合溶液の組成比を変えた場合の構造変化を示した[5]。図3の左列は，スピンコート製膜後の光学顕微鏡写真で，それぞれのAgナノ粒子重量パーセント濃度は，62.5，12.5，6.25，および2.50 wt%となっている。図3の右列は，250℃，30分間空気中で熱処理した後のSEM（Scanning Electron Microscope, 走査型電子顕微鏡）像である。Agナノ粒子が増えるほど，クロススター状構造の分岐が増加し，逆にAgナノ粒子が減るほど分岐がなくなり，POSS結晶本来の単斜晶形に近づくことが示された。これらの結果からは，POSSの結晶化がPOSSの結晶面上のAgナ

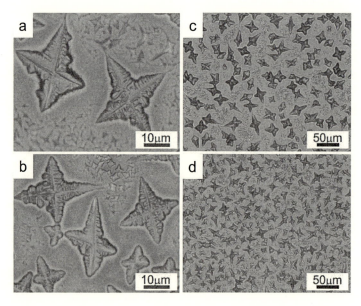

図2 OV-POSS-Agナノ粒子ハイブリッド膜のクロススター状構造形成におけるスピンコート条件の影響
(a) 0 rpm → 1000 rpm（5 s）→ 1000 rpm（30 s），(b) 0 rpm → 3000 rpm（5 s）→ 3000 rpm（30 s），(c) 1000 rpm（30 s），(d) 3000 rpm（30 s）

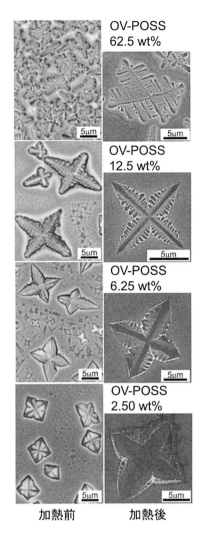

図3 OV-POSS-Agナノ粒子ハイブリッド膜のクロススター状構造形成におけるOV-POSS濃度依存性
左列：加熱前の光学顕微鏡写真，右列：250℃，30 min，空気中熱処理後のSEM像

ノ粒子により阻害されることによって分岐構造が形成されるといった，速度論支配によるPOSSの自己組織化が起こっていることが示唆された。このようなOV-POSS-Agナノ粒子ハイブリッド膜を加熱処理すると，POSSが昇華除去され，POSSの特異なクロススター状の結晶構造を鋳型としたAg階層構造の形成が起こることがSEM観察から示された。

Agナノ粒子とのハイブリッド化による分岐構造の形成においては，POSSの有機置換基の影響も顕著に現れた。図4には，対称構造のOV-POSSとは異なり，非対称に異なる有機置換がついた構造のAHI-POSS（Allyl-Heptaisobutyl-POSS）を用いたスピンコート製膜（1000 rpm）によって形成されるAHI-POSS-Agナノ粒子膜の表面的テキスチャの光学顕微鏡写真を示し

た。対称構造のPOSSとは異なり，大きく湾曲した分岐構造の形成が観測された。これはPOSS構造の対称性の低下によって，Agナノ粒子による結晶化の速度論的な阻害がより顕著になるためであると考えられる。

OV-POSS結晶の分岐構造を鋳型として熱処理により形成したAg階層構造（AgHS）膜のSEM像を図5に示したが，マクロポアとマイクロポアが共存したような多孔質構造となっている[4]。このようなAg膜を用いた表面増強ラマン散乱（SERS, Surface Enhanced Raman Scattering）センサーに関する検討を行った。表面増強ラマン散乱とは，数十nmサイズの銀などのナノ構造体の表面に吸着した分子のラマン散乱強度が著しく増大する現象で，通常10^3〜10^6倍のラマン散乱強度の増大が起こる。OV-POSS-Agナノ粒子ハイブリッド膜の場合には，熱処理後も図5に示すようなAgナノ粒子の多孔質構造が保持され，さらにテープテストによってガラス基板との高い密着性が示されたことから，SERSセンサー基板としての応用の可能性を検討した。SERSのプローブ分子としては，p-アミノチオフェノール（PATP）[6]を用いた。図6には，PATPの100 mMエタノール溶液をドロップキャストしたガラス基板と，1 μMエタノール溶液をドロップキャストしたAgHS膜のラマンスペクトルを示した。濃度で規格化して比較

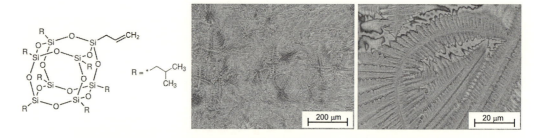

図4　非対称構造を有するAHI-POSSとAgナノ粒子とのハイブリッド膜が形成する階層構造（AHI-POSS　wt%，スピンコート製膜　1000 rpm, 30 s）

図5　OV-POSS-Agナノ粒子ハイブリッド膜の250℃，30 min，空気中熱処理後で形成したAgHSのSEM像

した場合には,約 10^6 倍のラマン散乱強度の増大が観測された。このようなラマン散乱強度の増大は,熱処理後にも存在する Ag ナノ粒子会合体の界面近傍で起こると考えられる。AgHS 膜の各部位における顕微ラマンスペクトルの比較を図 7 に示した。SERS 測定用のサンプルは,2 mM PATP エタノール溶液に基板を 12 時間浸漬した後に,エタノールで洗浄および乾燥することによって調整した。図 7 には POSS とのハイブリッドを形成せずに Ag ナノ粒子のみの熱処理膜を PATP 溶液に浸漬して調製した試料のラマンスペクトル(control)を対照実験結果として示したが,AgHS 膜はそれに比べて大きなラマン散乱強度の増大を示した。また,図 7 では Ag 階層構造が形成された領域(1-5)と形成の無い領域(6)との比較を示したが,階層構造

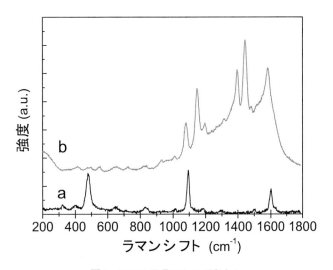

図 6 PATP のラマンスペクトル
(a) PATP 100 mM エタノール溶液をガラス基板にドロップキャスト,(b) 1 μM エタノール溶液を AgHS 膜にドロップキャスト

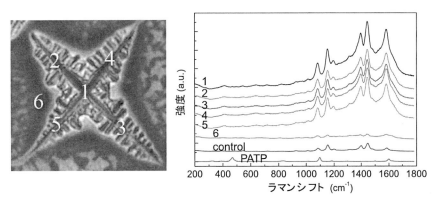

図 7 PATP 吸着 AgHS 膜の各部位における顕微ラマンスペクトル
参照試料(control):PATP 吸着 Ag ナノ粒子熱処理膜,PATP:粉末試料

が形成された部位における SERS 効果の増大が観測された。AgHS からなる SERS センサー基板を用いることによって，超高感度検出の可能性を検討した。図 8 には 100 mM および 1 nM PATP エタノール溶液に基板を浸漬して調整した PATP 吸着 AgHS 基板のラマン散乱スペクトルを示したが，ナノモル濃度レベルの検出が可能であった。

このような AgHS 基板の応用の一つとして，果物の表皮に付着した化学物質の高感度検出に関する検討を行った。実験においては，図 9 に示すような治具を用いた測定を行った。穴あきの透明アクリル板に AgHS 基板を取り付け，これをアルミニウム製の治具で押さえつけることにより，あらかじめ PATP エタノール溶液をドロップキャストして汚染しておいたりんごの表皮に密着させた。これを，顕微ラマン分光光度計の超長作動対物レンズ下に設置することにより，ラマンスペクトルの測定を行った。図 10 には，AgHS 基板の有無によるラマン散乱スペク

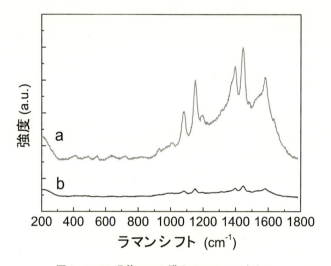

図 8　PATP 吸着 AgHS 膜の SERS スペクトル
（a）100 mM PATP エタノール溶液浸漬，（b）1 nM PATP エタノール溶液浸漬

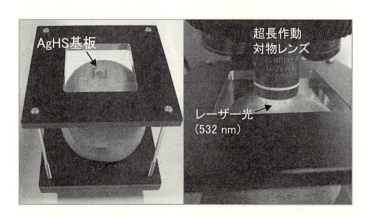

図 9　AgHS 膜を用いた SERS スペクトルによる果物表皮の化学汚染検出用の治具

第 4 章　電子・磁性材料

トルを比較して示した。AgHS 基板との密着がない場合（図 10a）には，シグナルがまったく観測されなかったのに対して，AgHS 基板と密着させた測定（図 10b）においては，PATP の SERS スペクトルを高感度で測定することができた。AgHS 基板センサーによって高感度にラマン散乱を測定できることから，リアルタイムで化学汚染の状態を観察することも可能であった。図 11 には，冷却型 CCD カメラで観察した光学顕微鏡像（図 11a と）SERS の 2 次元イメージ（図 11b）を比較して示した。顕微ラマン分光光度計で観測されたのと同様に，クロススター型の構造が形成されている部位で高いラマン散乱強度が示された。上記の AgHS 基板調整のための熱処理においては，電気炉加熱を用いたが，OV-POSS-Ag ナノ粒子ハイブリッド膜に，レーザー光照射によるレーザーシンタリング法を適用することによって，AgHS センサーマトリック

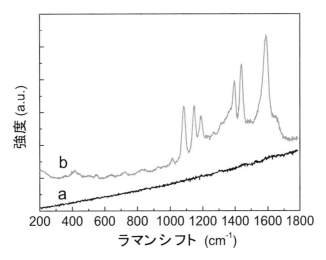

図 10　りんご表皮に付着した PATP のラマンスペクトル
（a）AgHS 膜無し，（b）AgHS 膜との密着有り

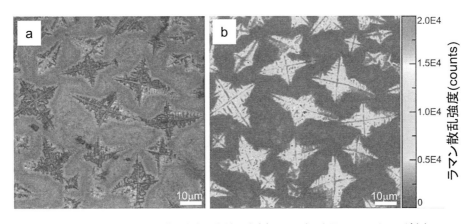

図 11　PATP 吸着 AgHS 膜の光学顕微鏡写真(a) および 2 次元 SERS イメージ(b)

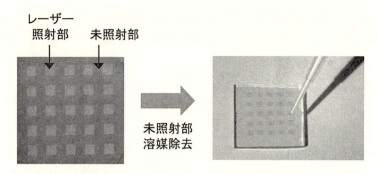

図12 レーザー直接描画法によって形成した5×5 AgHS SERS センサーマトリックス基板

ス基板を形成することができる。図12には位置選択的なレーザーシンタリングで形成した5×5 AgHS SERS センサーマトリックス基板を示した。1064 nm の CW（連続波）DPSS（Diode Pumped Solid State）レーザーを用いた直接描画法[7]によって2×2 mm サイズの AgHS パターンをタテ5×ヨコ5のマトリックス状に形成している。レーザー直接描画後に、未照射部を n-ヘキサン溶媒で除去することによって、図12の右側に示すような AgHS SERS センサーマトリックス基板を得た。

2.3 酸化チタンのミスト堆積による特異な表面テキスチャ形成

前節で述べたように、POSS-金属ナノ粒子ハイブリッド系における階層構造形成は、速度論支配の自己組織化現象によって誘起された。このような速度論支配による特異な階層構造形成は、さまざまな元素ブロック材料において見ることができる。ここでは、酸化チタンナノ粒子を用いたミスト堆積法による製膜における表面テキスチャ形成について述べる[8,9]。

ミスト堆積法の実験系を模式的に図13に示した。超音波振動子で形成した酸化チタンナノ粒子（平均粒径10 nm, アナターゼ型）分散水溶液のミストを、窒素をキャリアガスとしてホットプレート上の基板に吹き付けることによって製膜を行っている。超音波振動子の周波数は2.5 MHz で、この場合に形成されるミストの径は約2.5 μm となる。このような酸化チタンナノ粒子を含む液滴が基板に着弾した後の挙動を模式的に図14に示した。着弾したミスト液滴は、基板上の濡れ性によって円盤状に広がろうとする。このとき円盤状に広がった液滴の縁の部分からの水溶液の蒸発よって、円盤状の液滴の中心部から外側への物質拡散が起こり、酸化チタンナノ粒子は円盤状液滴の中心部から縁に向かって運ばれる。円盤状の液滴の縁の部分では酸化チタンナノ粒子の濃度が高くなることによってナノ粒子の会合と沈着が起こり、基板との相互作用が生じる。このような機構によって、酸化チタンナノ粒子はリング状構造を形成すると考えられる。ミスト堆積法で形成される酸化チタンのリング状構造の SEM 像を図15に示した[9]。図15a に示されるような多重リング構造は、円盤状液滴の縁の部分での酸化チタンナノ粒子濃度の上昇にともなう会合体形成と基板表面への沈着、水溶液の蒸発に伴う円盤状液滴サイズの縮小と縁の部

第4章　電子・磁性材料

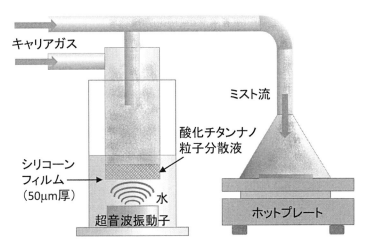

図13　酸化チタンナノ粒子を用いたミスト堆積装置

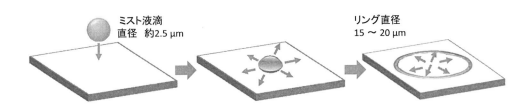

図14　酸化チタンナノ粒子含有ミスト液滴の基板上への着弾によるリング状構造の形成

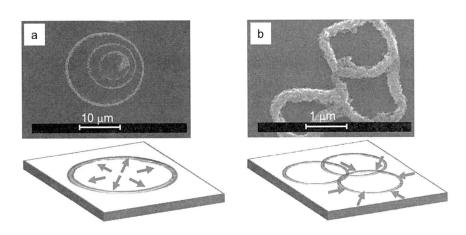

図15　酸化チタン含有ミスト堆積によるリング構造形成に及ぼす濃度依存性
酸化チタン濃度：(a) 0.06 mol/l，(b) 0.01 mol/l

分での酸化チタンナノ粒子濃度の再上昇と基板表面への沈着が繰り返されることによると考えられる。このような機構が妥当なものであれば，酸化チタンナノ粒子濃度が低い場合にはリング状

元素ブロック材料の創出と応用展開

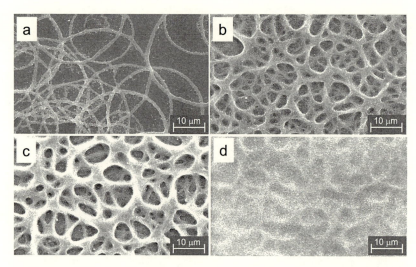

図16 酸化チタンのミスト堆積法により形成される表面テキスチャの堆積時間依存性
(a) 5, (b) 10, (c) 15, (d) 30 min, 0.06 mol/l, キャリアガス流速 1 l/min

構造の形成が起こりずらくなることが予想される。実際に，酸化チタンナノ粒子濃度が低い場合には図15bに示されるように，リング状構造の基板上での固定化が不十分となり，円盤状液滴の蒸発に伴う収縮による濃縮で形成された小さなリング状構造が観察された。図16には，ミスト堆積時間の増加に伴う表面テキスチャの変化を示した。初期のリング状構造の堆積が繰り返されることにより，モスアイ（蛾の目）構造が次第に形成され，長時間の堆積後にはそれが均一膜へと変化した。このような酸化チタンナノ粒子によるモスアイ構造は，入射光を何度も膜内で屈折させることにより散乱体としての機能を有していることを報告している[9]。

2.4 金属ナノ粒子を用いた透明導電膜形成

金属ナノ粒子のシンタリングにおいて観察された速度論支配の導電性ネットワーク構造形成について述べる[7]。金属ナノ粒子は，プリンテッドエレクトロニクスにおける配線形成のための材料として重要となっている[10,11]。数ナノメートルサイズの金，銀，および銅のナノ粒子と分散媒とからなるインクを用いて，インクジェット法やレーザー直接描画法によって微細配線形成に関する検討が行われてきている[12~21]。このような金属ナノ粒子の他の応用分野としては，ITO（酸化インジウムスズ）代替の透明導電膜が考えられている。近年，偏在する金属材料の資源問題から元素戦略の重要性が指摘され，インジウム・フリーな透明導電膜の形成が求められている。金属の薄膜において透明性を得るためには，10 nm程度の薄膜を形成することが必要となるが，このような金属薄膜の製膜過程においては核成長によって海島構造が形成されやすいという問題がある。図17には250℃の電気炉加熱に伴うAgナノ粒子薄膜のモルフォロジー変化をSEM像によって示した。加熱後5 minにおいてすでに不連続な海島構造の形成が見られ，加熱時間が10 minと増えるに従って，さらに海島構造の不連続性が増すことが観測された[7]。このよう

第 4 章　電子・磁性材料

な Ag 薄膜は金属光沢を示したものの，それぞれの海島構造が完全に分離しており電気絶縁性であった．導電性の Ag 薄膜の形成のためには，核成長による海島構造形成過程よりも高速に Ag ナノ粒子のシンタリングを行う必要があると考え，図 18 に模式的に示すようなレーザーシンタリング装置を用いた実験を行った．シリンドリカルレンズを用いることによって，1064 nm の CW DPPS レーザー光をライン状ビームに整形し，Ag ナノ粒子薄膜への照射およびスキャンを行った．このようなレーザーシンタリングで形成した Ag 薄膜の SEM 像を図 19 に示した．レーザー光スキャン速度が遅い場合（500 μm/s）には電気炉加熱と同様に不連続な海島構造が形成されたものの，より高速なスキャン速度（5000 μm/s）の場合には連続的なネットワーク構造の形成が示された[7]．それぞれの薄膜の表面抵抗率は，4.45×10^8 および 6.30 Ω/□ であった．このような導電性ネットワーク構造からなる Ag 薄膜は，紫外部で 70% 前後の高い透過率を示した[7]．

図 17　Ag ナノ粒子薄膜の 250℃電気炉加熱によるモルフォロジー変化
SEM 像，加熱後（a）5，（b）10 min，空気中

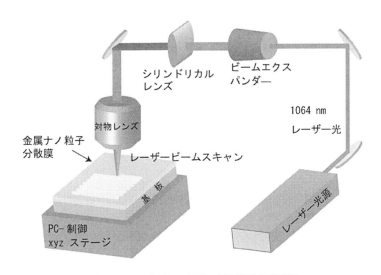

図 18　レーザーシンタリング実験系の模式図

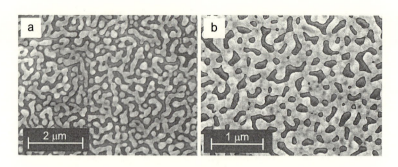

図19 レーザーシンタリングで形成した Ag 薄膜の SEM 像
レーザー光（1064 nm）スキャン速度（a）500,（b）5000 μm/s

2.5 おわりに

本稿では，金属および無機半導体系元素ブロックが示す種々の階層構造とそれらの機能について述べた。元素ブロック材料の可能性をさらに引き出していくためには，界面や階層構造の制御が今後ますます重要となってくる。それらの構造形成においては速度論支配の現象の理解とその制御が，自在な自己組織化構造形成と階層化に必要であると考えられる。

文　　献

1) 中條善樹 監修，有機‐無機ナノハイブリッド材料の新展開，渡辺明，宮下徳治，第 12 章 シルセスキオキサン系ハイブリッド材料，シーエムシー出版（2009）
2) A. Strachota, I. Kroutilova, J. Kovarova, and L. Matejka, *Macromolecules*, **37**, 9457 （2004）
3) A. J. Waddon and E. B. Coughlin, *Chem. Mater.*, **15**, 4555 （2003）
4) Akira Watanabe, Gang Qin, Chung-Wei Cheng, Wei-Chin Shen, Ching-I Chu, *Chem. Lett.*, **42**, 1255 （2013）
5) Jinguang Cai, Chao Lv, and Akira Watanabe, *ACS Appl. Mater. Interfaces*, **7**, 18697 （2015）
6) M. Osawa, N. Matsuda, K. Yoshii, and I. Uchida, *J. Phys. Chem.*, **98**, 12702 （1994）
7) Gang Qin and Akira Watanabe, *J. Nanoparticle Res.*, **16**, 2684-1 （2014）
8) Gang Qin, and Akira Watanabe, *NANO-MICR LETT.*, **5**, 129 （2013）
9) Gang Qin and Akira Watanabe, *J. Nanopart. Res.*, **15**, 1 （2013）
10) 横山正明，鎌田俊英 監修，プリンタブル有機エレクトロニクスの最新技術，シーエムシー出版（2008）
11) 臼井隆寛ほか，プリンタブル・エレクトロニクス 技術開発 最前線，技術情報協会（2007）
12) A. Watanabe, Y. Kobayashi, M. Konno, S. Yamada, T. Miwa, *Jpn J. Appl. Phys.*, **44**,

L740 (2005)
13) A. Watanabe, Y. Kobayashi, M. Konno, S. Yamada, T. Miwa, *mol. Cryst. Liq. Cryst.*, **464**, 161 (2007)
14) A. Watanabe and T. Miyashita, *J. Photopolym. Sci. Technol.*, **20**, 115 (2007)
15) M. Aminuzzaman, A. Watanabe, and T. Miyashita, *J. Photopolym. Sci. Technol.*, **21** (4), 537 (2008)
16) M. Aminuzzaman, A. Watanabe and T. Miyashita, *J. Mater. Chem.*, **18**, 5092 (2008)
17) A. Watanabe, M. Aminuzzaman, and T. Miyashita, *Proc. SPIE*, **7202**, 720206 (2009)
18) G. Qin, L. Fan, and A. Watanabe, *J. Materials Sci.*, **50**, 49 (2015)
19) M. Aminuzzaman, A. Watanabe, and T. Miyashita, *J. Electronic Mater.*, **44**, 4811(2015)
20) A. Watanabe, G. Qin, and J. Cai, *J. Photopolym. Sci. Technol.* **28**(1), 99 (2015)
21) G. Qin, L. Fan, and A. Watanabe, *J. Mater. Process Technol.*, **227**, 16 (2016)

3　N-Heteroacene を基盤とした機能性材料

磯田恭佑*

3.1　はじめに

　近年，有機エレクトロニクスの発展が目覚ましいが，その発展の中心にある材料が oligoacene 誘導体である（図1)[1]。Oligoacene は benzene 環が横に縮環した分子骨格の総称であり，その骨格を切り取ると anthracene, tetracene や pentacene など有名分子の兄弟が多く存在する。中でも，pentacene は benzene 環が横に5つ縮環した大きな π 共役平面からなる分子骨格を有するため，単結晶や薄膜において pentacene 分子間での p 軌道の重なりが大きい。そのため，pentacene は正孔などの電荷を輸送することができる有機半導体として機能する。近年では，benzene 環が4つ縮環した tetracene に対して，benzene 環が4つ置換された rubrene なども非常に高い正孔輸送特性を有することが報告されている[2]。現在，多くの新規分子骨格を有する oligoacene 誘導体が有機合成的な手法により創出されている。

　最近では，oligoacene に対して N, O, S および P 原子などのヘテロ原子を導入する研究が行われている。ヘテロ原子の導入には幾つかの利点がある。1つはこれまで成功を収めてきた oligoacene と同様な分子骨格を有する点である。他にも，正孔輸送材料や電子供与体として機能している oligoacene 誘導体は，ヘテロ原子の導入により電子輸送特性や電子受容性を有する heteroacene 誘導体へと劇的に性質を変化させることができる点である。

　この中で我々が注目しているのが，N 原子を導入した oligoacene 誘導体である "N-heteroacene" である（図1）。N-Heteroacene の最初の合成は Fischer と Hepp らにより 1890 年に報告されているが[3]，長らく注目を集めることがなかった。しかし，2003 年に Miao と Nuckolls らにより合成された HN-heteroacene 誘導体の薄膜が電界効果トランジスタ

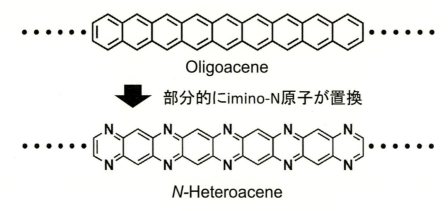

図1　Oligoacene と N-heteroacene の基本構造

＊　Kyosuke Isoda　香川大学　工学部材料創造工学科　講師

(FET) として機能することが報告されて以来[4]，その研究報告数は増加しており，近年ではいくつかの素晴らしい総説がまとめられている[5〜11]。

本項では，はじめにN-heteroaceneの基本的な性質を実験化学および計算化学の観点から解説する。その後，最近の動向や上記の総説では取り上げられなかった研究について，機能性材料の観点から紹介する。

3.2 N-Heteroaceneの性質

N-Heteroaceneはoligoaceneのc原子に対してN原子が置換した分子骨格を有するが，どのような性質を示すのだろうか？静電ポテンシャルマップおよび最高被占分子軌道（HOMO）と最低空分子軌道（LUMO）を密度汎関数法（DFT）に基づく計算により算出した結果を示す（図2）。

Tetraceneの場合，負電荷は分子中心に非局在化していることが確認できる（図2）。一方で，imino-N原子が2つおよび4つ導入されたN-heteroacene **1**と**2**では分子内で電荷の偏りが生じ，負電荷は分子内で電気陰性度が一番大きいN原子上に偏る。特に**2**においては，負電荷が分子中心に存在していたtetraceneとは異なり，分子中心では負電荷の顕著な減少が観測されている。また，それぞれの電子受容性を示すLUMOは，置換したimino-N原子の増加に伴い深くなっていることが確認された。これらの結果よりimino-N原子の導入は，電子供与性のtetraceneをほぼ同様な骨格を有する電子受容体**2**へと変化させることが可能であることを証明している。

N-Heteroaceneはoligoacene同様に大きなπ共役平面を有することから，有機半導体として

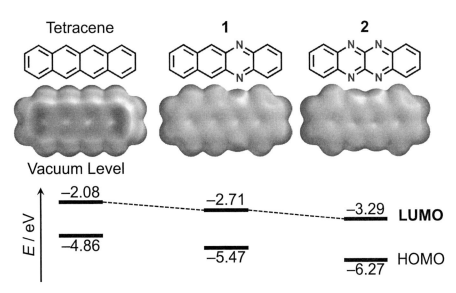

図2 DFT計算により得られたN-heteroacene分子の静電ポテンシャルマップとHOMOおよびLUMOレベル

機能することが期待される。ここで非常に重要なことは，電子受容性の N-heteroacene は電子供与性の oligoacene に比べてラジカルアニオン状態を保持しやすい。そのため，N-heteroacene は電子輸送型（n 型）の有機半導体として機能する可能性がある。これまで有機半導体は正孔輸送型（p 型）の oligoacene 誘導体やチオフェン誘導体の研究が非常に多く報告されているが，n 型の有機半導体は基幹骨格の種類が非常に少ない。したがって，N-heteroacene は n 型の有機半導体の研究を発展させる上で，重要な研究対象の基幹骨格と位置づけられる。

次に単純な基幹骨格を有する N-heteroacene の合成について記す（図3）。ここで注目すべきは，imino-N 原子が置換された N-heteroacene の前駆体として H-N 原子が置換された HN-heteroacene が存在することである。N-Heteroacene は前駆体である HN-heteroacene を酸化することで得られるため，N-heteroacene は酸化体，HN-heteroacene は還元体として区別しなければならない。これらの分子の特性を比較するために，tetracene 類縁体である **2** と **2'** に注目する。

これらの分子は芳香族性において異なる性質を有している。**2** は π 共役系の電子が 18 個であるため（$4\pi+2$）個の Hückel 則を満たすのに対して，20 個である **2'** は 4π 個であるため Hückel 則を満たさない分子となる。次に，これらの分子の酸化還元特性を議論するために，サイクリックボルタンメトリー（CV）測定を行うと **2** は電子受容体，**2'**（**2"**）は電子供与体として機能することが明らかにされている（図4）[12, 13]。これらの結果は DFT 計算より得られた結果の傾向と非常に類似することが分かっている。

N-Heteroacene の π 共役骨格を拡張すると電子物性に対してどのような変化を示すかを調べ

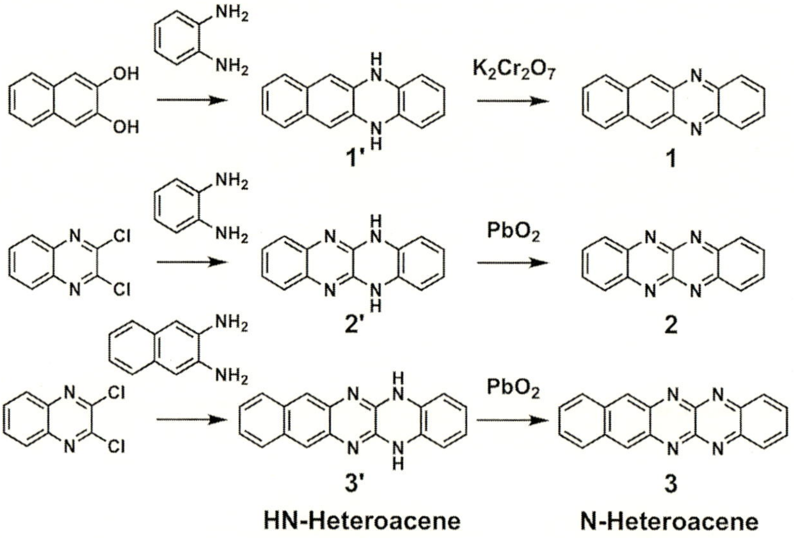

図3　N-Heteroacene **1-3** および HN-heteroacene **1'-3'** の合成

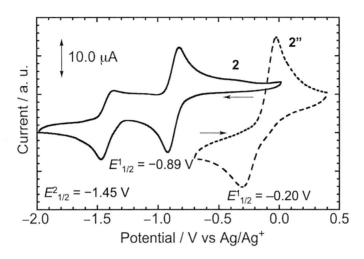

図4 2および2'のCV測定結果
(低溶解性の2'の代わりに,同様な骨格の2"の結果を記す)

るために,2に対してbenzene環が1つ多く縮環した3が合成された[12]。CV測定およびUV-visスペクトル測定結果より,3は2と比べてLUMOが深くなると同時にHOMO-LUMOのバンドギャップが狭くなることが明らかとなった。これらの結果より,N-heteroacene置換基を導入することで電子状態を容易に制御可能であることが分かった。上記の結果より,2および3はn型の有機半導体としての素質を有している。しかし,単結晶内は薄膜内での分子配列はtetraceneやpentaceneとは完全に一致しなかったため,期待された高性能のn型FET特性を示すことはなかった[12]。一方で,その化学修飾の容易さのため,N-heteroaceneの化学は様々な化学者により大きな発展を遂げることとなる。

3.3 様々なN-heteroacene誘導体の構造およびその物性
3.3.1 単純な基幹骨格からなるN-heteroacene誘導体

置換基を有さないN-heteroaceneの研究の火付け役となったのは,MiaoとNuckollsらが報告したHN-heteroacene 4や5の研究である(図5上)[4]。これらの分子は真空蒸着法による薄膜形成によりSi/SiO$_2$基板上で層状構造を形成し,この薄膜は移動度が10^{-3}-10^{-5} cm^2 V^{-1} s^{-1}のp型FET特性を示す。さらに長鎖アルキル基で化学修飾された基板上に調製された5の薄膜は,秩序高い分子配列を持つ密な結晶性薄膜となり,0.45 cm^2 V^{-1} s^{-1}の移動度を示す[14]。

LiuとZhuらが合成した6は,400℃程度まで分解しない高い熱安定性を有し,このアモルファス薄膜は$2×10$ cm^2 V^{-1} s^{-1}の移動度を有するp型FET特性を示す(図5)[15]。アモルファス薄膜は,結晶薄膜と比べて薄膜調製が容易であり,再現性が高いことが利点である。これまでp型FET特性を有するHN-heteroacene誘導体が発表されていたが,2012年にIsodaとTadokoroらはimino-N原子が4つ導入された2と3の真空蒸着膜がn型FET特性を示すこと

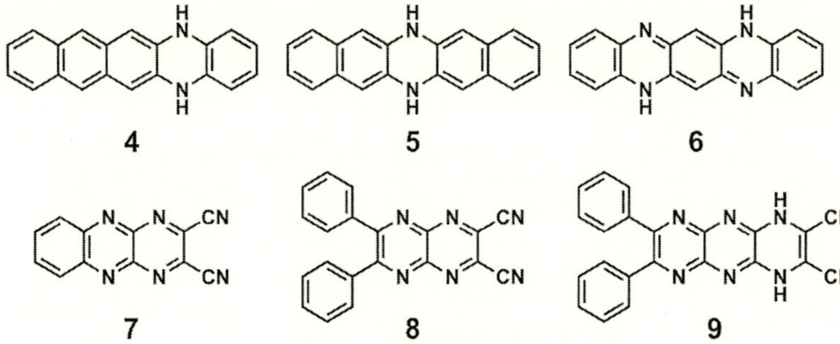

図5 N-Heteroacene 誘導体の分子構造

を報告している[12]。しかし，これらの薄膜は時間経過に伴い得られる電流値が低下するという問題点がある。この原因は **2** と **3** が非常に高い結晶性を示すため，時間経過とともに薄膜内において結晶粒界を形成してしまうためであると報告されている。

上記のように，置換基のない基幹骨格の N-heteroacene および HN-heteroacene 誘導体においても様々な特性を示すことが報告されている。次は，これらの特性をさらに向上させる目的で合成させた材料を紹介していく。

3.3.2 化学修飾を施された N-heteroacene 誘導体

N-heteroacene 誘導体の利点として，同様の骨格を有する oligoacene 誘導体よりも酸素や光に対して安定であることの他に，出発物質を選択することで様々な化学修飾や特性制御を行える点である。Nishida および Yamashita らは CN 基を有する高い電子受容性の **7** を合成して，その n 型 FET 特性を報告している（図5）[16]。また，Hill，D'Souza および Ariga らが合成した **8** と **9** は imino-N 原子や H-N 原子の導入により，様々な酸化還元特性を示す[17]。

Bunz らは 2008 年に現在の N-heteroacene 誘導体研究の主流の分子骨格となる，triisopropylsilylethnyl（TIPS）基の導入を報告する（図6）[18]。この分子設計は Anthony や Maliakal らが pentacene などの oligoacene 誘導体へと行った手法を踏襲した研究戦略である[19,20]。TIPS 基の導入は，oligoacene 誘導体の酸素や光に対する安定性の向上や，有機溶媒への溶解性を改善した。さらに，TIPS 基は非常に嵩高い置換基にも関わらず，分子間の π 共役部位の重なりを大きくすることが可能である。この研究戦略により，N-heteroacene の研究は飛躍的に進むこととなる。

Bunz らは，有機合成化学的に N-heteroacene の研究領域を拡大するために，縮環した Larger N-heteroacene の研究を進めている（図6）[5,8]。はじめは，TIPS 基を有する ortho-diamine 体と ortho-quinone 体との縮合反応より **10** を合成していたが[18]，現在では Pd 触媒を用いたカップリング反応を利用することでより高い収率で目的の N-heteroacene 誘導体の合成に成功している[21]。これまでに N-heteroacene 誘導体としては benzene 環が6つ縮環した hexacene 骨格に対して imino-N 原子が6つ導入された **11** や[21]，heptacene 骨格まで縮環され

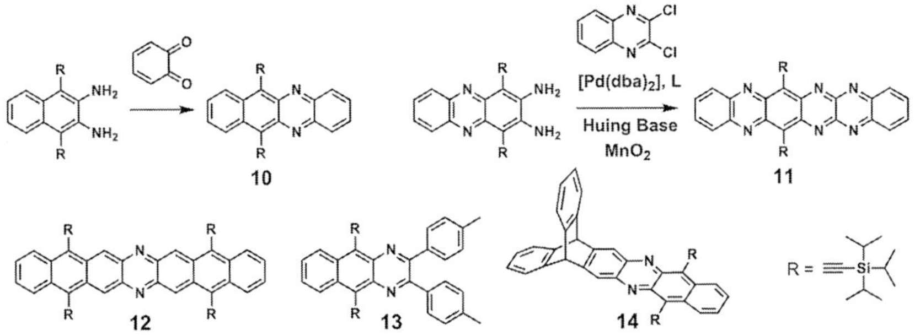

第 4 章　電子・磁性材料

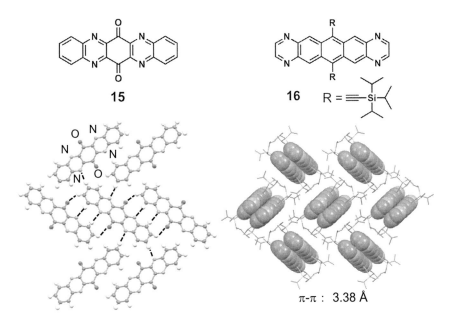

図 6　N-Heteroacene の合成および OLED 材料の素子となる分子骨格

図 7　N-Heteroquinone および N-heteroacene の分子構造と結晶構造

た **12** が報告されている[22)]。また，近年では TIPS 置換型 N-heteroacene **13** と **14** を用いた OLED 素子への応用およびデバイス評価なども行なわれている[23, 24)]。

　Miao らは N-heteroacene に対して電子吸引性ケトン基を導入した N-heteroquinone **15** を合成し，同様の骨格を有する N-heteroacene 誘導体よりも高い電子受容性の発現に成功している（図 7）[25)]。また，**15** は 4 重の水素結合を有する分子配列をしており，その真空蒸着薄膜は n 型 FET 特性で移動度が 0.04-0.12 $cm^2 V^{-1} s^{-1}$ と高い性能発現に成功している。また，**15** の誘導体を原料とすることで様々な TIPS 置換型 N-heteropentacene **16** を合成し，**16** の真空蒸着膜は n 型では 0.3-1.1 $cm^2 V^{-1} s^{-1}$，p 型では 0.05-0.22 $cm^2 V^{-1} s^{-1}$ の移動度を示す両極性型 FET として機能することが分かった（図 7）[26, 27)]。最近では，単結晶構造でほぼ同様な単位格子を有

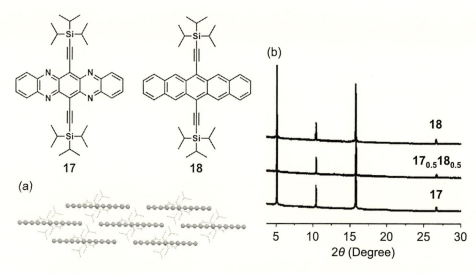

図8 両極性型有機半導体となる 17 と 18 の結晶構造解析（a）と薄膜の X 線回折測定結果（b）

する n 型特性のみを示す 17 と同様な骨格である p 型特性の 18 より均一な共結晶および薄膜を調製し，両極性型 FET 材料を構築するという興味深い研究が報告されている（図8）[28]。

3.3.3 自己組織性 N-heteroacene 誘導体

　水素結合，π-π 相互作用，van der Waals 力などの弱い非共有結合型の相互作用は，分子間において協同的に働くことで分子集合体の形成を促進する。このときに，その協同的に働く相互作用を緻密に分子内に組み込むことで，1次元のシリンダー構造，2次元のラメラ構造，3次元のミセル構造や双連続構造など，様々な次元性を有する構造を自己組織的に形成させることが可能である。中でも，これらの次元性を有する繊維および薄膜材料を調製するために，ゲル化材や液晶材料への応用は非常に有用である。N-Heteroacene においても，いくつかの自己組織化材料の報告例があるので，紹介する。

　Tolbert と Wuld らは 2002 年に双イオン型 19 が 170℃ 以上の温度領域で層状のスメクチック（Sm）液晶相を発現することを報告した（図9）[29]。19 は π 共役分子骨格の単軸方向に非常に大きな双極子モーメントを有することから，双極子―双極子相互作用やイオン間の静電相互作用などが液晶相発現に寄与している。他にも横方向に縮環した N-heteroacene からは少し逸脱してしまうが，Harris らは 20 が 200℃ 以上の温度領域で中間層の発現を報告している[30]。これまで液晶性の N-heteroacene 誘導体は高温での液晶相発現に限られていたが，Isoda と Tadokoro らによって室温で液晶相を発現する N-heteroacene 誘導体が報告された（図9）。

　21[13] と 22[31] は 2 に対して分岐鎖を有する長鎖のアルコキシ基を 1 本および 2 本導入された分子構造をしており，室温を含む広い温度範囲で液晶相を形成する。また，21 と同様なアルコキシ基を有する HN-Heteroacene 2″[13] も液晶相を発現することが確認されている。2本鎖の 21 に対して 1本鎖の 22 は絶縁性のアルキル部位に対して電子活性な π 共役部位の有する割合が大き

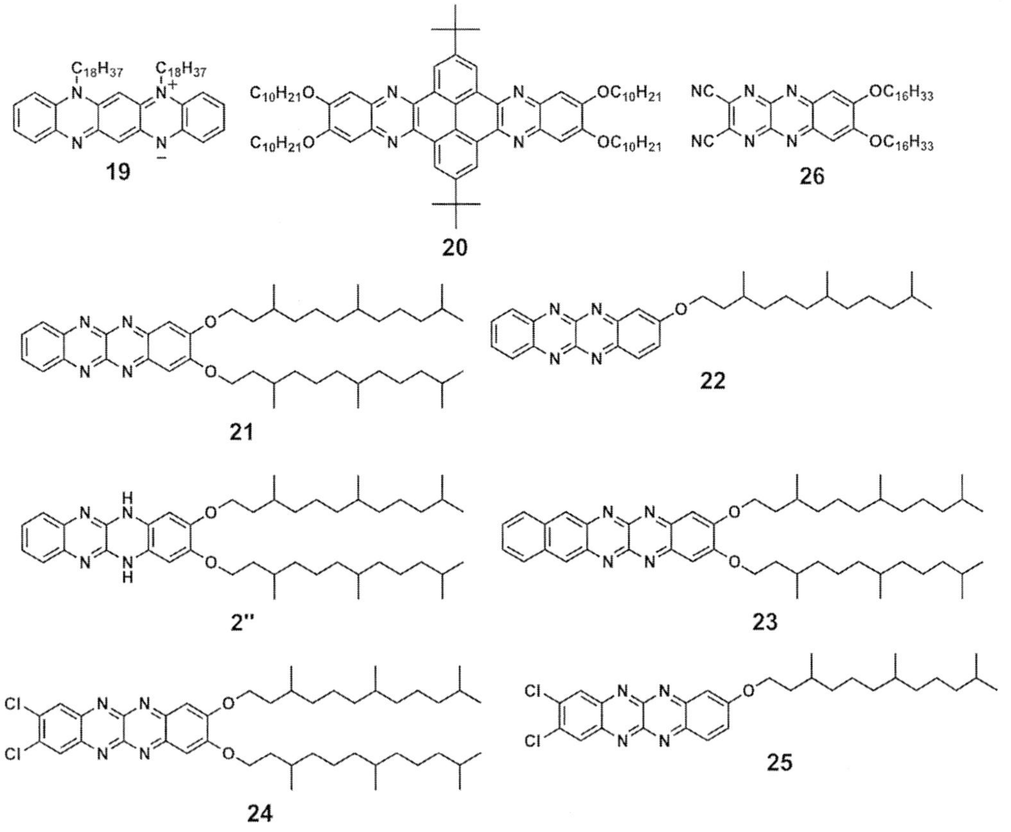

図9 液晶性 N-heteroacene 誘導体の分子構造

いため，**22** の方が薄膜においてより優れた電荷輸送能を有することが期待される分子設計となっている。これらの詳細な集合構造を調べるためにX線回折測定を行ったところ，1本鎖の **22** は層状構造の SmA 液晶相，2本鎖の **21** はシリンダー構造を有するヘキサゴナルカラムナー（Col_h）液晶相，**2"** はテトラゴナルカラムナー（Col_{tet}）液晶相を形成することが確認された（図10）。これらの液晶相の発現にはπ共役部位間のπ-π相互作用，水素結合，疎水性相互作用や van der Waals 力だけでなく，剛直なπ共役部位と柔軟性の高いアルキル基間のナノ相分離が駆動力として働いていると考えられる（図10）。電子受容体である **21** と **22** は，time-of-flight（TOF）法により過渡光電流が観測されたが，**22** と比較して絶縁部の体積が多い **21** に関しては大きな電流値を観測することができなかったため，移動度を算出するに至っていない。一方，1本鎖の **22** は SmA 液晶相において約 4.0×10 cm^2 V^{-1} s^{-1} の移動度を示したことから，電子輸送材料として機能することが分かった[31]。他にも Isoda と Tadokoro らは **21** のπ共役構造を拡張した **23**[32] やπ共役部位にハロゲンを導入することで分子の長軸に双極子モーメントを誘起した **24** と **25** などが SmA や SmC 液晶相を発現することを見出している[33]。また近年，Takeda と

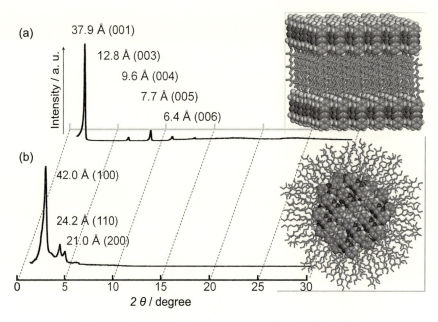

図10 **21**と**22**のX線回折測定結果と予想される集合構造

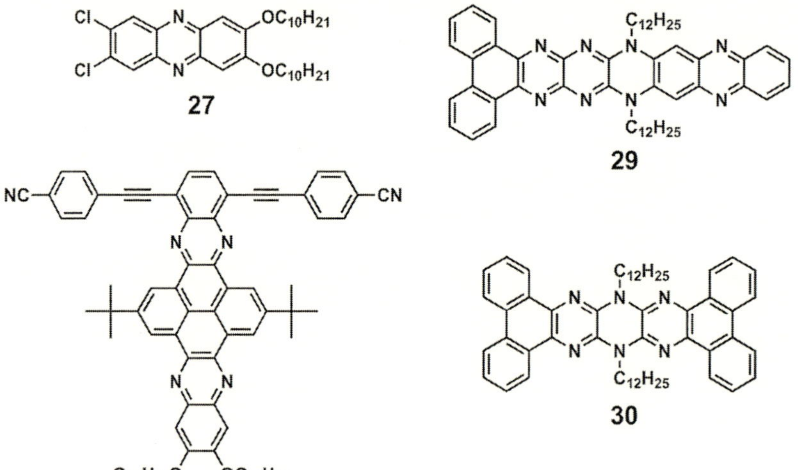

図11 自己組織性 N-heteroacene の分子構造

　Akutagawa らにより CN 基が導入された **26** が液晶相を発現し，正孔輸送特性を示すことを報告しているため[34]，今後も発展が期待される材料となっている。

　N-Heteroacene の溶液での自己組織化能およびゲル化剤の研究においては，先駆的な報告は Lee らによるものである（図11）[35]。Phenazine 骨格に対して長鎖アルキル基とその反対側にハ

第 4 章　電子・磁性材料

ロゲンを導入することで，**27** は 1 次元的な自己組織化材料の形成に成功している。また，大きく π 共役部位が拡張された **28** ではより強い π-π 相互作用を誘起することでナノファイバーを形成する[36]。Hill と Ariga らは N-heteroacene 骨格に対して長鎖アルキル基と末端に phenanthrene 骨格を導入した **29** および **30** を設計・合成することで様々な集合構造を形成することに成功している[37, 38]。中でも，アキラルな **30** が自己組織的にヘリカルな集合構造を形成するという興味深い結果を報告している[38]。

3. 4　金属錯体を形成する N-heteroacene 誘導体

N-Heteroacene は pyridine のように非共有結合を介して，金属イオンと配位結合を形成することが可能である。金属錯体の報告例は非常に少ないが，2006 年 Tadokoro らは **2** と銅イオンからなる配位高分子 **31** を報告している（図 12）[39, 40]。**2** と $[Cu(MeCN)_4]BF_4$ が反応することで，**2** がラジカルアニオンとなった **31** の単結晶が得られ，銅イオンに対して **2** の imino-N 原子が配位した 1 次元配位高分子の層とその間にフッ素イオンの層が存在した構造となっている。1 次元配位高分子の層では，**2** が積層構造を形成しており，この積層軸方向に 50 S/cm^{-1} の高い電気伝導度を示す。

Isoda と Tadokoro らは **2** に対してイオン認識部位であるクラウンエーテルを置換した **32** を合成している（図 13）。**32** はナトリウムイオンやカリウムイオンなどの金属イオンをクラウンエーテル部位で捕捉可能である。また，NaBPh$_4$ などの電解質を用いた **32** の電解合成により陰極側で得られる。

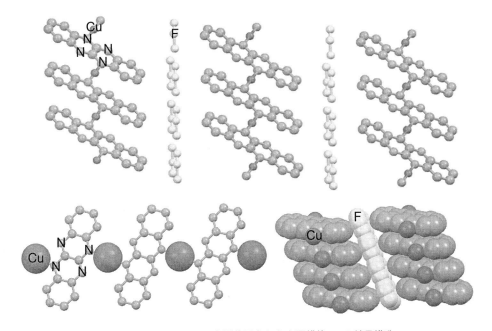

図 12　N-Heteroacene を配位子とした金属錯体 31 の結晶構造

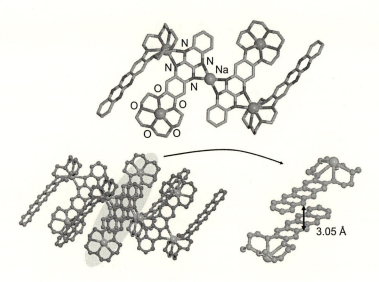

図 13　クラウンエーテルを有する N-heteroacene 32 の結晶構造

3.5　結言

N-Heteroacene は，優れた半導体特性を有する oligoacene と比較して後発ではあるが，半導体特性だけでなく，その独特な特性を活かし独自の変化を遂げている。これまで基幹骨格の合成方法は確立されてきたため，今後様々な構造を有する N-heteroacene 誘導体が報告されることは必至である。新規元素ブロックである N-heteroacene の益々の発展および独自の進化を楽しみにしたいと思う。

　本稿の内容には，東京理科大学理学部第一部化学科　田所誠教授，北海道大学電子科学研究所　中村貴義教授，久保和也助教，香川大学工学部材料創造工学科　舟橋正浩教授との共同研究の結果も含まれております。また，研究推進にあたり，文部科学省科学研究費新学術領域研究「元素ブロック高分子材料の創出」（平成 24-28 年，領域番号 2401）より研究助成を頂戴しております。この場をお借りしまして，心より感謝申し上げます。

文　　献

1) J. E. Anthony, *Chem. Rev.*, **106**, 5028（2006）
2) V. Podzorov, E. Menard, A. Borissov, V. Kiryukhin, J. A. Rogers, M. E. Gershenson, *Phys. Rev. Lett.*, **93**, No. 086602（2004）
3) O. Fischer, E. Hepp, *Chem. Ber.*, **23**, 2789（1890）
4) Q. Miao, T.-Q. Nguyen, T. Someya, G. B. Blanchet, C. Nuckolls, *J. Am. Chem. Soc.*,

125, 10284 (2003)

5) U. H. F. Bunz, J. U. Engelhart, B. D. Lindner, M. Schaffroth, *Angew. Chem. Int. Ed.*, **52**, 3810 (2013)
6) U. H. F. Bunz, *Chem.-Eur. J.*, **15**, 6780 (2009)
7) U. H. F. Bunz, *Pure Appl. Chem.*, **82**, 953 (2010)
8) U. H. F. Bunz, *Acc. Chem. Res.*, **48**, 1676 (2015)
9) Q. Miao, *Synlett*, **23**, 326 (2012)
10) Q. Miao, *Adv. Mater.*, **26**, 5541 (2014)
11) J. Li, Q. Zhang, *ACS Appl. Mater. Interfaces*, **7**, 28049 (2015)
12) K. Isoda, M. Nakamura, T. Tatenuma, H. Ogata, T. Sugaya, M. Tadokoro, *Chem. Lett.*, **41**, 937 (2012)
13) K. Isoda, T. Abe, M. Tadokoro, *Chem.-Asian J.*, **8**, 2951 (2013)
14) Q. Tang, D. Zhang, S. Wang, N. Ke, J. Xu, J. C. Yu, Q. Miao, *Chem. Mater.*, **21**, 1400 (2009)
15) Y. Ma, Y. Sun, Y. Liu, J. Gao, S. Chen, X. Sun, W. Qiu, G. Yu, G. Cui, W. Hu, D. Zhu, *J. Mater. Chem.*, **15**, 4894 (2005)
16) J. Nishida, Naraso, S. Murai, E. Fujiwara, H. Tada, M. Tomura, Y. Yamashita, *Org. Lett.*, **6**, 2007 (2004)
17) G. J. Richards, J. P. Hill, N. K. Subbaiyan, F. D'Souza, P. A. Karr, M. R. J. Elesegood, S. J. Teat, T. Mori, K. Ariga, *J. Org. Chem.*, **74**, 8914 (2009)
18) S. Miao, S. M. Brombosz, P. v. R. Schleyer, J. I. Wu, S. Barlow, S. R. Marder, K. I. Hardcastle, U. H. F. Bunz, *J. Am. Chem. Soc.*, **130**, 7339 (2008)
19) J. E. Anthony, D. L. Eaton, S. R. Parkin, *Org. Lett.*, **4**, 15 (2002)
20) A. Maliakal, K. Raghavachari, H. Katz, E. Chandross, T. Siegrist, *Chem. Mater.*, **16**, 4980 (2004)
21) B. D. Lindner, J. U. Engelhart, O. Tverskoy, A. L. Appleton, F. Rominger, A. Peters, H.-J. Himmel, U. H. F. Bunz, *Angew. Chem. Int. Ed.*, **50**, 8588 (2011)
22) J. U. Engelhart, O. Tverskoy, U. H. F. Bunz, *J. Am. Chem. Soc.*, **136**, 15166 (2014)
23) F. Paulus, B. D. Lindner, H. Reiß, F. Rominger, A. Leineweber, Y. Vaynzof, H. Sirringhaus, U. H. F. Bunz, *J. Mater. Chem. C*, **3**, 1604 (2015)
24) P. Biegger, S. Stolz, S. N. Intorp, Y. Zhang, J. U. Engelhart, F. Rominger, K. I. Hardcastle, U. Lemmer, X. qian, M. Hamburger, U. H. F. Bunz, *J. Org. Chem.*, **80**, 582 (2015)
25) Q. Tang, Z. Liang, J. Liu, J. Xu, Q. Miao, *Chem. Commun.*, **46**, 2977 (2010)
26) Z. Liang, Q. Tang, J. Xu, Q. Miao, *Adv. Mater.*, **23**, 1535 (2011)
27) Z. Liang, Q. Tian, R. Mao, D. Liu, J. Xu, Q. Miao, *Adv. Mater.*, **23**, 5514 (2011)
28) X. Xu, T. Xiao, X. Gu, X. Yang, S. V. Kershaw, N. Zhao, J. Xu, Q. Miao, *ACS Appl. Mater. Interfaces*, **7**, 28019 (2015)
29) A. E. Riley, G. W. Mitchell, P. A. Koutentis, M. Bendikov, P. Kaszynki, F. Wudl, S. H. Tolbert, *Adv. Funct. Mater.*, **13**, 531 (2003)

30) J. Hu, D. Zhang, S. Jin, S. Z. D. Cheng, F. W. Harris, *Chem. Mater.*, **16**, 4912 (2004)
31) K. Isoda, T. Abe, M. Funahashi, M. Tadokoro, *Chem.-Eur. J.*, **20**, 7232 (2014)
32) K. Isoda, T. Abe, I. Kawamoto, M. Tadokoro, *Chem. Lett.*, **44**, 126 (2015)
33) K. Isoda, I. Kawamoto, M. Tadokoro, in preparation
34) T. Takeda, J. Tsutsumi, T. Hasegawa, S. Noro, T. Nakamura, T. Akutagawa, *J. Mater. Chem. C*, **3**, 3016 (2015)
35) D.-C. Lee, B. Cao, K. Jang, P. M. Forster, *J. Mater. Chem.*, **20**, 867 (2010)
36) D.-C. Lee, K. Jang, K. K. McGrath, R. Uy, K. A. Robins, D. W. Hatchett, *Chem. Mater.*, **20**, 3688 (2008)
37) G. J. Richards, J. P. Hill, K. Okamoto, A. Shundo, M. Akada, M. R. J. Elesegood, T. Mori, K. Ariga, *Langmuir*, **25**, 8408 (2009)
38) G. J. Richards, J. P. Hill, J. Labuta, Y. Wakayama, M. Akada, K. Ariga, *Phys. Chem. Chem. Phys.*, **13**, 4868 (2011)
39) M. Tadokoro, S. Yasuzuka, M. Nakamura, T. Shinoda, T. Tatenuma, M. Mitsumi, Y. Ozawa, K. Toriumi, H. Yoshino, D. Shiomi, K. Sato, T. Takui, T. Mori, K. Murata, *Angew. Chem. Int. Ed.*, **45**, 5144 (2006)
40) M. Tadokoro, M. Nakamura, T. Anai, T. Shinoda, A. Yamagata, Y. Kawabe, K. Sato, D. Shiomi, T. Takai, K. Isoda, *ChemPhysChem*, **12**, 2561 (2011)
41) K. Isoda, K. Adachi, M. Tadokoro *et al.*, in preparation.

4 オリゴシロキサン鎖を活用した重合性ナノ相分離型液晶性半導体

山岡龍太郎[*1]，舟橋正浩[*2]

4.1 はじめに

一般的にミクロ相分離とは，相溶しない2種類以上のセグメントを含むブロックコポリマーやポリマーブレンドの系において，高分子鎖が凝集した際に，それぞれのセグメントがミクロスコピックに相分離することにより，秩序構造やパターンを形成する現象のことである。特に数nm～数百nmで構造が形成される場合，ナノ相分離と称する。

近年では，液晶の分野においてもナノ相分離の概念を取り入れた研究が報告されている[1,2]。一般的な液晶分子は，分子構造内にπ電子共役系部位とアルキル鎖のような柔軟性部位を含んでおり，アルキル鎖の熱運動によりπ-π相互作用による強い凝集性が適度に弱められるため，液晶性が出現するものと理解されている。それに対して，ナノ相分離型液晶では，さらに非共有結合性の相互作用を誘起する部位を分子構造内に導入する。それによって，複数の分子間相互作用が競合する状態を作り出し，液晶相でのより複雑な相分離パターンを可能にする。

加藤らのグループは，イオン性部位を導入したナノ相分離型液晶材料を数多く創製している。π電子共役系とは異なり親水性であるイオン性部位は液晶状態で互いに自己集合するため，カラムナー相やスメクチック相，ミセルキュービック相，双連続キュービック相といった，液晶性超分子構造が形成される。さらに，それらの液晶分子は，超分子構造を形成するだけにとどまらず，イオン性部位からなる層内やカラム内でのイオン伝導性を発現することが報告されている[3,4]。

筆者らは，このナノ相分離による超構造形成を液晶性電子機能材料に適用し，ソフトな新規電子機能材料の創製に取り組んでいる[5]。有機電子機能材料のデザインにおいて重要なのは，電子機能の起源となるπ電子共役系を適切に集積することと，薄膜作製のための溶解性と柔軟性を確保することである[6]。液晶性半導体においては，π電子共役部位にアルキル鎖を導入した分子を凝集させることにより，π電子共役系がスタッキングした柔構造を構築している。筆者のグループの成果を例に挙げて説明する。フェニルターチオフェンにアルキル鎖を導入した化合物は室温で高次のスメクチック相を示し，ハロゲン系溶媒に対して数wt%程度の溶解性を示す。本化合物のスピンコート膜を用いた電界効果型トランジスターは，5×10^{-2} $cm^2V^{-1}s^{-1}$ のホール移動度を示した。高分子基板上に作製したデバイスは，図1に示しているように約3%の歪みを加えても特性に変化が見られない[7]。有機半導体に液晶性を導入することにより，良好なホール輸送性と柔軟性を両立した材料を実現できたと言える。

しかし，キャリア移動度の向上のためにπ電子共役系を拡張すると，結晶性が高まり，結果

[*1] Ryutaro Yamaoka　香川大学大学院　工学研究科材料創造工学専攻
[*2] Masahiro Funahashi　香川大学　工学部材料創造工学科　教授

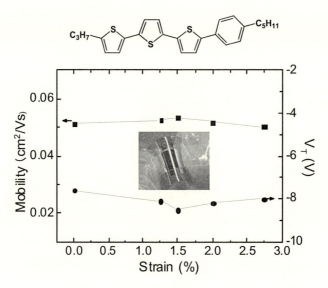

図1 フェニルターチオフェンのFETとしてのデバイス特性

として,溶媒に対する溶解性と柔軟性が損なわれる。また,結晶化を抑制するために長鎖の,あるいは,分岐したアルキル鎖を導入すると,π電子共役系の重なりが減少するため,しばしば,電荷輸送性が損なわれる。

電界効果型トランジスターにおいてはキャリア移動度の向上,太陽電池においては,光吸収帯の長波長化が不可欠であり,そのためには,π電子共役系の拡張が必要である。電気化学デバイスにおいても,π電子共役系の拡張が酸化還元活性の向上に有効である。これらのデバイスの特性向上においては,溶解性と柔軟性を確保しつつ,巨大なπ電子共役系を集積する必要がある。

筆者らの狙いは,π電子共役系から成る結晶的な領域と柔軟鎖から成る液体的な領域とをナノメータースケールで相分離した構造を構築することにより,効率的なキャリア輸送と溶解性・柔軟性を両立できるソフトな電子機能性材料の創製である。柔軟性部位として,アルキル鎖に代わり,オリゴシロキサン部位に着目し,側鎖末端にオリゴシロキサン部位を導入したナノ相分離型の液晶分子を開発に成功した。本稿では,オリゴシロキサン部位を導入したナノ相分離型液晶の液晶性及びその機能性,さらに環状シロキサン部位の開環重合を利用した *in-situ* 重合薄膜に関して紹介する。

4.2 オリゴシロキサン部位を導入したナノ相分離型液晶

オリゴシロキサン部位を形成しているSi-O結合やSi-C結合は,比較的結合長が長く回転障壁が低いため,有機溶媒に対する溶解性を飛躍的に向上させる。また,オリゴシロキサン部位は嵩高く柔軟な部位であるため,結晶化を阻害するので,液晶相の温度領域の低下にも有効である。

図2に,形状が異なるオリゴシロキサン部位を導入したペリレンテトラカルボン酸ビスイミ

ド(PTCBI)誘導体の相転移挙動を示す。いずれの化合物も，室温を含む広い温度範囲でカラムナー相を示す。側鎖末端にジシロキサン部位を導入したPTCBI誘導体**1**においては，液晶相の温度領域を室温まで下げることに成功し，しかも極性溶媒のみならずn-ヘキサンやシクロヘキサンのような非極性溶媒に対しても高濃度に溶解させることが可能である。この結果は，当初の狙い通り，運動性が高く嵩高いオリゴシロキサン鎖が分子の凝集性を抑制しているものと考えられる。それにもかかわらず，π-πスタッキングは阻害されておらず，Time-of-Flight (TOF)法によって求めた電子移動度は，カラムナー相において $0.1\,\mathrm{cm^2V^{-1}s^{-1}}$ を超える高い値を示す実験結果が得られている[8]。

オリゴシロキサン部位とπ電子共役系部位は親和性が低く，自己組織化によってナノ相分離した構造形成が可能である。それにより，オリゴシロキサン部位とアルキル鎖が凝集した液体的な領域とπ電子共役系部位が凝集した結晶的な領域が分離することで，効率的な電子輸送性と柔軟性を有する一次元的なカラム構造が形成されていると考えられる。また液晶相では，X線回折によりカラム間でオリゴシロキサン鎖が相互浸透することによるカラムナー相の構造の安定化が示唆されている。

ジシロキサンよりも嵩高いオリゴシロキサン部位の導入は，ナノ相分離した構造形成をさらに促進し，より柔軟かつ効率的なキャリア輸送性を有した機能性材料の創製を実現すると考えられ

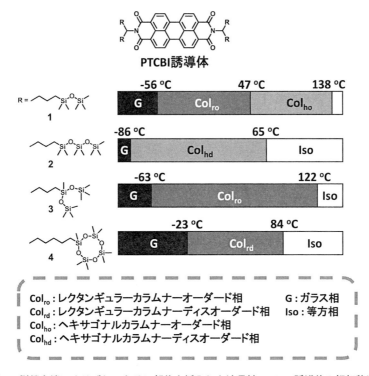

図2 側鎖末端にオリゴシロキサン部位を挿入した液晶性PTCBI誘導体の相転移挙動

る。著者らは，すでに直鎖，あるいは，分岐のトリシロキサン部位を導入した化合物 **2**，**3**，および，環状構造のシクロテトラシロキサン部位を導入した PTCBI 誘導体 **4** を合成しており，その液晶性やキャリア移動度への影響は，オリゴシロキサン部位の形状に大きな影響を受ける。

　直鎖のトリシロキサン鎖を導入した化合物 **2** は，室温でのカラムナー相の発現を可能にしたが，直鎖であるため凝集状態でのコンフォメーションの自由度が大きく，より凝集を阻害するため，透明点が比較的低い値を示し，TOF 測定で得られた電子移動度は 10^{-3} cm^{2}V^{-1}s^{-1} のオーダーで 2 桁下がる[9]。それに対して，特異な結果が得られたのが分岐のトリシロキサン部位を導入した化合物 **3** である。分岐鎖を有しているにもかかわらず，その透明点は直鎖のトリシロキサンを導入した化合物よりも高く，さらに電子移動度は，正の温度依存性があるホッピング伝導の傾向が確認され，室温では 5×10^{-2} cm^{2}V^{-1}s^{-1} の値であるが，約 120 ℃ 付近では 0.1 cm^{2}V^{-1}s^{-1} を超える[10]。分岐鎖は直鎖のオリゴシロキサン部位よりも嵩高いものの，凝集状態では分子運動が制限されているため，液晶状態では分子のコンフォメーションの自由度による構造の乱れが抑制され，効率的なキャリア輸送を促進していると考えられる。

　これらの結果から，より嵩高いオリゴシロキサン部位の導入は，ナノ相分離した構造形成を促進し，カラムナー相の構造を安定化するだけではなく，カラム内での熱運動による分子の揺らぎを抑制して，キャリア移動度の向上が期待できると考え，著者らはさらに嵩高いシクロテトラシロキサン部位を導入した化合物 **4** を合成し検討している。他の形状のオリゴシロキサン部位を導入した場合と同様に，ナノ相分離によりカラムナー相の構造が安定化されており，TOF 法によって測定した電子移動度は，0.1 cm^{2}V^{-1}s^{-1} を超えている[11]。この結果も，ナノ相分離によるコア-シェル構造の形成を示唆している。

4.3 摩擦転写法による液晶材料の分子配向制御とデバイス応用

　有機半導体のキャリア輸送特性は，分子の配向方向に強く依存する。特にカラムナー液晶相のキャリア輸送方向は，カラム軸方向に沿って一次元的であるため，光・電子デバイスへ応用する際には，薄膜状態での分子の配向制御が必要不可欠である。その分子配向制御の一つとして，摩擦転写法がある。

　もともと摩擦転写法は，ラビング法などと同様に，高分子の長軸あるいは繊維方向を一方向に並べる手法であり，図 3 のように加熱した基板上で高分子のブロックを一方向に圧着掃引することで，高分子の一軸配向した摩擦転写膜を得ることが可能である。しかし，そのような摩擦転写膜は，テンプレートとして利用することにより，他の分子の配向制御にも有効である。1991 年には Wittmann と Smith によって，結晶や液晶の低分子系，無機材料などの配向制御の手法として，ポリテトラフルオロエチレン（PTFE）の摩擦転写膜の応用を検討している[12]。また，光・電子デバイスへの応用も報告があり，2005 年には，ポリフルオレン（PFO）の摩擦転写膜を用いて電界発光素子を作製した報告もある[13]。

　またディスコティックカラムナー相の系においても報告があり，2003 年には Friend らによっ

第4章　電子・磁性材料

て，PTFEの摩擦転写膜上に液晶性ヘキサベンゾコロネン誘導体のクロロホルム溶液をスピンコートしての一軸配向膜を作製し，その配向状態およびFETとしてのデバイス特性が評価されている[14]。

近年著者らが合成しているオリゴシロキサン部位を導入したPTCBI誘導体においても，未処理の基板上で分子の配向制御が難しく，均一な配向状態を得るにはさらに工夫が必要である。そこで摩擦転写法を用いた一軸配向膜の作製を検討している。側鎖末端にジシロキサン鎖を導入したPTCBI誘導体は，未処理のガラス基板上でのスピンコート薄膜を偏光顕微鏡観察において，カラムナー相特有の扇状のドメインが確認でき，基板に対しカラム軸が平行な配向状態を形成する傾向が見られる。その一方で，PTFEを用いて摩擦転写法で表面処理した基板上では，125℃で熱処理することで一軸配向膜が作製可能である[8]。

より嵩高いシクロテトラシロキサン部位を導入したPTCBI誘導体 **4** においても，一軸配向膜の作成を検討した。偏光顕微鏡観察に加えて偏光吸収特性の評価も行った。偏光顕微鏡観察では，数mm平方にわたって，構造欠陥の少ない均一な一軸配向状態が確認されており，さらに図4に示している偏光吸収スペクトルから得られる二色比は，480 nmにおいて5.3：1であった[11]。

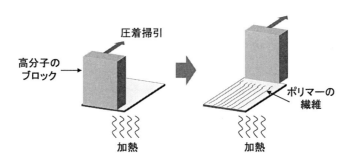

図3　摩擦転写法の模式図

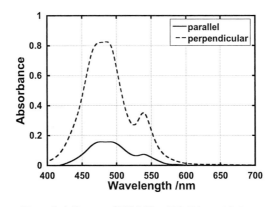

図4　化合物 **4** の一軸配向膜の偏光吸収スペクトル

4.4 環状シロキサン部位を利用した開環重合

　環状シロキサンは溶液中で酸や塩基触媒の作用により，開環重合することが知られている。薄膜状態での重合は過去に例がないものの，液晶性薄膜においては，ナノ相分離により環状シロキサン部位が相互に接近して分子が凝集しているため，分子の運動性がある程度制限されている場合でも，重合する可能性がある。そこで液晶状態で，酸の蒸気に暴露することにより開環重合させ，薄膜状態で液晶相の構造を保持したまま高分子化することを検討した。重合反応を開始させる酸には，トリフルオロメタンスルホン酸を利用し，この酸の蒸気が薄膜に吸着することで，シクロテトラシロキサンの開環重合が進行するものと考えた。実験では，図5のようにスピンコート薄膜を作製したガラス基板とトリフルオロメタンスルホン酸の入った容器をペトリ皿に入れて蓋をし，これを70℃のオーブンに2時間放置することにより，高分子薄膜を作製することに成功した。重合後は高分子ネットワークが形成されるため，低分子状態では可溶であった一般有機溶媒に対して，不溶化した。また，示差走査熱量測定においては，相転移に対応する吸熱・発熱ピークが現れず，FT-IR測定おいても，図6に示しているように重合前後でSi-O結合の伸縮振動に対応する赤外吸収ピークに変化が見られており，環状シロキサン部位の開環重合による高分子ネットワークの形成が示唆された。なお，室温では，重合・不溶化は進行しなかったことから，酸の蒸気による開環重合には，ある程度の分子の運動性が必要であると考えられる。

　ガラス基板上に作製したスピンコート薄膜を偏光顕微鏡で観察し，重合前後で比較したところ，どちらも同様の複屈折を示すテクスチャーが確認された。これは，重合後もカラム構造を保持していることを意味しており，in situ重合によりカラムナー相の構造が安定化したことを示唆した結果である。さらに高分子化したスピンコート薄膜は，高分子ネットワークの形成により，機械的強度や柔軟性が高く，図7に示しているようにピンセットで挟んで剥離することが

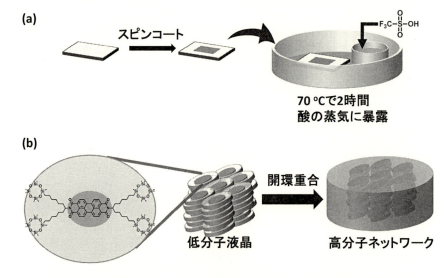

図5　(a) 開環重合による高分子薄膜の作製手順，(b) 開環重合の模式図

可能であり，自立膜としても安定である。

　摩擦転写法によって作製した一軸配向膜の *in situ* 重合の検討も行った。偏光顕微鏡観察では，図8に示すようなテクスチャーが観察でき，重合前は構造欠陥が少なく一軸配向状態を有していた。重合に伴い構造欠陥の増加が確認されるものの，複屈折の均一性は保持されており，

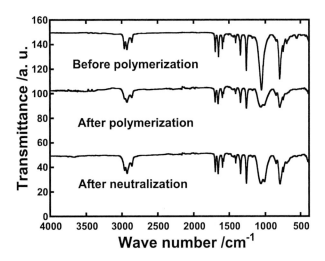

図6　開環重合に伴うIRスペクトルの変化

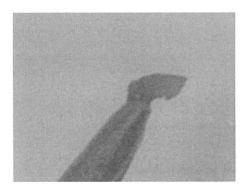

図7　*in situ* 重合によって得られた自立膜

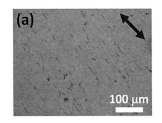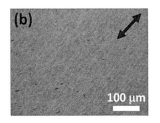

図8　一軸配向膜の偏光顕微鏡写真　(a) 重合前，(b) 重合し中和後

一軸配向状態は保持されていた。偏光吸収スペクトルにおいても，二色比は 2.8:1 であり，重合後も一軸配向は保持されていると考えられる[11]。

4.5 低分子液晶の高分子化による構造安定化とその機能性

薄膜状態で液晶性化合物を in situ 重合した例はこれまでにもあり，それらの研究をいくつか紹介する。ネマチック相での in situ 重合は比較的容易であり，光重合を用いた薄膜の固定化が検討されている。液晶性半導体に関しては，2005 年に O'Neill と Kelly らによって，光重合性部位を有しネマチック相を発現する液晶性化合物が報告されている。この液晶性フルオレン化合物のネマチック相においては，光配向膜を用いることにより，一軸配向した薄膜を作製できる。この一軸配向膜は，光重合により固定化・不溶化が可能であり，直線偏光を発光する電界発光素子の作製に成功している[15]。

それに対してスメクチック相やカラムナー相の in situ 重合は非常に限られている。イオン伝導性液晶については，2006 年にイオン性部位を有した超分子カラムナー液晶の光重合が，加藤らによって報告されている[16]。この分子は凝集した際，ナノ相分離により，イオン性部位を中心にして円盤状構造を形成し，それらが積層することでカラムナー相を発現する。その結果カラム内の中心にイオン性部位が集合し，一次元的なイオン伝導パスを形成する。また基板の表面処理やシェアリングによって，分子の配向方向はコントロールが可能であり，さらに光重合後の薄膜は，ガラス基板から剥離でき自立膜にもなる。

液晶性半導体については，2003 年に I. McCulloch らによって報告されたクウォーターチオフェンをコアにもち，側鎖末端に光重合性部位を導入した高次のスメクチック相を示す液晶性化合物がある。この研究では，スピンコート薄膜に紫外光を照射することで高分子化し，その後 FET を作製してデバイス特性を評価している。低分子状態と高分子状態での FET のホール移動度は，それぞれ 10^{-3} $cm^2V^{-1}s^{-1}$ と 10^{-4} $cm^2V^{-1}s^{-1}$ の値で，高分子化によって 1 桁値が下がっており，分子の配向秩序の低下が示唆される[17]。カラムナー相での光重合については，Haarer による報告があるが，巨視的に均一配向した薄膜を得ることはできていない[18]。

著者らの開発した酸蒸気暴露による in situ 重合では，従来困難であったカラムナー相の均一配向膜の作製が可能である。高分子ネットワークが形成されるため，自立膜を作製することもできる。現在，重合薄膜の電気伝導性に関する研究を進めている。

4.6 まとめ

柔軟さとしてオリゴシロキサン鎖を導入したペリレンテトラカルボン酸ビスイミド誘導体は室温でカラムナー相を示し，優れた電子輸送性と柔軟性を示す事を明らかにした。また，重合性のテトラシクロシロキサン環を導入した場合でも液晶性は損なわれず，良好な電子輸送性は保持された。また，スピンコート膜を酸蒸気暴露することにより，液晶相の構造を保持したまま重合薄膜を作製する事に成功した。今後，重合薄膜の電子物性評価，ナノ相分離を活用した多重機能性

第4章 電子・磁性材料

材料の創製等に取り組む予定である。

文　献

1) T. Kato, N. Mizoshita, K. Kishimoto, *Angew. Chem., Int. Ed.*, **45**, 38 (2006)
2) M. Yoneya, *Chem. Rec.*, **11**, 66 (2011)
3) M. Yoshio, T. Mukai, H. Ohno, T. Kato, *J. Am. Chem. Soc.*, **126**, 994 (2004)
4) T. Ichikawa, M. Yoshio, A. Hamasaki, T. Mukai, H. Ohno, T. Kato, *J. Am. Chem. Soc.*, **129**, 10662 (2007)
5) M. Funahashi, *J. Mater. Chem. C*, **2**, 7451 (2014)
6) M. Funahashi, *Polymer Journal*, **41**, 459 (2009)
7) M. Funahashi F. Zhang, M. Funahashi, N. Tamaoki, *Org. Electr.*, **11**, 363 (2010)
8) M. Funahashi, A. Sonoda, *J. Mater. Chem.*, **22**, 25190 (2012)
9) M. Funahashi, A. Sonoda, *Org. Electr.*, **13**, 1633 (2012)
10) M. Funahashi, N. Takeuchi, A. Sonoda, *RSC Advances*, **6**, 18703 (2016)
11) M. K. Takenami, S. Uemura, M. Funahashi, *RSC Advances*, **6**, 5474 (2016)
12) J. C. Wittmann, P. Smith, *Nature*, **352**, 414 (1991)
13) M. Misaki, Y. Ueda, S. Nagamatsu, M. Chikamatsu, Y. Yoshida, N. Tanigaki, K. Yase, *Appl. Phys. Lett.*, **87**, 243503 (2005)
14) A. M. van de Craats, N. Stutzmann, O. Bunk, M. M. Nielsen, M. Watson, K. Müllen, H. D. Chanzy, H. Sirringhaus, R. H. Friend, *Adv. Mater.*, **15**, 495 (2003)
15) M. P. Aldred, A. E. A. Contoret, S. R. Farrar, S. M. Kelly, D. Mathieson, M. O'Neill, W. C. Tsoi, R. Vlachos, *Adv. Mater.*, **17**, 1368 (2005)
16) M. Yoshio, T. Kagata, K. Hoshino, T. Mukai, H. Ohno, T. Kato, *J. Am. Chem. Soc.*, **128**, 5570 (2006)
17) I. McCulloch, W. Zhang, M. Heeney, C. Bailey, M. Giles, D. Graham, M. Shkunov, D. Sparrowe, S. Tierney, *J. Mater. Chem.*, **13**, 2436 (2003)
18) I. Bleyl, C. Erdelen, K. H. Etzbach, W. Paulus, H. W. Schmidt, K. Siemensmeyer, D. Haarer, *Mol. Cryst. Liq. Cryst.*, **299**, 149 (1997)

5 元素ブロックポリマーの階層化と電気化学機能発現

松井 淳*

5.1 はじめに

多くの電子デバイスでは材料単体の機能ではなく,各々の材料が示す特性に合わせてナノスケールで階層構造化することが高機能を実現する手段となっている。たとえば半導体材料はそれ単体では特別な機能を示すことはないが,p型半導体とn型半導体を接合することでダイオードや光電変換などの機能を発現している。一方で電気化学反応を利用した電気化学デバイスにおいて階層構造化に着目した研究は光電変換素子など少数である。我々は電気化学機能材料においても構造化により高機能性を発現できると考え研究を進めている。特に1分子厚さの高分子単分子膜"高分子ナノシート"を2次元元素ブロックとして,これをLangmuir-Blodgett (LB) 法を用いて自在に階層構造化することで,高プロトン伝導材料や,無機ナノ粒子などの1次元元素ブロックと組み合わせることで多色エレクトロクロミズム材料について報告してきた。そこで本稿ではそれらについてその研究戦略と結果について解説する。

5.2 高分子ナノシート積層体における2次元プロトン伝導材料[1,2]

プロトン伝導を示す高分子膜は燃料電池の固体電解質への応用だけでなく,生体におけるプロトン伝導のモデルとしても考えることができる。特に二分子膜界面にそったプロトン伝導はATP合成にかかわるプロトンポンプと連動するために古くから研究が行われている。これまで,直接的あるいは間接的手法で界面におけるプロトン伝導度が報告されているが,統一的な見解は得られていない[3]。これは界面特有の測定の困難さに由来するためである。そこで我々はプロトン伝導部位としてスルホ基やカルボキシ基を導入した高分子ナノシート積層体を作製し,そのプロトン伝導度について検討を行った。後述するように高分子ナノシート積層体は疎水領域と親水領域が交互に積み重なったラメラ構造を取るため,親水領域に水を取り込むことで,固液界面を積層数だけ構築することができる。

本稿で解説する高分子ナノシート積層体は N-dodecylacrylamide とアクリル酸の共重合体 p(DDA/AA) からなる高分子単分子膜より構築される(図1a)。poly(N-dodecylacrylamide) (p(DDA)) は気液界面上においてアミド基の親水性とアルキル鎖の疎水性の絶妙なバランスにより高分子鎖が2次元平面に広がった単分子膜を取ることが報告されている。この単分子膜においてアミド基は親水基としての役割だけでなく,2次元水素結合ネットワークを形成することで単分子膜の安定化を担っている(図1b)。そのためピレンなどの芳香族色素,スルホ基などのイオン性部位など,両親媒性を示さない分子を導入した共重合体においても水面上で安定な高分子単分子膜を形成することができる[4]。水面上にて形成された高分子単分子膜に固体基板を上下

---

* Jun Matsui 山形大学 理学部 物質生命化学科 准教授

第4章　電子・磁性材料

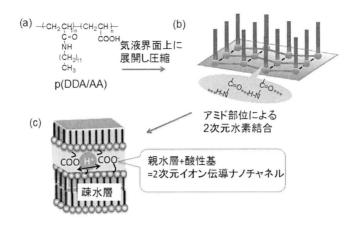

図1　高分子ナノシート積層体からなる2次元プロトン伝導材料
(a) p(DDA/AA) の化学構造，(b) 気液界面上に形成される高分子ナノシート，(c) LB法により構築された高分子ナノシート積層体のラメラ構造

させると，この単分子膜を1層ずつ転写させることが可能となる（この手法をLB法と呼ぶ）。高分子ナノシート積層体においては，アルキル側鎖間で働く疎水性－疎水性相互作用および，アミド基間で働く親水性－親水性相互作用により単分子膜が順次積層されるため，積層体においては親水領域と疎水領域が交互に重なったラメラ構造を取る。このラメラ構造において親水領域にスルホ基やカルボキシ基などの酸性分子を導入すると，数nm厚さの2次元プロトン伝導ナノチャネルとして働く（図1c）。さらに積層を繰り返すことでこのナノチャネルが積層回数分だけ構築できるため，ナノ領域の特性をバルクサイズで検討することが可能となる。

5.3　アクリル酸を導入した高分子ナノシート積層体の構造解析

カルボキシ基を含有した両親媒性高分子はAIBNを開始剤とした N-dodecylacrylamide と acrylic acid とのランダム共重合により容易に合成することができる。AAがDDAに対し44 mol%含有した共重合体 p(DDA/AA) の表面圧－面積等温線を p(DDA) のそれと示す（図2）。p(DDA/AA) も pDDA と同様に鋭い立ち上がりと高い崩壊圧を示しており，水面上に安定な単分子膜を形成していることが示唆された。また p(DDA/AA) においては表面圧が，0.2 nm^2/monomer unit と p(DDA) のそれと比べ小さな面積で立ち上がり始めている。これは親水性のカルボキシ基が水面下に存在していることを示唆している。そこで，これらの高分子ナノシートをシリコン基板上に30層累積した pDDA と p(DDA/AA) 積層体のXRD測定結果を図3aに示す。共に層構造に由来する強いブラッグピークが観察され，層構造を維持した積層体を固体基板上に良好に構築できたことがわかった。ブラッグピークから算出した1層あたりの膜厚は，pDDAは1.84 nm，p(DDA/AA) は1.97 nmであり，アクリル酸を導入することで膜厚が増大した。π-A等温線の結果とあわせて考察すると，これは下部水相中のカルボキシ基が親水層間に挟み込まれたためだと考えられる（図3b）。このことは高分子ナノシート積層体において親水

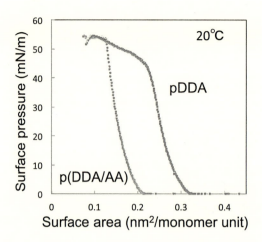

図2 p(DDA) および p(DDA/AA) の表面圧 - 面積等温線

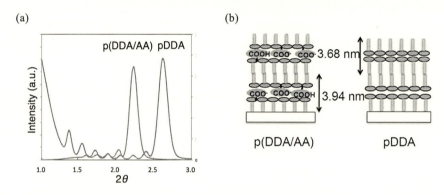

図3 (a) p(DDA) および p(DDA/AA) を30層積層した薄膜のX線回折と (b) それぞれの積層膜構造の模式図

層間がプロトン伝導ナノチャネルとして働くことを示している (図1c)。そこで, 親水層間と平行方向のプロトン伝導についてインピーダンス測定により検討を行った。図4に相対湿度98%において測定したp(DDA/AA)積層体のプロトン伝導度の温度依存性を示す。プロトン伝導度は温度が増加すると共に増加し60℃において0.05 S/cmに達した。この値はこれまで報告されている弱酸系の高分子電解質の4〜5桁大きく[5], プロトン伝導高分子のベンチマーク材料である強酸性ナフィオンに匹敵するものである。また伝導度のアレニウスプロットからその活性化エネルギーは0.32 eVと計算された。この値はプロトン伝導が水分子の水素結合ネットワークをかいしたプロトンのhop-and-turn機構 (Grotthous機構)[6]で伝導していることを示唆している (図5)。このような高いプロトン伝導が2次元界面で得られるのはなぜであろうか? 最近の計算結果においてプロトンソース間が6.5 Å離れて存在し, その間に水分子が連なった水素結合ネットワークを構築すると2次元界面においてプロトンの協同的な移動が起こるため高いプロトン伝導を達成することが報告されている[7]。また, 測定手法に議論が残るものの気液界面に形

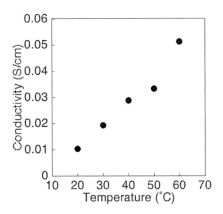

図4 ラメラ平行方向で測定した p(DDA/AA) 30層のプロトン伝導度の温度依存性（相対湿度98％）

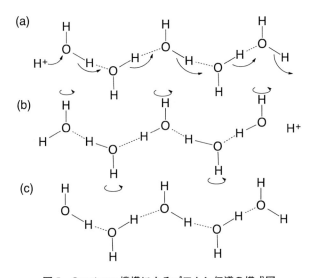

図5 Grotthous 機構によるプロトン伝導の模式図
(a)水素結合ネットワークを利用した H^+ ホッピング(hop) (b)分子回転(turn)により水素結合ネットワークを (c) 再構築。これより左から右へと輸送される H^+ は同一のものとはならない。

成させたステアリン酸単分子膜においてもカルボキシ間が7Å以下になると2次元界面において急激にプロトン伝導度が増加することが報告されている[8]。これはカルボキシ基と水分子が2.8Å以下の距離で水素結合を形成することで効率的な hop-and-turn 機構が起こるためと考えられる（図6）。本系において DDA と AA をモノマー比9:1から8:2まで変えて共重合したところ得られた共重合体における DDA と AA の比は，仕込み比とほぼ同等であることから DDA と AA はランダム性の高い共重合体である。これは AA が高分子ナノシート中に均一に存在していることを示しており，これより2次元界面における AA 間の距離を計算で求めたところ6Åと計算値と比較的よい一致を示した。このことから2次元界面においてはカルボキシ基と水分子

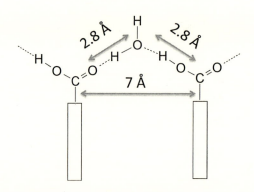

図6 Langmuir膜において提案されているステアリン酸と水からなる1次元水素結合ネットワーク

が1：1割合で水素結合ネットワークを形成し，この水素結合ネットワークにより高いプロトン伝導を達成したと考えられる。最近，山口らはスルホン化poly（arylene ether sulphone）が被覆したジルコニアナノ粒子界面において，プロトンドナー–アクセプター間の距離が2.6Åと近接した場合に高いプロトン伝導を示すことを報告している[9]。このように高いプロトン伝導を得るためにはナノスケールの界面において如何にプロトンソースをオングストロームレベルの距離で配列させるかが重要となると考えられる。

5.4 エレクトロクロミック高分子ナノシートの階層構造化による多色エレクトロクロミズム[10]

半導体デバイスにおけるダイオードはフェルミレベルの異なるp型半導体とn型半導体を接合することで構築される。同様に酸化還元電位の異なる高分子薄膜を2層になるよう電極に積層すると（bilayer electrodeと呼ばれる），積層体におけるポテンシャル勾配に沿って一方向にのみ電子移動が起こるため，電気化学的ダイオードとして働くことがMurrayらによって既に1981年に報告されている[11,12]。我々はこの原理をエレクトロクロミズムに応用することで多色エレクトロクロミズムの新たな原理を提案し実証した。エレクトロクロミズムとは電気化学反応により色変化がおきる現象である。材料を選択することで多様な色に着色することからフルカラー電子ペーパーへの応用が期待されている。フルカラー化の手法として3原色（Cyan, Magenta, Yellow）を別々の電極に塗り分けて，これらを足し合わせる手法が報告されている。我々はbilayer electrodeの原理を用いれば1つの電極でもこの色の足し合わせが可能であることを着想し実証した。

5.5 bilayer electrodeとは

多色エレクトロクロミズムの基本原理となるbilayer electrodeについて図7を用いて解説する。polymer AとBはレドックス伝導性高分子であり，自己電子交換反応により電子伝達をおこす。そのため，polymer Aが酸化も還元もされない電極電位（E_1とE_3の間）の時はpolymer Aは絶縁体となる（図7a）。またpolymer Bはpolymer Aにより電極より離れて存在している

第4章 電子・磁性材料

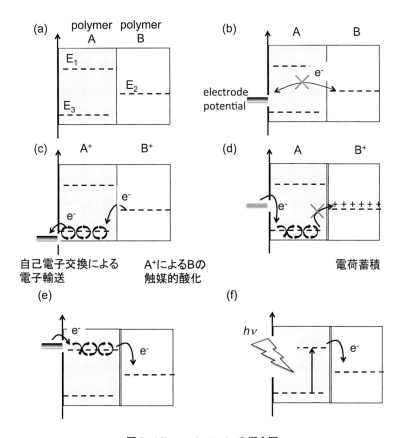

図7 bilayer electrode の概念図
(a) polymer A および polymer B 酸化還元電位 (b) 電極電位が E_1 と E_3 の間では polymer A は絶縁体であるため polymer B の酸化還元反応は起こらない (c) polymer A が酸化されるとその酸化体 A^+ により polymer B が酸化される(触媒的酸化)。polymer A は自己電子交換反応を繰り返し電子伝達 (d) 電極による polymer A^+ の還元。polymer A から polymer B^+ への還元は up hill なため起こらない。(e) polymer A の還元電位 E_1 を用いた polymer B^+ の触媒的還元,もしくは (f) polymer A の光励起による polymer B^+ の光還元

ため電極と直接酸化還元反応を起こすことができず,polymer A のメディエーションを必要とする(図 7b)。ここで,bilayer electrode における polymer B の酸化還元反応に着目する。例えば polymer B の酸化はその酸化電位である E_2 では起こらず,電位を E_3 まで掃引して形成された polymer A の酸化体 polymer A^+ を媒介として触媒的に酸化される(図 7c)。続いて電位を還元側に掃引すると polymer A^+ は電極により還元されるが,polymer A が polymer B^+ を還元する反応は up hill の反応であるため起こらず,結果として電子は外側から内側の方向にしか伝達されないダイオードとなる(図 7d)。このような電気化学ダイオードの特徴は,1 サイクルの電位掃引により polymer B に電荷が蓄積されることである。酸化体の polymer B^+ は polymer A の還元電位 E_1 まで電極電位を掃引し,触媒的に還元するか(図 7e),polymer A を光励起により光化学的に還元する(図 7f)ことが可能となる。

5.6 3層構造を用いた多色エレクトロクロミズム

我々の多色エレクトロクロミック材料は2種類の高分子ナノシートを3層に積層した構造となる。一つ目の高分子ナノシートはルテニウム錯体を含有した p(DDA/Rubpy$_3^{2+}$)（図8a）であり、もう一つはプルシアンブルー（PB）ナノ粒子/高分子ナノシート複合体である（図8b）。p(DDA/Rubpy$_3^{2+}$) は配位子となるビピリジンのビニル誘導体と N-dodecylacrylamide（DDA）を共重合した後に、cis-bis(2, 2'-bipyridyl)dichlororuthenium(Ⅱ)dihydrate との高分反応により合成できる。一方で、PBナノ粒子は表面が負に帯電しているため、カチオン性の高分子ナノシート p(DDA/DONH) との静電相互作用を用いることでナノシート化した。なお便宜的に p(DDA/DONH) と PB からなるナノシートを PB ナノシートと呼ぶ。これら2種類のナノシートを LB 法により電極から PB ナノシート/p(DDA/Rubpy$_3^{2+}$)/PB ナノシートの順に3層に積層する（図9a）。図9b にこの3層構造のポテンシャルダイアグラムを示す。3層構造において内側の PB ナノシートは電極と直接酸化還元反応を引き起こすことが出来る。一方で外側の PB ナノシートは bilayer electrode における polymer B であり、その酸化還元反応は2層目の p(DDA/Rubpy$_3^{2+}$) の酸化還元によって制御される。そのため、1層目の PB と3層目の PB の酸化還元状態を1つの電極で独立に制御することが可能となる。以下にそのメカニズムについて初期の状態（Rubpy$_3^{2+}$, PB）を基準とした、差分スペクトルと共に説明する。はじめに電極電位を 1.3 V（vs Ag wire）に掃引すると第一層目の PB は電極により直接酸化されプルシアンイエロー（PY）となる。一方で bilayer electrode と同様に第3層目の PB は第2層目の p(DDA/Rubpy$_3^{2+}$) 層のメディエーションにより PY へと酸化される（図10a）。実際のこの反応を差分

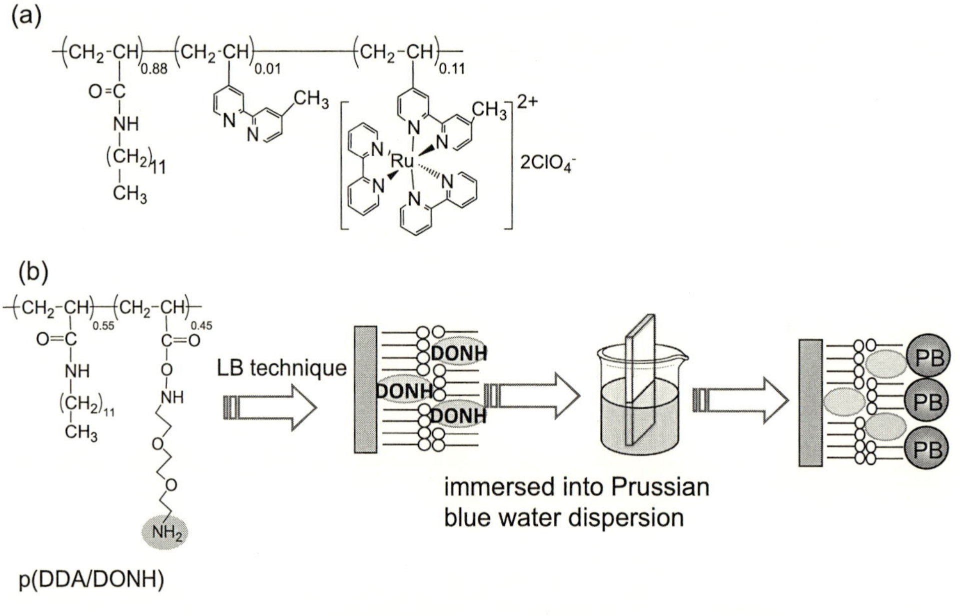

図8 ルテニウム含有高分子ナノシートと PB ナノシートの構造

第4章　電子・磁性材料

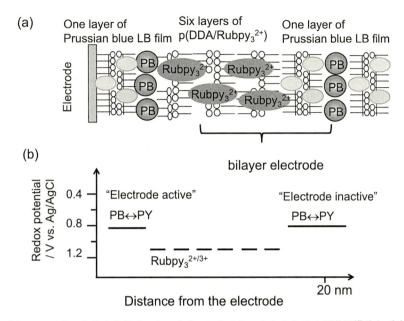

図9　(a) ルテニウム含有高分子ナノシートと PB ナノシートからなる3層階層構造と (b) そのポテンシャルダイアグラム

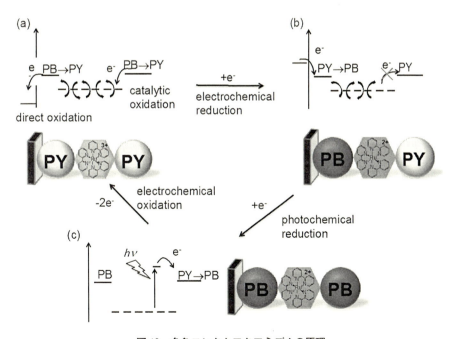

図10　多色エレクトロクロミズムの原理
(a) 電極による第1層 PB ナノシートの酸化および bilayer electrode の原理に基づく第3層 PB ナノシートの触媒的酸化。(b) 電極による第1層 PY の PB への還元。bilayer electrode の原理に基づき第3層は PY 状態のまま。(c) ルテニウム錯体の励起による第3層目 PY の PB への光還元

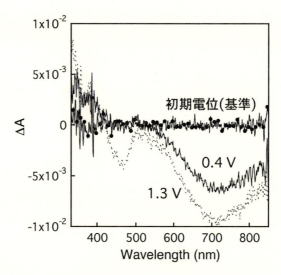

図11 3層構造のそれぞれが PB/p(DDA/Rubpy$_3^{2+}$)/PB の状態を基準としたそれぞれの電位における吸収変化スペクトル。負は基準状態の化合物の消失，正は新たな化合物の出現を示す

スペクトルで測定するとPBに由来する700 nm付近の吸収が減少し，PYに由来する400 nm付近の吸収が増加している（図11点線）。なお460 nm付近の吸収の減少はRubpy$_3^{2+}$がRubpy$_3^{3+}$に酸化されたための減少である。そのためPBの着色に着目すると第1層，第3層のPBナノシートがPB（青）からPY（黄色）へと変化したことになる。続いて電極電位を0.4 V（vs Ag wire）に掃引した際の差分吸収スペクトル（図11実線）に着目すると460 nm付近の吸収が回復しておりRubpy$_3^{3+}$がRubpy$_3^{2+}$に還元されたことを示している。一方で400 nm付近の吸収は存在したまま，700 nn付近の吸収が一部回復している。これは第1層目のPYが電極によりPBへと還元されたのに対し，bilayer electrodeの原理より3層目のPBはその酸化状態のPYのまま存在しているためである（図10b）。このことは3層構造のサイクリックボルタモグラムからも確認されている。そのため一回の電位掃引により第1層PB（青），第3層PY（黄色）となり膜全体は青＋黄色＝緑に着色する。この混合状態は2層目のルテニウム錯体を励起することで3層目のPYをPBへと光還元することで初期状態へと戻すことが可能である（図10c）。プルシアンブルーは代表的なエレクトロクロミック材料であるが，これまではPB（青），PY（黄色）の2色のみ安定に呈色可能であった。このように3層構造を取ることで安定な2色を足し合わせることで3色目を呈色可能となる。多色エレクトロクロミズムの基本原理であるbilayer electrodeはpolymer BのE_2がpolymer AのE_1とE_3の間に存在することさえ満たせば原理的にはどのような高分子の組み合わせでも可能である。そのためこの原理を応用することで1電極でフルカラー着色可能なエレクトロミック材料の創製も可能と考えられる。

5.7 まとめ

以上，多様な元素ブロック材料をナノスケールで階層構造化することで機能の向上（カルボキシ基のような弱酸であっても強酸と同程度のプロトン伝導を示す），あるいは新機能の発現（プルシアンブルーのようによく知られたエレクトロクロミズム材料でも着色数の増加）が可能であることを示した。このことは汎用材料であっても，それらを階層構造を構築する元素ブロックユニットとしてとらえることでその機能の向上や新機能の発現が可能であることを示していると考えられる。

文　献

1) J. Matsui, H. Miyata, Y. Hanaoka, T. Miyashita, *ACS Appl. Mater. Interaces* **3** 1394 (2011)
2) T. Sato, Y. Hayasaka, M. Mitsuishi, T. Miyashita, S. Nagano, J. Matsui, *Langmuir* **31** 5174 (2015)
3) A.Y. Mulkidjanian, J. Heberle, D.A. Cherepanov, *Biochim. Biophys. Acta* **1757** 913 (2006)
4) M. Mitsuishi, J. Matsui, T. Miyashita, *Polym. J.* **38** 877 (2006)
5) B. Liu, W. Hu, G.P. Robertson, M.D. Guiver, *J. Mater. Chem.* **18** 4675 (2008)
6) 大堺利行，桑畑 進，加藤健司，ベーシック電気化学 (2000)
7) A. Golovnev, M. Eikerling, *J. Phys., Condens. Matter* **25** (2013)
8) V.B.P. Leite, A. Cavalli, O.N. Oliveira, *Phys. Rev. E* **57** 6835 (1998)
9) T. Ogawa, T. Aonuma, T. Tamaki, H. Ohashi, H. Ushiyama, K. Yamashita, T. Yamaguchi, *Chem. Sci.* **5** 4878 (2014)
10) J. Matsui, R. Kikuchi, T. Miyashita, *J. Am. Chem. Soc.* **136** 842 (2014)
11) H.D. Abruna, P. Denisevich, M. Umana, T.J. Meyer, R.W. Murray, *J. Am. Chem. Soc.* **103** 1 (1981)
12) P.G. Pickup, C.R. Leidner, P. Denisevich, R.W. Murray, *J. Electroanal. Chem.* **164** 39 (1984)

第5章 スマート機能材料

1 シロキサン系元素ブロック高分子膜の構造制御と透過分離特性

宮田隆志[*1], 浦上 忠[*2]

1.1 はじめに

膜分離技術は,省エネルギーや環境保全などの観点から幅広い分野において分離や精製の過程で利用されている[1]。特に,発酵法によって得られるアルコール水溶液の分離濃縮や石油精製過程における炭化水素類の分離,さらには環境汚染などの一因とされている揮発性有機化合物(volatile organic compound: VOC)の除去技術として,膜分離技術が有望視されている。このような有機液体混合物の分離には膜分離技術の中でもパーベーパレーション(PV)法が有力であり,そのための様々な分離膜が報告されている[2]。たとえば,工場排水からのVOCの除去処理には,活性炭や生物化学的な方法が利用されているが,処理に際して大量の水を必要とするなど,より効率的な処理技術の開発が求められている。PV法は連続操作が可能であり,新たに水資源を使用する必要がないため,省エネルギー的かつ高効率的な代替水処理技術としての利用が期待できる。

有機液体混合物を分離するための高分子膜としては,ポリジメチルシロキサン(PDMS)膜,ポリ[1-(トリメチルシリル)-1-プロピン](PTMSP)膜およびその誘導体膜などのケイ素含有高分子膜が優れた選択透過性を示すことが知られている[3〜8]。一般に,PV法による有機液体混合物の透過分離は溶解拡散機構に基づいており,透過種の膜への溶解性と膜内における拡散性によって支配されている[2]。したがって,優れた有機液体混合物の分離膜を開発するためには,特定の透過種に対する親和性を高め,さらに膜内でのその拡散性を増加させることが必要である。そのため,様々な膜構造と透過分離特性との関係が詳細に検討され,得られた基礎的知見に基づいて分離膜が設計されてきた。

本稿では,柔軟な主鎖を有するシロキサン系元素ブロック高分子膜に着目し,そのミクロ相分離構造や表面構造,さらには液晶構造などの膜構造と有機液体混合物の選択透過性との関係を述べる。特に,シロキサン系元素ブロック高分子膜として多成分系高分子膜や表面改質膜,分子認識素子含有膜,イオン液体含有膜,液晶高分子膜を取り上げ,その特異な膜構造の設計により有機液体混合物の透過分離特性の制御を試みた研究を紹介する。

[*1] Takashi Miyata 関西大学 化学生命工学部 教授
[*2] Tadashi Uragami 関西大学 化学生命工学部 教授

第 5 章　スマート機能材料

1.2　シロキサン系元素ブロック高分子のミクロ相分離構造と透過分離特性
1.2.1　ミクロ相分離構造と選択透過性

　ブロック共重合体やグラフト共重合体，ポリマーブレンドなどの多成分系高分子は一成分では発現できない機能や性能を付与できるため，様々な分野の材料開発で利用されてきた[9,10]。多成分系高分子の多くは非相溶な高分子同士の組み合わせが多く，ほとんどの場合にミクロ相分離構造が形成される。このような相分離構造は多成分系高分子の物性に直接影響するため，そのモルフォロジーを制御することは材料開発において最も重要である。たとえば，多成分系高分子膜の相分離構造が気体透過性に大きく影響することが報告されている[11]。したがって，多成分系高分子膜の相分離構造と有機液体混合物の選択透過性との関係を解明することは，優れた有機液体分離膜を開発する上で不可欠である。

　シロキサン系元素ブロック高分子として，PDMS を一成分とする様々なグラフト共重合体やブロック共重合体が合成され，溶媒キャスト法によって分離膜が調製されている。このようにして得られるシロキサン系元素ブロック高分子膜は様々な形態のミクロ相分離構造を形成する。このミクロ相分離構造は高分子膜の透過分離特性と密接に関係しており，系統的な研究成果が報告されている[12〜20]。例えば，汎用性ポリマーのポリメタクリル酸メチル（PMMA）と PDMS とのグラフト共重合体（PMMA-g-PDMS）が，メタクリル酸メチルと PDMS マクロモノマーとのラジカル共重合によって合成され，溶媒キャスト法により PMMA-g-PDMS 膜が調製された[14]。この PMMA-g-PDMS 膜を用いて PV 法により 10 wt%エタノール水溶液を透過すると，ジメチルシロキサンユニット（DMS）含有率 35 mol%付近で透過液中のエタノール濃度と透過速度は共に急激に増加した（図 1（a））。特に，DMS 含有率 35 mol%以上で透過液中のエタノール濃度が供給液濃度よりも高くなり，この付近の含有率で膜が水選択透過性からエタノール選択透過性へと変化していることがわかる。そこで，PMMA-g-PDMS 膜の構造を詳細に調べるため，RuO_4 によって PDMS 成分を染色した後に透過型電子顕微鏡（TEM）により膜断面の構造を観察した。図 2 に示した PMMA-g-PDMS 膜の TEM 写真では，RuO_4 によって染色された黒い領域が PDMS 成分であり，染色されていない領域が PMMA 成分である。いずれの組成のPMMA-g-PDMS 膜も PDMS 相と PMMA 相とからなる明確なミクロ相分離構造が観察された。また，DMS 含有率の増加に伴ってそのモルフォロジーは次第に変化している様子がわかる。さらに，TEM 写真の画像解析を行った結果，DMS 含有率 30 および 34 mol%の膜では有限の大きさのクラスターのみが存在したが，DMS 含有率 52 および 68 mol%の膜では無限クラスターが出現していた。このことは，前者の膜では PDMS 成分が不連続相を形成しているのに対して，後者の膜では連続相へと変化していることを示唆している。

　一般に，二成分系高分子膜による気体透過において，その構成成分の体積分率と各成分の透過速度から次のような Maxwell 式が成立する[11]。

$$P = P_B \frac{P_A + 2P_B - 2\phi_A(P_B - P_A)}{P_A + 2P_B + \phi_A(P_B - P_A)} \tag{1}$$

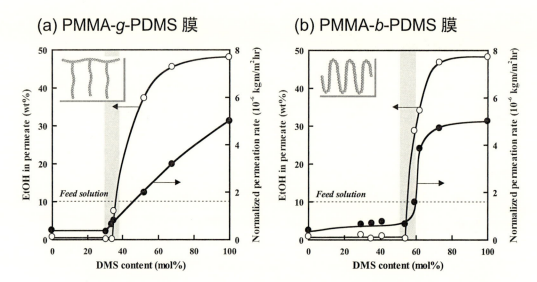

図1 PMMA-*g*-PDMS 膜（a）と PMMA-*b*-PDMS 膜（b）を用いて 10 wt% エタノール水溶液を透過させた場合の透過液中のエタノール濃度（○）と透過速度（●）に及ぼす DMS 含有率の影響

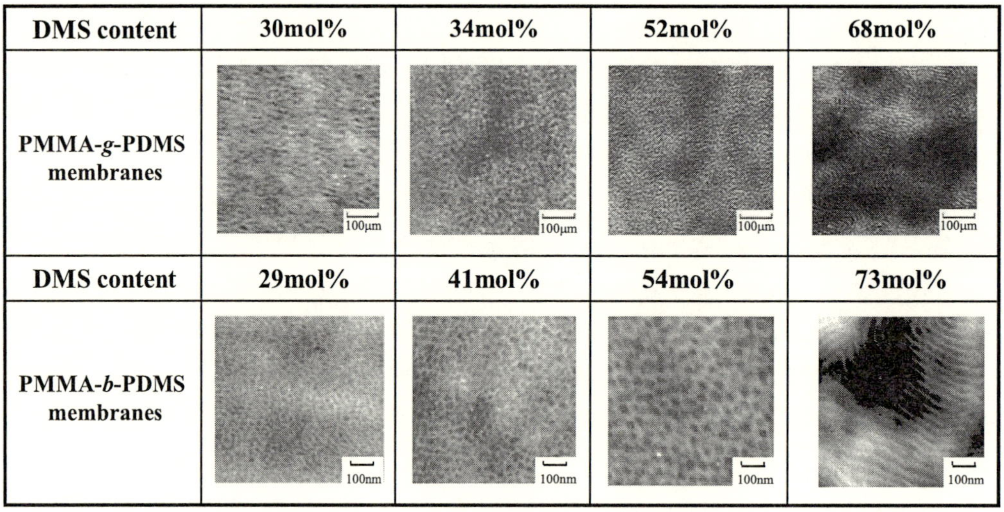

図2 PMMA-*g*-PDMS 膜と PMMA-*b*-PDMS 膜の断面の TEM 画像（RuO$_4$ による染色部分：PDMS 相）

ここで，ϕ_A および ϕ_B はそれぞれ連続相と不連続相を形成している成分 A と成分 B の体積分率であり，P_A および P_B はそれぞれの透過速度である．この Maxwell 式を用いて PMMA-*g*-PDMS 膜のミクロ相分離構造と透過分離特性との関係を検討した．図3には，PDMS 成分および PMMA 成分が連続相を形成した場合の Maxwell 式から得られる理論的透過速度を波線で，

第5章　スマート機能材料

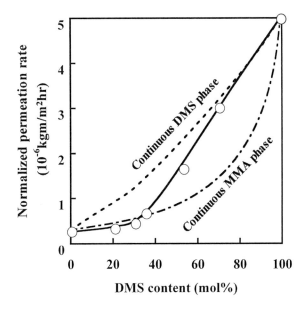

図3　PMMA-g-PDMS膜を用いて10 wt%エタノール水溶液を透過したときのDMS含有率と透過速度との関係
○：実測値，-----：PDMS相が連続相と仮定した理論値，-・-・-：PMMA相が連続相と仮定した理論値

透過速度の実測値は各プロットとして示した。DMS含有率35 mol%以下の膜では，実測値はPMMA成分が連続相を形成していると仮定した理論透過速度とよく一致しており，さらにDMS含有率が増加するとPDMS成分が連続相を形成している場合の理論曲線に近づいた。この結果は画像処理の結果とよく一致しており，DMS含有率35 mol%前後でPDMS成分が不連続相から連続相へと変化している様子がわかる。

以上の結果から，PMMA-g-PDMS膜のミクロ相分離構造と選択透過性との関係は次のように説明できる。PDMSに比較してPMMAのT_gは高く，透過条件下ではガラス状高分子であるため，PMMA相内においてエタノール分子よりも分子サイズの小さな水分子の方が高い拡散性を有する。そのため，エタノール水溶液の透過分離に対してPMMAホモポリマー膜は水選択透過性を示す。したがって，DMS含有率の低いPMMA-g-PDMS膜では透過種がPMMA連続相を透過するために水選択透過性を示す。しかし，DMS含有率35 mol%以上になるとPDMS相が連続相を形成するため，透過種はPMMA相よりもT_gの低いPDMS相を透過するようになる。その際，より親和性の高いエタノール分子が優先的に膜内に溶解し，それらが拡散性の高いPDMS連続相を透過する結果としてPMMA-g-PDMS膜が急激にエタノール選択透過性へと変化する。以上の結果より，DMS含有率35 mol%付近でPMMA-g-PDMS膜の選択透過性が大きく変化したのは，ミクロ相分離構造の急激なモルフォロジー変化に基づくことが明らかとなった。このようなアルコール水溶液の透過分離の他に極微量のVOCを含む水溶液の透過分離にお

いても PMMA-g-PDMS 膜の選択透過性がそのモルフォロジーによって大きく支配されていることが示されている[15]。

1.2.2 共重合体構造の影響

一般に，ブロック共重合体やグラフト共重合体などの分子構造により，材料内のミクロ相分離構造は大きく左右される。ここでは，ブロックとグラフトとの分子鎖形態の差異によって生じるミクロ相分離構造の差が膜特性に及ぼす影響について述べる[16]。PMMA-g-PDMS 膜および PMMA-b-PDMS 膜を用いて 10 wt%エタノール水溶液を透過すると，いずれの共重合体膜も特定の DMS 含有率の時に透過液中のエタノール濃度と透過速度は急激に増加した。しかし，グラフト共重合体膜とは異なってブロック共重合体膜では DMS 含有率 55 mol%付近で膜が水選択透過性からエタノール選択透過性へと変化した（図1 (b)）。図2に示した TEM 観察の結果，いずれの膜も明確なミクロ相分離構造を形成していたが，PMMA-g-PDMS 膜および PMMA-b-PDMS 膜のモルフォロジーはそれぞれ DMS 含有率 35 mol%および 55 mol%の前後で PDMS 相が不連続相から連続相へと大きく変化した。そこで，図4に示したシリーズモデルとパラレルモデルからなる混合モデルを利用して PMMA-g-PDMS 膜および PMMA-b-PDMS 膜のモルフォロジー変化について検討した。

PDMS 相と PMMA 相からなる二成分系高分子膜の透過に対してシリーズ・パラレル混合モデルを適用することによって，その全透過速度は式(2)で表すことができる。

$$P = (\phi_{PDMS} + \phi_{PMMA1})^2 \frac{P_{PMMA}P_{PDMS}}{\phi_{PDMS}P_{PMMA} + \phi_{PMMA1}P_{PDMS}} + \phi_{PMMA2}P_{PMMA} \tag{2}$$

$$\phi_{PMMA1} + \phi_{PMMA2} + \phi_{PDMS} = 1 \tag{3}$$

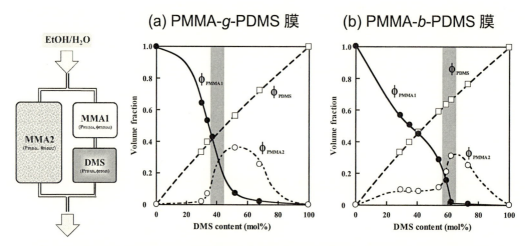

図4 シリーズ・パラレル混合モデルを用いて PMMA-g-PDMS 膜 (a) と PMMA-b-PDMS 膜 (b) の透過速度から計算したモデル要素各相の体積分率

第 5 章 スマート機能材料

ここで，ϕ_{PDMS}，ϕ_{PMMA1} および ϕ_{PMMA2} はそれぞれ混合モデル中の PDMS 相および PMMA 相の体積分率であり，P_{PDMS} および P_{PMMA} は PDMS ホモポリマーと PMMA ホモポリマーの透過速度である。この混合モデルを用いて，実験値として得られる PMMA-g-PDMS 膜および PMMA-b-PDMS 膜の透過速度から各相の体積分率を算出した。式（2）と式（3）から得られる各相の体積分率変化はミクロ相分離構造のシリーズ性とパラレル性の度合いに対応しており，式（1）から得られる理論的透過速度と実験値とを対比する方法よりもより定量的にモルフォロジー変化を評価できる。図 4 に示したシリーズモデル部分の PMMA 体積分率 ϕ_{PMMA1} の変化に着目すると，DMS 含有率の増加に伴って PMMA-g-PDMS 膜の ϕ_{PMMA1} は DMS 含有率 35 mol%付近で急激に減少し，PMMA-b-PDMS 膜の ϕ_{PMMA1} は DMS 含有率 55 mol%付近でゼロに近づいた。このことは，PMMA-g-PDMS 膜および PMMA-b-PDMS 膜のモルフォロジーがそれぞれ DMS 含有率 35 mol%付近と 55 mol%付近でシリーズモデルからパラレルモデルへと変化していることを示唆している。したがって，PMMA-g-PDMS 膜および PMMA-b-PDMS 膜では特定の DMS 含有率で PDMS 相が不連続相から連続相へと変化していることがわかる。このようにブロック共重合体とグラフト共重合体の分子鎖形態の差異によって生じるミクロ相分離構造の差が膜の選択透過性に大きく影響を及ぼすことになる。したがって，優れた選択透過膜を設計するためには，分子設計だけではなく，ミクロ相分離構造などの膜構造の設計も重要であることが明らかとなった。

1.2.3 熱処理効果

膜形成過程に形成されるミクロ相分離構造は，その製膜条件や後処理条件などによって大きく影響される。そこで，PMMA-b-PDMS 膜を熱処理したときの膜構造と透過分離特性との関係を検討した[17]。PMMA-b-PDMS 膜を 120℃で 2 時間熱処理することによって，10 wt%エタノール水溶液の透過分離特性が急激に変化する DMS 含有率が 55 mol%付近から 35 mol%付近へと低下した。この結果は，同一組成の多成分系高分子膜においても熱処理によって膜性能を制御できることを示している。そこで，熱処理による PMMA-b-PDMS 膜のモルフォロジー変化について TEM 観察したところ，PMMA-b-PDMS 膜のミクロ相分離構造は熱処理により大きく変化し，DMS 含有率 40〜55 mol%の膜では PDMS 相が一部不連続相から連続相へと成長した。そこで，これらの変化をより定量的に取り扱うため PDMS 相の形状のフラクタル次元を算出した。

フラクタルの概念は Mandelbrot によって提唱され，自然界などに存在する複雑な形状や現象を幾何学的に把握できる学問として注目されてきた[18]。フラクタルは自己相似性であるという制限をもつが，この概念を用いることによってこれまで特別な規則性が見出されていないような複雑な形状や現象を定量的に取り扱うことができる。このようなフラクタルな性質を有する図形は非整数値となる次元を有し，その値によりその図形の複雑性を表現することができる。そこで，ミクロ相分離構造の TEM 画像の解析によりその形状に対するフラクタル次元を求め，熱処理によるモルフォロジー変化を定量的に評価した[19, 20]。

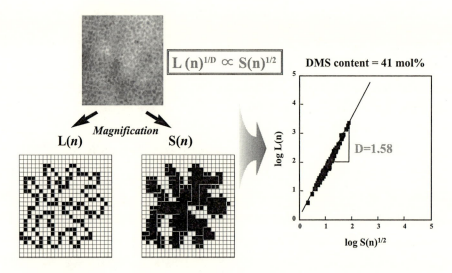

図5 TEM画像解析によるPMMA-*b*-PDMS膜(DMS含有率41 mol%)のPDMS相のフラクタル次元決定
X (*n*):PDMS相の周囲長,S (*n*):PDMS相の面積

相分離構造の形状に対するフラクタル次元は測度の関係から次のように算出できる。一般的な図形の特徴的な長さ L とその表面積 S,体積 V の間には,$L \propto S^{1/2} \propto V^{1/3}$ のような関係が成立する。この関係をフラクタル図形に拡張すると,フラクタル図形の周囲の長さ $L(n)$ と面積 $S(n)$ との関係は式(4)で表すことができる。

$$L(n)^{1/D} \propto S(n)^{1/2} \propto V(n)^{1/3} \tag{4}$$

したがって,$L(n)$ と $S(n)^{1/2}$ の両対数プロットにおける直線の勾配からフラクタル次元 D を求めることができる(図5)。このようにして得られるフラクタル次元 D はその形状の複雑性に対する指標となり,その値が大きなものほど複雑で空間を埋め尽くす性質を持っている。例えば,DMS含有率41 mol%のPMMA-*b*-PDMS膜のTEM画像解析から決定したPDMS相の $L(n)$ と $S(n)^{1/2}$ との両対数プロットの間には明確な直線関係が認められ,その直線の勾配は1よりも大きな1.58になった。このことはPDMS相の形状が滑らかではなく,その表面が非常に複雑な構造をもつフラクタル図形であることを示している。さらに,DMS含有率の低い膜ではいずれもフラクタル次元が1.6前後の高い値を示したが,DMS含有率の増加に伴い,未処理膜ではDMS含有率55 mol%付近で,熱処理膜ではDMS含有率35 mol%付近で,そのフラクタル次元は急激に減少した。この結果は,DMS含有率の低い膜では非常に複雑な形状のPDMS相が形成されているのに対し,DMS含有率が高くなるとPDMS相は連続相を形成し始め,その形状も滑らかになることを示唆している。また,熱処理によってより低いDMS含有率でPDMS相が滑らかな構造を有する連続相を形成することがわかる。このように熱処理によるミ

第5章 スマート機能材料

クロ相分離構造の大きな変化が,フラクタル次元を用いて定量的に示された。

さらに,式(2)と式(3)のシリーズ・パラレル混合モデルを用いて,熱処理によるモルフォロジー変化も検討した。その結果,未処理の PMMA-b-PDMS 膜に比較して熱処理膜の方が,より低い DMS 含有率 35 mol% 付近で ϕ_{PMMA1} が急激にゼロとなった。このことは,熱処理膜では DMS 含有率 35 mol% 付近で PDMS 成分が連続相を形成し始めることを意味しており,未処理膜とは異なった DMS 含有率でモルフォロジーが急激に変化していることがわかる。したがって,PMMA-b-PDMS 膜の熱処理により PDMS 相の連続性が変化する DMS 含有率が低下するため,より低い DMS 含有率 35 mol% 付近で膜が水選択透過性からエタノール選択透過性へと変化することになる。

一方,グラフト共重合体膜である PMMA-g-PDMS 膜を熱処理した場合についても同様に検討すると,PMMA-b-PDMS 膜の場合とは異なり,熱処理しても透過分離特性はほとんど変化しなかった。PMMA-g-PDMS 膜のミクロ相分離構造は熱処理によってほとんど変化せず,その結果として未処理膜と熱処理膜とで透過分離特性に大きな差異が生じなかった。この結果は,ブロック共重合体膜に比較してグラフト共重合体膜の方が膜形成過程においてより安定なミクロ相分離構造を形成しやすいことを示唆している。このような安定構造の形成のしやすさは,ブロック共重合体とグラフト共重合体との自由末端の差に依存すると推察される。

1.3 シロキサン系元素ブロック高分子を用いた膜の表面改質と透過分離特性

1.3.1 PDMS 膜の表面改質

多成分系高分子材料の表面は内部と異なり,特定成分が材料表面に偏在化されることが知られている[21~24]。その性質を利用することにより,表面自由エネルギーの低い含フッ素共重合体を少量添加するだけで材料表面を著しく撥水化できる。したがって,多成分系高分子膜でも特定の成分が表面偏在化する結果として膜特性が大きく変化する。特に,溶解拡散機構に基づく有機液体混合物の透過分離では,溶解過程における透過種と膜表面との親和性が膜の選択透過性に強く影響する。そのため,膜の表面性質と有機液体混合物の透過分離特性との関係を解明することは,優れた分離膜を設計するための重要な指針へとつながる。さらに,膜表面に特定の成分が偏在化する性質を利用すると,高分子添加剤を用いた簡便な方法で膜の表面改質が可能となり,膜の選択透過性を最適に制御することが可能である。ここでは親水性および疎水性のシロキサン系元素ブロック高分子を用いた膜の表面改質とその選択透過性について述べる。例えば,図6に示したような各種モノマーを用いて親水性ブロック共重合体 PDEAA-b-PDMS (DMS 含有率 53 mol%)と疎水性ブロック共重合体 PNFHM-b-PDMS (DMS 含有率 48 mol%)を合成し,高分子添加剤として架橋 PDMS 膜の調製時に少量添加することにより表面改質 PDMS 膜を調製した[25]。親水性の PDMS-b-PDEAA を添加した膜では,添加量が増加しても空気側表面の接触角はほとんど変化せず,ステンレス側表面の接触角のみが低下して親水化された。一方,疎水性の PNFHM-b-PDMS 添加膜では逆にステンレス側表面の接触角は変化せず,空気側表面の接

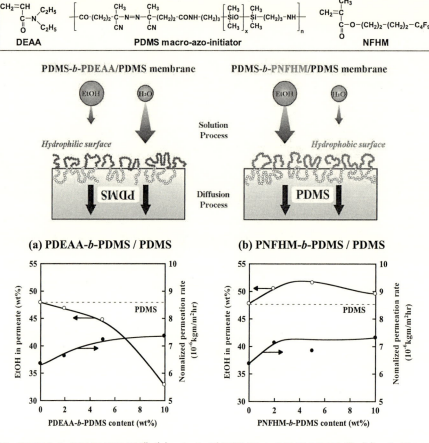

図6 PDEAA-*b*-PDMS/PDMS膜（a）およびPNFHM-*b*-PDMS/PDMS膜（b）を用いて10 wt%エタノール水溶液を透過したときの透過液中のエタノール濃度（○）と透過速度（●）に及ぼす高分子添加剤含有率の影響

触角のみが次第に高くなり，空気側表面が撥水化された。これは，膜のステンレス側表面や空気側表面の界面自由エネルギーや表面自由エネルギーを低下させるように各成分が膜表面に濃縮されるためである。このように親水性あるいは疎水性ブロック共重合体を少量添加するだけで，膜内部をほとんど変化させずに膜表面のみを容易に改質できる。

これらの表面改質PDMS膜を用いて10 wt%エタノール水溶液を透過したときの透過分離特性に及ぼすブロック共重合体添加量の影響を検討した（図6）。このとき，いずれの膜を用いた場合もブロック共重合体添加によって著しく改質された表面を供給液側に向けて透過を行った。親水性のPDEAA-*b*-PDMS添加PDMS膜を用いた場合には，添加量の増加に伴って透過液中のエタノール濃度は次第に減少し，膜がエタノール選択透過性から水選択透過性へと変化した。また，表面を撥水化したPNFHM-*b*-PDMS添加膜では，添加量の増加に伴って透過液中のエタノール濃度は増加し，エタノール選択透過性が向上した。一方，PDEAA-*b*-PDMSや

第5章　スマート機能材料

PNFHM-b-PDMS のみからなる膜を用いてエタノール水溶液を透過した場合には，いずれも水選択透過性を示した。このようにいずれのブロック共重合体もそれ自身は水選択透過性を示すが，それを添加剤として PDMS 膜に少量添加することによって膜が水選択透過性からエタノール選択透過性へと変化するという興味深い結果が得られた。

　一般に，PV 法による有機液体混合物の透過分離は溶解拡散機構に基づき，透過種の膜への溶解性と膜内における拡散性に依存する[2]。したがって，それのみでは水選択透過性を示す親水性および疎水性ブロック共重合体を PDMS 膜に添加することによって膜の選択透過性が幅広く制御できた理由は次のように説明できる。ベースの PDMS 膜は，エタノールに対する相対的な親和性とゴム状高分子特有の高い透過性の結果としてエタノール選択透過性を示す。この PDMS 膜に少量の PDEAA-b-PDMS を添加すると膜のステンレス側表面のみが親水化され，膜内部は PDMS 膜と同等の透過性を維持している。その結果として，PDEAA-b-PDMS 添加によって親水化された表面に水分子が溶解しやすくなり，高い透過性を有する PDMS 膜内部をそれが拡散するため，膜のエタノール選択透過性が減少する。一方，PNFHM-b-PDMS 添加した PDMS 膜の撥水化表面には水分子よりエタノール分子の方が優先的に溶解し，それが PDMS 膜内を拡散する結果として膜のエタノール選択透過性が向上する。このように，少量のブロック共重合体添加により膜表面のみを化学的に修飾でき，膜の選択透過性を制御できる。

1.3.2　PTMSP 膜の表面改質

　置換ポリアセチレンのポリ［1-(トリメチルシリル)-1-プロピン］(PTMSP) 膜は優れた酸素透過膜として知られており，PV 法によるエタノール水溶液の分離濃縮においても高いエタノール選択透過性を示す。そこで，含フッ素グラフト共重合体を少量添加することにより PTMSP 膜の表面改質を行った[26]。PTMSP 膜を表面改質するための高分子添加剤としてパーフルオロアクリレートと PDMS マクロモノマーとの共重合体 (PFA-g-PDMS)（DMS 含有率 93 mol%）が合成された。PFA-g-PDMS 添加量が増加しても PFA-g-PDMS 添加 PTMSP 膜のガラス側表面の水接触角は変化しなかったが，空気側表面の水接触角は急激に増加し，膜表面が撥水化された。そこで X 線光電子分光法 (XPS) により PFA-g-PDMS 添加 PTMSP 膜の表面組成を調べた結果，PFA-g-PDMS 添加量が増加してもガラス側表面の F/C は低い値を示したが，空気側表面の F/C は急激に増加した。この結果は，膜の表面自由エネルギーを低下させるように，PFA-g-PDMS が PTMSP 膜の空気側表面に偏在化していることを示唆している。この PFA-g-PDMS 添加 PTMSP 膜を用いて 10 wt% エタノール水溶液を透過したところ，透過液中のエタノール濃度は急激に増加し，エタノール選択透過性が向上した。これは，表面改質 PDMS 膜と同様に膜表面が著しく撥水化され，膜へのエタノール分子の相対的な選択的溶解性が向上したためである。その際，PFA-g-PDMS 添加量が少量であり，PTMSP 膜内部の構造がほとんど変化しないため，PTMSP 膜と同等の拡散選択性を示した結果，PFA-g-PDMS 添加 PTMSP 膜がより高いエタノール選択透過性を示したと考えられる。したがって，少量の含フッ素共重合体の添加によって膜表面を撥水化するといった簡便な方法で，PTMSP 膜のエタノール選択透過性をさ

らに向上できることが明らかとなった。

1.3.3 ミクロ相分離膜の表面改質

上記のような表面改質膜はエタノール水溶液の分離濃縮だけではなく，現在環境問題として取り上げられている水中に極微量含まれる VOC の選択的透過除去に対しても効果的である。例えば，高分子添加剤として PFA-g-PDMS（DMS 含有率 90 mol%）を PMMA-g-PDMS（DMS 含有率 74 mol%）膜の調製時に少量添加することにより，PFA-g-PDMS 添加ミクロ相分離膜が調製された[27,28]。この空気側およびステンレス側表面における水とヨウ化メチレンの接触角測定から表面自由エネルギーを求めると，極少量の PFA-g-PDMS 添加によってミクロ相分離膜の空気側の表面自由エネルギーは急激に減少し，膜表面が非常に撥水化されていることがわかった。また，ステンレス側表面に比較して空気側表面の方がより低い表面自由エネルギーを示したことから，PFA-g-PDMS はミクロ相分離膜の空気側表面により多く偏在化していることが示された。さらに，添加量が少量の場合には，内部のミクロ相分離構造はほとんど変化しないことが TEM 観察によって明らかとなった。

PFA-g-PDMS 添加ミクロ相分離膜を用いて 0.05 wt% ベンゼン水溶液を透過したときの透過液中のベンゼン濃度と透過速度に及ぼす PFA-g-PDMS 添加量の影響を検討した（図 7）。ここ

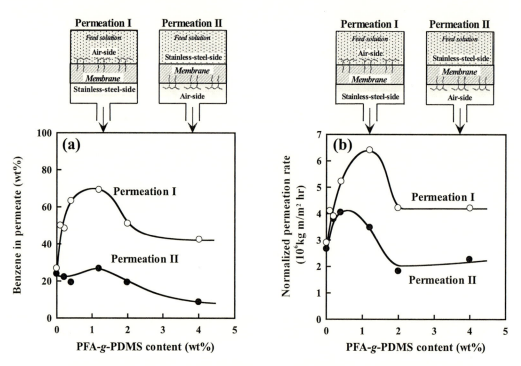

図7 PFA-g-PDMS/PMMA-g-PDMS 膜を用いて 0.05 wt% 希薄ベンゼン水溶液を透過したときの透過液中のベンゼン濃度（a）と透過速度（b）に及ぼす高分子添加剤含有率の影響
○：permeation I，●：permeation II

で,Permeation I および Permeation II は各々膜の空気側表面からとステンレス側表面からベンゼン水溶液を透過したときの結果である。PFA-g-PDMS 添加ミクロ相分離膜を用いると透過液中のベンゼン濃度は供給液の 0.05 wt％よりも著しく高い値となり,非常に高いベンゼン選択透過性を示すことがわかる。また,ステンレス側表面から透過した Permeation II の場合に比較して,空気側表面から透過した Permeation I の方が優れたベンゼン透過除去性能を示し,PFA-g-PDMS 添加量 1wt％の時に透過液中のベンゼン濃度と透過速度は共に最大となった。PFA-g-PDMS 添加により撥水化された膜表面から透過した場合には,膜表面への水分子の溶解性が抑制され,相対的なベンゼン溶解性が向上する。さらに,少量の添加ではミクロ相分離構造もほとんど変化せず,PDMS 連続相をベンゼンが拡散するため,高いベンゼン選択透過性を示したと考えられる。しかし,PFA-g-PDMS 添加量が増加してミクロ相分離構造が変化すると,ベンゼンが拡散するための PDMS 連続相が変化し,膜のベンゼン選択透過性が低下したと推察される。このような Permeation I と Permeation II の差異は膜の表面性質の重要性を示唆しており,優れた分離膜を開発するためには膜表面と内部構造を最適に設計構築することが不可欠であることがわかる。

1.4 分子認識素子を導入したシロキサン系元素ブロック高分子膜の透過分離特性

クラウンエーテルやシクロデキストリン(CD),カリックスアレンなどの環状分子は,疎水性相互作用や水素結合などの弱い分子間相互作用によってその空洞内に特定の分子を取り込み,包接化合物を形成する。このように包接化合物を形成できる分子はホスト分子とよばれ,内部に取り込むゲスト分子を選択的に認識できる。これまでホスト分子の分子認識能は,分離カラムや分離膜などの設計に広く用いられてきた。PV 法による有機液体混合物分離膜でも,ポリビニルアルコール膜に分子認識素子として CD を導入することにより,プロピルアルコール異性体やキシレン異性体に対する分離性能を向上できることが報告されている[29,30]。ここでは,ベンゼンを認識できる tert-ブチルカリックス[4]アレン(CA)を分子認識素子としてシロキサン系元素ブロック高分子膜に導入し,希薄ベンゼン水溶液からベンゼンを選択除去した結果について述べる。

PDMS 膜はベンゼン選択除去として有望であり,様々な架橋 PDMS 膜が設計されている。例えば,PDMS 成分として PDMS ジメタクリレート(DMMAPDMS)を高分子膜素材として用い,様々な架橋剤を用いた PDMS 架橋膜が調製されている。この PDMS 架橋膜内にベンゼンと特異的な相互作用を示す CA を含有させた種々の CA 含有 PDMS 架橋膜が調製され,PV 法により希薄ベンゼン水溶液からのベンゼン除去が試みられた[31]。架橋剤としてのジビニルベンゼン(DVB)またはジビニルシロキサン(DVS)と DMMAPDMS との共重合によって PDMS 架橋膜を調製する際に CA を添加することにより,CA 含有 PDMS 架橋膜を調製した。この膜を用いて PV 法により 0.05 wt％ベンゼン水溶液を透過させると,CD 含有率の増加に伴って透過液中のベンゼン濃度と透過速度は増加した。CA の添加効果を検討するため,0.05 wt％のベンゼン水溶液中に CA 含有 PDMS 架橋膜を浸漬させたときの膜内に取り込まれたベンゼン濃度

元素ブロック高分子

を測定した。その結果，CA 含有率の増加に伴って膜内ベンゼン濃度も増加し，膜とベンゼンとの親和性が増加していることが明らかとなった。したがって，膜内に分散している CA がベンゼンを優先的に取り込み，さらに輸送キャリアとしても作用して促進輸送するため，CA 含有 PDMS 架橋膜は高いベンゼン選択透過性を示したと考えられる。

さらに，1.2 で述べたようなミクロ相分離構造膜に分子認識素子として CA を導入した CA 含有ミクロ相分離構造膜も調製した[32,33]。CA 含有ミクロ相分離構造膜は，PMMA-g-PDMS (DMS 含有率：74 mol%) や PMMA-b-PDMS (DMS 含有率：71 mol%) のベンゼン溶液に CA を溶解させ，ガラス板状にキャストすることによって調製できる。この CA 含有 PMMA-g-PDMS 膜を用いて PV 法により 0.05 wt% ベンゼン水溶液を透過すると，いずれの膜も透過液中のベンゼン濃度が供給液濃度 0.05 wt% よりも高い値を示し，ベンゼン選択透過膜であることがわかった（図 8）。また，CA 含有率の増加に伴って透過液中のベンゼン濃度と透過速度は共に増加した。一方，CA 類似の 2-ヒドロキシジフェニルメタンを含有させてもそのベンゼン選択透過

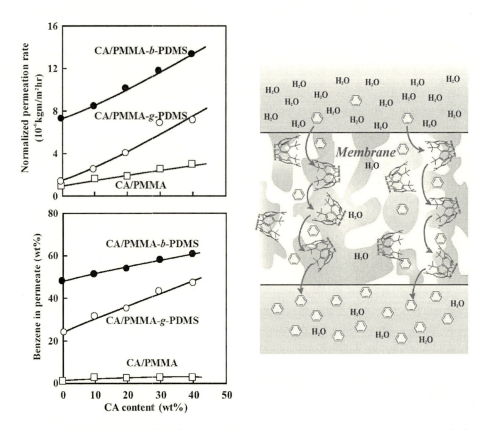

図 8　CA/PMMA-g-PDMS 膜 (○)，CA/PMMA-b-PDMS 膜 (●) および CA/PMMA 膜 (□) を用いて 0.05 wt% 希薄ベンゼン水溶液を透過したときの透過液中のベンゼン濃度と透過速度に及ぼす CA 含有率の影響

性はほとんど変化しなかった。一般に，高分子膜を用いた有機液体混合物の透過分離では，膜の分離性を向上させると透過性が低下する傾向を示す。しかし，CA 含有 PMMA-g-PDMS 膜では CA 含有率の増加によって分離性と透過性が共に向上し，CA とベンゼンとの特異的相互作用が分離性だけではなく透過性にも大きく影響していると考えられた。さらに，最も高いベンゼン選択透過性を示した CA 含有率 40 wt% の CA 含有 PMMA-g-PDMS 膜を用いて 500 ppm に相当する 0.05 wt% ベンゼン水溶液 100 ml を 5 時間透過したところ，供給液中のベンゼン濃度は 0.4 ppm まで減少した。したがって，CA 含有 PMMA-g-PDMS 膜は，実用性の面でも優れたベンゼン選択除去性能を示すことが明らかとなった。

ところで，1.2 で示したようにグラフト共重合体膜とブロック共重合体膜のミクロ相分離構造の形態は異なり，それが膜の選択透過性に大きく影響する。そこで，CA 含有 PMMA-g-PDMS 膜と CA 含有 PMMA-b-PDMS 膜のベンゼン選択透過性を比較検討した（図 8）。その結果，CA 含有 PMMA-b-PDMS 膜も CA 含有率の増加に伴って透過液中のベンゼン濃度および透過速度は増加し，さらに CA 含有 PMMA-g-PDMS 膜よりも優れたベンゼン選択性を示した。そこで，CA 含有 PMMA-g-PDMS 膜と CA 含有 PMMA-b-PDMS 膜を希薄ベンゼン水溶液に浸漬し，膜内に取り込まれるベンゼン濃度を測定した。その結果，いずれの膜も CA 含有率の増加に伴い，膜内ベンゼン濃度は増加した。さらに，TEM によって膜断面を構造観察した結果，いずれの膜も PDMS 相が連続相となるミクロ相分離構造が確認された。CA 含有 PMMA-b-PDMS 膜はラメラ構造を形成しており，CA 含有 PMMA-g-PDMS 膜よりも明確な PDMS 連続相を形成するため，より優れたベンゼン選択透過性を示したと考えられる。そこで CA とミクロ相分離構造との関係をさらに明確にするため，示差走査熱量計（DSC）によるガラス転移温度（T_g）の測定を行った。いずれの CA 含有共重合体膜でも 2 つの T_g が観察され，高温側の T_g は PMMA 相に，低温側の T_g は PDMS 相に帰属された。CA 含有率を増加させても PMMA 相の T_g はほとんど変化しなかったが，PDMS 相の T_g は明確に減少した。この結果は，膜内の CA は主に PDMS 相に存在することを示している。したがって，PDMS 相に存在する CA がベンゼン選択的に取り込み，それがキャリアとして働いてベンゼンを選択的に輸送するため，CA 含有 PMMA-b-PDMS 膜が高いベンゼン選択除去性能を示したと考えられる。

1．5　液晶性を示すシロキサン系元素ブロック高分子膜の構造と透過分離特性

液晶は，結晶の位置規則性と液体の流動性を併せ持ち，外部刺激により分子の配向を制御できるため，ディスプレイや高強度繊維などに利用されている[34]。その中で，柔軟なシロキサン主鎖の側鎖に剛直なメソゲン基を導入した側鎖型液晶高分子は，シロキサン主鎖の柔軟性に依存してメソゲン基が配向するため，室温付近で液晶－等方相転移温度（T_{NI}）を示す。この側鎖型液晶高分子はメソゲン基導入率を変化させることにより，T_{NI} の調節が可能である。しかし，特定の温度で規則構造が変化するという液晶のユニークな性質を分離分野に応用した例はほとんど報告されていない。そこで著者らは，元素ブロック高分子であるポリシロキサンを主鎖とした側鎖型

液晶高分子（LCP）からなる分離膜を調製し，その動的規則構造を利用することにより有機液体混合物の透過分離の制御を試みた。ここでは，このような LCP から分離膜を調製し，PV 法により有機液体混合物を透過させた結果を紹介する[35〜39]。

まず，p-ヒドロキシ安息香酸と塩化アリルから p-アリロキシ安息香酸を合成し，塩化チオニルにより酸クロリド化した後，p-メトキシフェノールと反応させてメソゲン基の 4-メトキシフェニルアリロキシベンゾエートを合成した。Pt 触媒を用いたヒドロシリル化反応を利用してこのメソゲン基をポリメチルシロキサン（PMS）に導入することにより LCP を得た[35]。この LCP の T_g と T_{NI} は，導入したメソゲン基含有率の増加に伴って高くなることが DSC および偏光顕微鏡観察により示された。このような LCP を多孔質支持膜で挟み，PV 法による透過実験を行った。メソゲン基含有率 80 mol％の LCP 膜を用いて 10 wt％エタノール水溶液を透過させたとき，T_{NI} 以下の温度では透過液中のエタノール濃度は 10% wt 以下となって水選択透過性を示したが，T_{NI} 以上になると 10 wt％以上になってエタノール選択透過性へと変化した。そこで，この LCP 膜による水およびエタノールの透過速度の温度依存性を調べ，膜構造と透過分離特性との関係について検討した。その結果，水とエタノールの透過速度のアレニウスプロットでは，T_g および T_{NI} 付近で直線の勾配が変化し，透過の活性化エネルギーが変わることが明らかとなった（図 9）。これは，T_g 付近でガラス状態から液晶状態へ，そして T_{NI} 付近で液晶状態から等方相状態へと膜を構成する分子鎖の運動性と配向性が大きく変化し，それによって透過種の膜内拡散性が大きく影響されたことを示している。このように LCP 膜のエタノール選択透過性は剛直なメソゲン基の配向とシロキサン鎖の柔軟性のバランスに依存することがわかる。したがって，液晶の動的な配向構造を利用することにより，LCP 膜の透過分離特性を温度制御できることが明らかとなった。

さらに，このような LCP 膜を用いてベンゼン／シクロヘキサン混合液やトルエン／シクロヘキサン混合液，o-キシレン／シクロヘキサン混合液などの様々な有機液体混合物の透過分離も試みた[36〜38]。いずれの混合液の透過分離においても LCP 膜はシクロヘキサンよりも芳香族炭化水素に対して選択性を示し，その分子サイズが小さいほど選択性と透過性は高い値を示した。LCP 膜が液晶構造を形成しているため，分子サイズが大きな芳香族炭化水素の拡散性がメソゲン基の配向によって強く阻害されることに起因している。また溶解拡散理論に基づく検討の結果，LCP 膜によるベンゼン／シクロヘキサン混合液の透過分離は拡散過程に，トルエン／シクロヘキサン混合液と o-キシレン／シクロヘキサン混合液の透過分離は溶解過程に支配されていると考えられた。

ところで，これまで述べてきたメソゲン末端が $-OCH_3$ の n-LCP はネマティック液晶を形成するが，メソゲン末端を $-CN$ に置換した s-LCP はスメクチック液晶を形成することが知られている。そこで，ベンゼン／シクロヘキサン混合液に対する n-LCP 膜と s-LCP 膜の透過分離特性について比較検討した[39]。n-LCP 膜と同様に s-LCP 膜もベンゼン選択透過性を示し，その選択透過性は温度によって変化した。また透過温度を変化させたとき，n-LCP 膜のベンゼン選

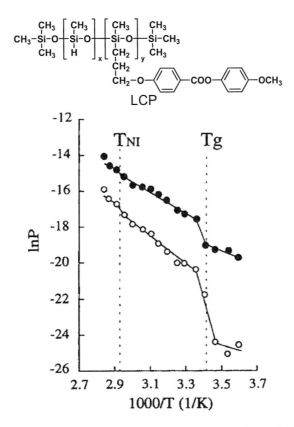

図9 LCP膜を用いて10 wt%エタノール水溶液を透過したときの水分子（●）とエタノール分子（○）の部分透過速度に対するアレニウスプロット

択透過性は膜の構造転移によって溶解選択性から拡散選択性へと変化したが，s-LCP膜のそれは膜構造と無関係に拡散選択性が支配していることが明らかとなった。液晶状態の温度では，s-LCP膜よりもn-LCP膜の方が低い透過性と高い選択性を示した。

1.6　イオン液体含有シロキサン系元素ブロック高分子膜の透過分離特性

　イオン液体は，蒸気圧が極めて低く，耐熱性に優れ，様々な有機・無機化合物の良溶媒として用いることができるなどの優れた特性を有することから，新規材料の開発や新反応の開拓など広範な分野で注目されている[40]。最近，有機溶媒と強い親和性を示すイオン液体を用いることにより，排水中のVOCを抽出することが可能なことも報告されている。カチオンとアニオンの組み合わせによって特定の溶媒に対して高い親和性を有するイオン液体が知られており，高分子膜内にイオン液体を含有させることにより，微量のVOCを含む水溶液からベンゼンを選択的に透過除去するイオン液体含有膜が調製されている[41〜43]。ここでは，シロキサン系元素ブロック高分子膜にイオン液体を含有させ，希薄ベンゼン水溶液から選択的にベンゼンの透過除去を行った結

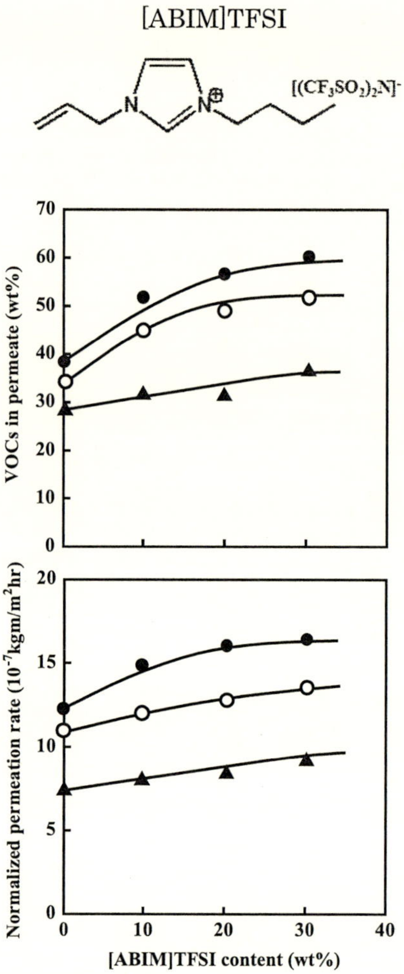

元素ブロック高分子

[ABIM]TFSI

図10 [ABIM]TFSI/PSt-b-PDMS膜を用いて希薄VOC水溶液を透過したときの透過液中のベンゼン濃度と透過速度に及ぼす[ABIM]TFSI含有率の影響
○：ベンゼン，●：クロロホルム，▲：トルエン

果を紹介する．

　まず，PDMSマクロモノマーあるいはPDMS高分子開始剤を用いてポリスチレン（PSt）とPDMSとからなるグラフト共重合体（PSt-g-PDMS）およびブロック共重合体（PSt-b-PDMS）を合成した[42]．さらに，ベンゼンなどの様々な有機溶媒に対して強い親和性を示すイオン液体の 1-allyl-3-butylimidaziliumbis(trifluoromethane sulfonyl)imide（[ABIM]TFSI）を，上記の共重合体と共に溶媒に溶解させた後，ガラス板上にキャストすることにより，イオン液体含有膜（[ABIM]TFSI/PSt-g-PDMS膜および[ABIM]TFSI/PSt-b-PDMS膜）を調製した．これらのイオン液体含有膜を用いて，PV法により0.05 wt％ベンゼン水溶液を透過すると，

222

第 5 章　スマート機能材料

いずれの［ABIM］TFSI 含有率でも透過液中のベンゼン濃度が供給液濃度である 0.05 wt％よりも著しく高い値となり，優れたベンゼン選択透過性を示した。特に，［ABIM］TFSI/PSt-*g*-PDMS 膜よりも［ABIM］TFSI/PSt-*b*-PDMS 膜の方が透過液中のベンゼン濃度が高くなり，優れたベンゼン除去性能を示した。さらに，いずれのイオン液体含有膜の場合も，［ABIM］TFSI 含有率の増加に伴ってベンゼン選択性および透過性が向上した。一方，希薄ベンゼン水溶液にイオン液体含有膜を浸漬させると，［ABIM］TFSI 含有率の増加に伴って膜内に取り込まれるベンゼン濃度は増加した。したがって，［AIBM］TFSI の含有により，溶解過程において膜へのベンゼンの選択的取り込みが向上することがわかる。さらに，［ABIM］TFSI/PSt-*b*-PDMS 膜はベンゼンだけではなく，トルエンやクロロホルムに対しても高い選択透過性を示し，［ABIM］TFSI を含有させることによって膜の VOC 除去性能を向上できることが明らかとなった（図 10）。

　同様に，PMMA-*g*-PDMS 膜の場合でも［ABIM］TFSI を添加することにより，水中に溶存する VOC の選択的透過除去の膜性能が大きく改善されることが報告されている[43]。したがって，ベンゼンに対して親和性を有するイオン液体を元素ブロック高分子膜に含有させると，ベンゼンやトルエン，クロロホルムなどの VOC の選択的透過除去性能を効率よく向上できることが明らかとなった。

文　　献

1) 高分子学会編，"高分子機能材料シリーズ　分離・輸送機能材料"，共立出版（1992）
2) R. Y. M. Huang, "Pervaporation Membrane Separation Processes", Elsevier, Amsterdam (1991)
3) K. Ishihara, Y. Nagase, K. Matsui, *Macromol. Chem., Rapid Commun.*, **7**, 43 (1986)
4) T. Masuda, M. Kotoura, K. Tsuchihara, T. Higashimura, *J. Appl. Polym. Sci.*, **43**, 423 (1991)
5) T. Miyata, J. Higuchi, H. Okuno, and T. Uragami, *J. Appl. Polm. Sci.*, **61**, 1315 (1996)
6) T. Uragami, T. Ohshima, T. Miyata, *Macromolecules*, **36**, 9430 (2003)
7) T. Ohshima, Y. Kogami, T. Miyata, T. Uragami, *J. Membrane Sci.*, **260**, 156 (2005)
8) T. Ohshima, Y. Kogami, M. Minakuchi, T. Miyata, T. Uragami, *J. Polym. Sci. Part B: Polym Phys.*, **44**, 2079 (2006)
9) 高分子学会編，"ポリマーアロイ－基礎と応用"，東京化学同人（1981）
10) L. H. Sperling, "Polymeric Multicomponent Materials", John Wiley & Sons, New York (1997)
11) J. Crank, and G. S. Park, "Diffusion in Polymers", Academic Press, New York (1968)
12) T. Miyata, T. Takagi, T. Kadaka, T. Uragami, *Macromol. Chem. Phys.*, **196**, 1211 (1995)
13) T. Miyata, J. Higuchi, H. Okuno, T. Uragami, *J. Appl. Polym. Sci.*, **61**, 1315 (1996)

14) T. Miyata, T. Takagi, T. Uragami, *Macromolecules*, **29**, 7787 (1996)
15) T. Uragami, H. Yamada, T. Miyata, *J. Membrane. Sci.*, **187**, 255 (2001)
16) T. Miyata, S. Obata, T. Uragami, *Macromolecules,* **32**, 3712 (1999)
17) T. Miyata, S. Obata, T. Uragami, *Macromolecules*, **32**, 8465 (1999)
18) B.B. Mandelbrot 著・広中平祐監訳, "フラクタル幾何学", 日経サイエンス (1985)
19) T. Miyata, T. Takagi, J. Higuchi, T. Uragami, *J. Polym. Sci. Part B, Polym. Phys.* **37**, 1545 (1999)
20) T. Miyata, S. Obata, T. Uragami, *J. Polym. Sci., Part B: Polym Phys.*, **38**, 584 (2000)
21) J. D. Andrade, "Surface and Interfacial Aspects of Biomedical Polymers; Surface Chemistry and Physics, Vol. 1", Plenum Press, New York (1985)
22) K. Nakamae, T. Miyata, T. Matsumoto, *J. Membrane Sci.*, **75**, 163 (1992)
23) K. Nakamae, T. Miyata, N. Ootsuki, *Maromol. Chem., Rapid Commun.*, **14**, 413 (1993)
24) T. Miyata, N. Ootsuki, K. Nakamae, M. Okumura, K. Kinomura, *Macromol. Chem. Phys.*, **195**, 3597 (1994)
25) T. Miyata, Y. Nakanishi, T. Uragami, *Macromolecules*, **30**, 5563 (1997)
26) T. Uragami, T. Doi, T. Miyata, *Inter. J. Adhesion & Adhesive,* **19**, 405 (1999)
27) T. Miyata, H. Yamada, T. Uragami, *Macromolecules*, **34**, 8026 (2001)
28) T. Uragami, H. Yamada, T. Miyata, *Macromolecules*, **39**, 1890 (2006)
29) T. Miyata, T. Iwamoto, T. Uragami, *J. Appl. Polm. Sci.*, **51**, 2007 (1994)
30) T. Miyata, T. Iwamoto, T. Uragami, *Macromol. Chem. Phys.*, **197**, 2909 (1996)
31) T. Ohshima, T. Miyata, T. Uragami, *Macromol. Chem. Phys.*, **206**, 2521 (2005)
32) T. Uragami, T. Meotoiwa, T. Miyata, *Macromolecules*, **34**, 6806 (2001)
33) T. Uragami, T. Meotoiwa, T. Miyata, *Macromolecules*, **36**, 2041 (2003)
34) 飯村一賀, 浅田忠裕, 安部明広, "液晶高分子", シグマ出版 (1988)
35) K. Inui, T. Miyata, T. Uragami, *Angew. Makromol. Chem.*, **240**, 241 (1996)
36) K. Inui, T. Miyata, T. Uragami, *J. Polym. Sci., Polym. Phys.*, **35**, 699 (1997)
37) K. Inui, T. Miyata, T. Uragami, *Macromol. Chem. Phys.*, **199**, 589 (1998)
38) K. Inui, T. Miyata, T. Uragami, *J. Polym. Sci., Polym. Phys.,* **36**, 281 (1998)
39) K. Inui, K. Okazaki, T. Miyata, T. Uragami, *J. Membrane Sci.*, **143**, 93 (1998)
40) イオン液体研究会監修, "イオン液体の科学", 丸善 (2012)
41) T. Uragami, Y. Matsuoka, T. Miyata, *J. Membrane. Sci. Res.*, **2**, 20 (2016)
42) T, Uragami, Y. Matsuoka, T. Miyata, *J. Membrane. Sci.*, **506**, 109 (2016)
43) T. Uragami, E. Fukuyama, T. Miyata, *J. Membrane.* Sci., **510**, 131 (2016)

2 高分子カプセルの一次元融合を利用した新規高分子チューブの作製

木田敏之[*]

2.1 はじめに

中空構造を有するナノチューブは，内部の空間を利用しての物質の分離・保存に加え，光学デバイス[1]，センサー材料[2]，ナノリアクター[3]，薬物や遺伝子の送達担体[4]としての応用が期待されている。特に，有機化合物からなるナノチューブは，カーボンナノチューブや無機化合物からなるナノチューブと比べて，ドラッグキャリアや無機材料を作製するためのテンプレートとして利用できる[5,6]とともに，化学修飾により容易に機能性を付与できる[7,8]ことから，これまで精力的に研究されてきた。

有機ナノチューブの作製は，脂質分子[9]，環状分子[10]，ブロックポリマー[11]，ペプチド[12]などの自己集合を利用，あるいは多孔質テンプレート[13]を用いて行われてきたが，従来の作製法では，チューブ径，膜厚，長さの制御が容易ではない。それゆえ，これらを容易に制御できる新たな有機ナノチューブ作製法の開発が求められている。

本稿では，我々が見出した，ポリL-乳酸（PLLA）とポリD-乳酸（PDLA）のステレオコンプレックス積層膜からなるナノカプセルの一次元融合を利用したナノチューブ作製（図1）について述べた後，ポリビニルアルコールナノカプセルからのナノチューブ作製，異なる膜表面組成をもつポリ乳酸（PLA）カプセル間の融合による元素ブロック高分子チューブの作製について紹介する。

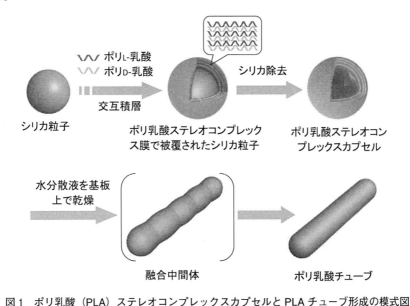

図1 ポリ乳酸（PLA）ステレオコンプレックスカプセルとPLAチューブ形成の模式図

---

[*] Toshiyuki Kida 大阪大学 大学院工学研究科 応用化学専攻 教授

2.2 ポリ乳酸（PLA）ステレオコンプレックス積層膜からなるナノカプセルの一次元融合によるナノチューブ創製[14, 15]

　光学異性体であるポリL-乳酸（PLLA）とポリD-乳酸（PDLA）を溶液中や溶融状態で混合すると，ファンデルワールス相互作用に基づくステレオコンプレックスが形成されることが知られている[16, 17]。我々は，以前開発した，イソタクチックポリメタクリル酸メチルとシンジオタクチックポリメタクリル酸メチルのステレオコンプレックス積層膜からなるナノカプセルの作製条件[18]をもとに，PLLAとPDLAのステレオコンプレックス積層膜からなるナノカプセルを作製した。まず，平均粒径300 nmのシリカ粒子をテンプレートに用いて，PLLAとPDLA（分子量＝約5千あるいは約3万）のアセトニトリル溶液（50℃）に交互に15分間浸漬し，このサイクルを10回繰り返すことでPLLAとPDLAのステレオコンプレックス積層膜をシリカ粒子上に形成させた。得られた粒子をフッ化水素酸（2.3% HF濃度）中に浸漬してシリカテンプレートを除去し，PLAステレオコンプレックスナノカプセルを作製した。図2aと2bに，PLAステレオコンプレックス膜（PLLAの分子量＝30,000，PDLAの分子量＝26,000）で被覆されたシリカ粒子と，シリカ除去後に得られたPLAナノカプセルの透過型電子顕微鏡（TEM）写真をそれぞれ示す。フッ化水素酸で処理することでシリカテンプレートが除去され，粒径約320 nm，膜

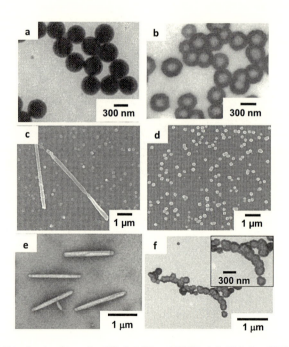

図2　(a) PLAステレオコンプレックス膜（10層）で被覆したシリカナノ粒子の透過型電子顕微鏡（TEM）写真．(b) PLAナノカプセルのTEM写真．(c,d) PLAナノカプセルから形成されたナノ構造体のSEM写真．(e,f) PLAナノカプセルから形成された(e)ナノ構造体と(f)融合中間体のTEM写真．(a,b,d) PLLAの分子量＝30,000，PDLAの分子量＝26,000．(c,e,f) PLLAの分子量＝5,500，PDLAの分子量＝5,800

第5章 スマート機能材料

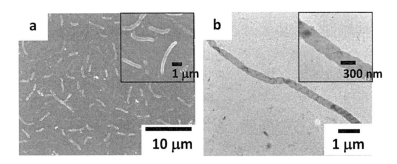

図3 ポリエチレンテレフタレート（PET）基板上に集積させたPLAナノカプセルから形成されたPLAナノチューブの（a）SEM写真と（b）TEM写真．PLLAの分子量＝5500, PDLAの分子量＝5800

厚約60 nmの球状PLAカプセルの生成を確認した。得られたPLAカプセルの電子線回折測定を行なったところ，PLLA/PDLAステレオコンプレックス結晶の010面と200面に相当する回折スポット[19]が観測されたことから，このカプセルはPLLA/PDLAステレオコンプレックス膜から形成されていることがわかった。ここで得られたPLAカプセルの水分散液をポリエチレンテレフタレート（PET）基板上に滴下し，常温・常圧で水を蒸発させた後に形成された構造体の形態を走査型電子顕微鏡（SEM）及びTEMにより観察した。分子量が約5千のPDLAとPLLAからなるナノカプセルを用いた時，興味深いことに，平均径約300 nm，長さ1〜5 μmのチューブ状構造体が形成されていることがわかった（図2c, 2e）。一方，より分子量の大きい（分子量約3万の）PLLA/PDLAステレオコンプレックス膜からなるナノカプセルを用いた時には，チューブ形成は認められなかった（図2d）。低分子量のPLAを用いた時ほどカプセルからのチューブ形成が起こり易いことから，チューブ形成にはカプセル膜を構成するポリマーの運動性が関与していると考えられる。また，生成物のTEM写真には，ナノチューブとともに数個の中空カプセルが融合して内部の空間がつながった構造体も観察された（図2f）。これらの結果から，チューブ形成はPLAカプセル間の一次元融合によって起こっていると考えられる。また，低分子量（分子量約5千）のPLLA/PDLAステレオコンプレックス膜で被覆されたシリカ粒子を，垂直集合法[20]によりPET基板上に高密度に集積させ，基板上でシリカコアを溶解除去し乾燥させることで，チューブ形成が効率的に起こることがわかった（図3）。さらに，カプセル作製時に用いるシリカテンプレートの粒径を100 nm〜2 μmの範囲で変えることで，生成するPLAチューブの径を自在に制御することにも成功した。

2.3 ポリビニルアルコール（PVA）積層膜からなるナノカプセルの一次元融合挙動[21]

上記2.2で得られた知見をもとに，ポリビニルアルコール（PVA）積層膜からなるナノカプセルを作製し，それらの一次元融合によるナノチューブ形成について検討した（図4）。粒径300 nmのシリカナノ粒子をテンプレートに用いて，これをPVA（分子量 2.2×10^4 あるいは $8.8\times$

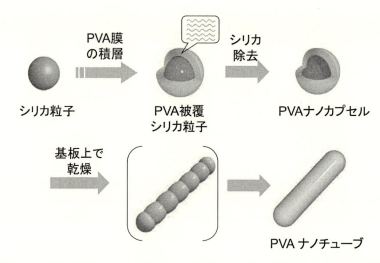

図4 ポリビニルアルコール（PVA）ナノカプセルとPVAナノチューブ形成の模式図

10^4）の10% NaCl水溶液に15分間浸漬後，超純水で洗浄し，膜を定着させるためにアセトニトリル中に浸漬した。このプロセスを10回繰り返し，シリカナノ粒子上にPVA積層膜（10層）を形成させた。その後，PVA積層膜で被覆したシリカナノ粒子を2.3%フッ化水素酸に12時間浸漬してシリカコアを除去し，超純水で洗浄して，PVAナノカプセルを調製した。SEM観察及びTEM観察により，分子量8.8×10^4および2.2×10^4のいずれのPVAを用いた場合でも，中空構造をもつPVAナノカプセルの形成が確認された（図5b,d,f）。分子量8.8×10^4のPVAからなるナノカプセルの水分散液を基板上に滴下し室温で乾燥させた時，ナノカプセル間の融合は観察されなかったが（図5d），より分子量の小さいPVA（分子量2.2×10^4）からなるナノカプセルを用いた時には，一部のナノカプセル間の融合が観察された（図5b, 図6a）。このことから，カプセル膜を構成するポリマーの運動性がナノカプセル間の融合に関係していることがPVAカプセルの場合においても確認された。

次に，PVAナノカプセルの水分散液の乾燥時の温度を上げて融合挙動を観察した。分子量2.2×10^4のPVAからなるナノカプセルの水分散液を40℃で乾燥させたところ，室温の場合（図6a）よりもナノカプセル間の融合が促進され，より多くのチューブ状構造体の形成が観察された（図6b）。乾燥時の温度を上昇させることでカプセル膜内のPVA分子の運動性が向上し，ナノカプセル間の融合が起こり易くなったと考えられる。

また，種々のアセチル化度のアセチル化PVA（AcPVA）を用いてナノカプセルを作製し，それらの融合挙動についても検討した。未修飾のPVA（分子量2.2×10^4）からなるナノカプセルでは前述の様に，ナノカプセル間での融合が一部観察されたのみであったが（図6a），アセチル化度14%のAcPVA（AcPVA-14）からなるナノカプセルでは，より多くの融合が観察された（図6c）。カプセルのX線回折測定の結果より，PVAのアセチル化により，カプセル膜の結晶

第 5 章　スマート機能材料

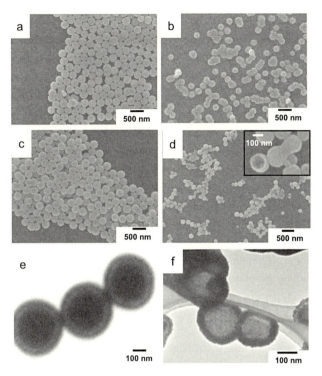

図 5 　(a,c) PVA 積層膜（10 層）で被覆したシリカ粒子の SEM 写真．(b,d) PVA カプセルの SEM 写真．(e) PVA 積層膜（10 層）で被覆したシリカ粒子の TEM 写真．(f) PVA カプセルの TEM 写真．(a,b,e,f) PVA の分子量＝ 2.2×10^4，(c,d) PVA の分子量＝ 8.8×10^4

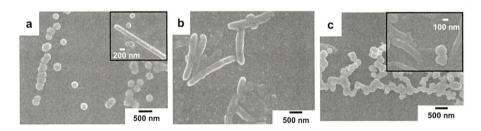

図 6 　PVA ナノカプセル（分子量 2.2×10^4）の水分散液を PET 基板上で (a) 20℃あるいは (b) 40℃で乾燥後に形成されたナノ構造体の SEM 写真．(c) アセチル化 PVA（アセチル化度 14%）ナノカプセル（分子量 2.2×10^4）の水分散液を PET 基板上，20℃で乾燥後に形成されたナノ構造体の SEM 写真

化度が低下することがわかった（図 7）。アセチル化により積層膜内の PVA 間の水素結合形成が阻害され，PVA 分子の運動性が向上して，ナノカプセル間の融合が起こり易くなったと考えられる。以上の結果から，PVA ナノカプセル間の融合によるナノチューブ形成には，カプセル膜を構成する PVA の運動性が大きく関与していることが確認された。

さらに，PVA ナノカプセルの膜厚が融合挙動に及ぼす影響について検討を行った。ナノカプ

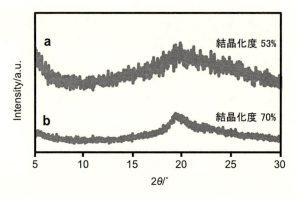

図7 (a) アセチル化 PVA（アセチル化度 14%）ナノカプセルならびに (b) PVA ナノカプセルの X 線回折パターン

セル作製時に AcPVA-14（分子量 2.5×10^4）溶液へのシリカナノ粒子の浸漬回数を 10 回から 20 回に増やし，カプセル膜の厚さを約 2 倍に増加させたところ，ナノカプセル間の融合によるナノチューブ形成が促進されることがわかった。ナノカプセルの膜厚が増加することで，膜表面の PVA の運動性が高まり，ナノカプセル同士の融合が起こり易くなったと考えられる。このカプセル膜表面のポリマーの運動性とナノカプセル同士の融合挙動との相関について，さらなる知見を得るために，結晶化度の異なる 2 種の膜成分（ここでは AcPVA-30 膜と PVA 膜を用いた）を内層あるいは外層に有するナノカプセルを作製し，それらの融合挙動について検討を行った。まず，シリカナノ粒子（粒径 300 nm）上への AcPVA-30 の積層を 5 サイクル行った後，続けて PVA（分子量 2.2×10^4）の積層を 5 サイクル行い，2.3 wt% フッ化水素酸で処理することで，

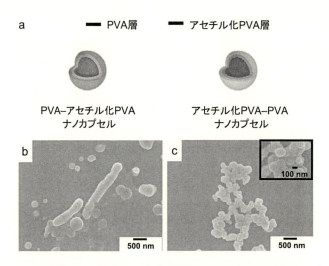

図8 (a) PVA-アセチル化 PVA（アセチル化度 30%）ナノカプセルの模式図．(b,c) PVA-アセチル化 PVA ナノカプセルの水分散液を室温で乾燥後に形成されたナノ構造体の SEM 写真．(b) 外層：アセチル化 PVA，内層：PVA．(c) 外層：PVA，内層：アセチル化 PVA

第 5 章　スマート機能材料

内層が AcPVA-30 で外層が PVA からなるナノカプセルを作製した。一方，これらのポリマーの積層順を逆にすることで，内層が PVA で外層が AcPVA-30 からなるナノカプセルを作製した。

内層が AcPVA-30 で外層が PVA からなるナノカプセルではナノカプセル同士の融合が観測されなかったのに対し，外層に融合の起こり易い AcPVA-30 をもつカプセルでは，ナノカプセル同士の融合によるチューブ形成が起こった（図 8）。以上の結果から，ナノカプセル同士の融合によるチューブ形成にはカプセル膜の内層よりも外層（表面）を構成するポリマーの運動性が重要であることが明らかになった。

2.4　異なる表面組成をもつポリ乳酸（PLA）カプセル間の一次元融合による元素ブロック高分子チューブの作製

異なる表面組成をもつポリ乳酸（PLA）カプセル間の一次元融合挙動を利用した'元素ブロック高分子チューブ'の作製について検討するために，まず，蛍光色素でラベル化した PLA カプセルを作製し，それらの融合挙動について検討した。カプセルの蛍光ラベル化は，シリカ粒子（平均粒径 1 μm）上への PLLA（分子量 1.1×10^4）と PDLA（分子量 1.1×10^4）の交互積層時に，フルオレセインイソチオシアネート（FITC）でラベル化したポリ-L-リシン（FITC-PLL, 分子量 2.2×10^4）の積層操作を 1 段階組み込むことにより行った。得られた蛍光ラベル化 PLA カプセル（図 9a）の水分散液を基板上に滴下し，所定温度で乾燥させて生成した構造体の形態を蛍光顕微鏡により観察した。室温で乾燥させた時，カプセルとともに少数のチューブが観察された（図 9b）。乾燥温度を 40℃ に上げると，より多くのチューブが観察された（図 9c）。以上のことから，蛍光ラベル化後も PLA カプセルからのチューブ形成が起こることが明らかとなった。また，乾燥前のカプセル水分散液にアセトニトリルを添加することで，より多くのチューブ形成が認められた。ポリ乳酸の良溶媒であるアセトニトリルの添加により，カプセル膜表面のポリマーの運動性が向上し，カプセル間の融合が促進されたと考えられる。

次に，異なる表面組成（PLLA か PDLA）を持つ 2 種の PLA カプセルを混合して得られるチューブの表面組成を検討した（図 10）。ここでは 2 種のカプセルのうち，PDLA を最外層にもつカプセルを蛍光ラベル化して，チューブ形成を検討した。形成されたチューブの膜には FITC の蛍光がランダムに観察されたことから，このチューブは PDLA を表面に持つカプセルと

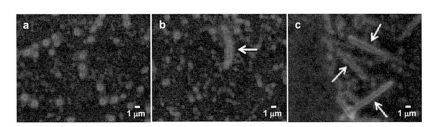

図 9　(a) FITC ラベル化 PLA カプセルの蛍光顕微鏡写真．(b,c) FITC ラベル化 PLA カプセルを PET 基板上，20℃ あるいは 40℃ で乾燥後に形成されたナノ構造体の蛍光顕微鏡写真

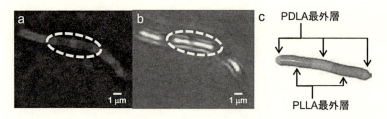

図10 異なる最外層をもつ2種類のPLAカプセルの一次元融合により形成された元素ブロック高分子チューブの (a) 蛍光顕微鏡写真と (b) 蛍光顕微鏡写真と位相差顕微鏡写真の重ね合わせ画像. (c) 形成された元素ブロック高分子チューブ(点線内)の模式図

PLLAを表面に持つカプセルの融合により形成されていることが分かる.これより,表面組成の異なる2種の高分子カプセル間の一次元融合を利用することで,元素ブロック高分子チューブを作製できることを明らかにした.

2.5 おわりに

ポリ乳酸ナノカプセルあるいはポリビニルアルコールナノカプセルの一次元融合によるナノチューブ形成と,異なる表面組成をもつポリ乳酸カプセル間の一次元融合を利用した元素ブロック高分子チューブの創製について紹介した.これらは,生体適合性に優れた新しい中空材料として,ドラッグキャリア,ナノフラスコなどとしての利用が期待される.今後は,カプセル間の融合を緻密に制御できる条件を確立し,ジブロック型や交互配列型などの規則的な膜構造をもつ元素ブロック高分子チューブの作製に挑戦したいと考えている.

謝辞

本稿で紹介した研究内容は主に,大阪大学工学研究科の明石満名誉教授(現在,大阪大学生命機能研究科特任教授)との共同研究によるものであり,ご指導に深く感謝致します.また,本研究の一部は,文部科学省科学研究費補助金新学術領域研究「元素ブロック高分子材料の創出」(領域番号2401)／課題番号15H00744による研究助成を受けたものであり,合わせて深謝致します.

文　献

1) A. Star, Y. Lu, K. Bradly, and G. Gruner, *Nano Lett.*, **4**, 1587 (2004)
2) N. Nasirizadeh, Z. Shelari, H. R. Zare, M. R. Shishehbore, A. R. Fakhari, and H. Ahmar, *Biosen. Bioelectron.*, **41**, 608 (2013)
3) X. Chen, R. Klingeler, M. Kath, A. E. Gendy, K. Cendrowski, R. J. Kalenczuk, and E. Borowiak-Palen, *ACS. Appl. Mater. Interfaces*, **4**, 2303 (2012)

4) F. S. Kim, G. Ren, and S. A. Jenekhe, *Chem. Mater.*, **23**, 682 (2011)
5) A. Wakasugi, M. Asakawa, M. Kogiso, T. Shimizu, M. Sato, and Y. Maitani, *Int. J. Pharm.*, **413**, 271 (2011)
6) M. Mullner, T. Lunkenbein, M. Schieder, A. H. Groschel, N. Miyajima, M. Fortsch, J. Breu, F. Caruso, and A. H. E. Muller, *Macromolecules*, **45**, 6981 (2012)
7) N. Kameta, M. Masuda, H. Minamikawa, Y. Mishima, I. Yamashita, and T. Shimizu, *Chem. Mater.*, **19**, 3553 (2007)
8) G. Zhang, W. Jin, T. Fukushima, A. Kosaka, N. Ishii, and T. Aida, *J. Am. Chem. Soc.*, **129**, 719 (2007)
9) T. Shimizu, M. Masuda, and H. Minamikawa, *Chem. Rev.*, **105**, 1401 (2005)
10) W. Y. Yang, E. Lee, and M. Lee, *J. Am. Chem. Soc.*, **128**, 3484 (2006)
11) L. Ren, C. G. Hardy, and C. Tang, *J. Am. Chem. Soc.*, **132**, 8874 (2010)
12) S. Bucak, C. Cenker, I. Nasir, U. Olsson, and M. Zackrisson, *Langmuir*, **25**, 4262 (2009)
13) Y. Wang, A. S. Angelatos, and F. Caruso, *Chem. Mater.*, **20**. 848 (2008)
14) K. Kondo, T. Kida, Y. Arikawa, Y. Ogawa, and M. Akashi, *J. Am. Chem. Soc.*, **132**, 8236 (2010)
15) M. Matsusaki, H. Ajiro, T. Kida, T. Serizawa, and M. Akashi, *Adv. Mater.*, **24**, 454 (2012)
16) Y. Ikada, K. Jamshidi, H. Tsuji, and S. H. Hyon, *Macromolecules*, **20**, 906 (1987)
17) H. Tsuji, F. Horii, M. Nakagawa, Y. Ikada, H. Odani, and R. Kitamaru, *Macromolecules*, **25**, 4114 (1992)
18) T. Kida, M. Mouri, and M. Akashi, *Angew. Chem. Int. Ed.*, **45**, 7534 (2006)
19) J. Hu, Z. Tang, X. Qiu, X. Pang, Y. Yang, and X. Chen, and X. Jing, *Biomacromolecules*, **6**, 2843 (2005)
20) P. Jiang, F. Bertone, K. S. Hwang, and V. L. Colvin, *Chem. Mater.*, **11**, 2132 (1999)
21) T. Kida, T. Ohta, K. Kondo, and M. Akashi, *Polymer*, **55**, 2841 (2014)

3 ヘムタンパク質の自己組織化機能を介したハイブリッド材料の構築

小野田　晃[*1]，林　高史[*2]

3.1 はじめに

　生体において，タンパク質は多彩な自己組織化構造を形成し，機能的なナノシステムを構築している。例えば，四量体を形成するヘモグロビン，球状構造を形成して内部に鉄を貯蔵する空間を有するフェリチン，そして，さらに巨大なタンパク質集合体として，内部に核酸を含んだウィルスやファージが挙げられる。いずれも，タンパク質同士が分子間の相互作用によって，精密にナノ集積化した構造体である。このようなタンパク質のナノ集合体は，生体適合材料・基板等のバイオマテリアルやバイオデバイス創出の観点からも特に重要である。近年では，タンパク質－タンパク質あるいはタンパク質－小分子の相互作用を制御することによって，環状や直鎖構造などの人工的なタンパク質集合体の構築が可能となった[1~9]。我々の研究グループも，これまでにタンパク質とタンパク質に含まれる補欠分子族ヘムとの強固な相互作用を人工的に設計・拡張することによって一次元および二次元のヘムタンパク質超分子ポリマーの創製を報告した[10]。本稿では，次のターゲットとして我々が取り組んでいる，ヘムタンパク質におけるタンパク質とヘムとの相互作用を拡張した金属ナノ粒子とのハイブリッド形成を中心に紹介したい。

3.2 ヘムタンパク質超分子ポリマー

　ヘムタンパク質は，補欠分子族ヘムを活性中心に持つタンパク質の総称であり，酸素の貯蔵・運搬を担うミオグロビンやヘモグロビン，電子伝達を担うシトクロム b_5，酸化反応を触媒するシトクロム P450 などの多様な機能を示すタンパク質を含んでいる（図1）。b 型ヘム（プロトポルフィリン IX 鉄錯体）を含むヘムタンパク質では，ヘムは軸配位アミノ酸による配位結合とヘム－ヘムポケットの分子間相互作用によってヘムが強固に取り込まれている。一方で，ヘムとタンパク質は酸性条件で解離して，タンパク質マトリクスのみであるアポ体へと変換される。このアポ体に対して，中性条件においてはヘム分子を容易にヘムポケットに挿入し，ヘムタンパク質を再構成することが可能である。我々のグループではこのヘムタンパク質の特徴である再構成手法を活かし，これまでにヘム－ヘムポケットの相互作用を介したヘムタンパク質自己組織化に取り組んできた[11~16]。すなわち，アポ体としたヘムタンパク質の表面に一つのヘム分子を共有結合で修飾したユニットを調製することで，ヘム－ヘムポケット間の連続的な結合を誘導し，ヘムタンパク質のファイバー状ポリマーが調製される（図2）。具体的には，シトクロム b_{562}（cyt b_{562}）を用いて，目的の1次元集合体が調製されることを，サイズ排除クロマトグラフィーや原子間力顕微鏡（AFM）の結果から明らかにしてきた[11]。また，連結分子として，三叉路型のヘ

---

*1　Akira Onoda　大阪大学　大学院工学研究科　応用化学専攻　准教授
*2　Takashi Hayashi　大阪大学　大学院工学研究科　応用化学専攻　教授

第5章 スマート機能材料

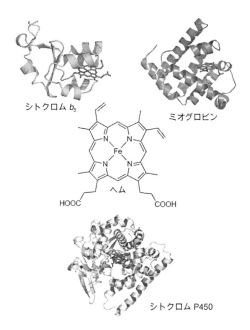

図1 ヘムタンパク質とヘムの構造

ム三量体を加えることによって,二次元化タンパク質ネットワークの構築にも成功している[12]。ヘムタンパク質は,タンパク質マトリクスが変わることによって,多彩な機能発現をしているので,同じ自己組織化手法を用いながら,全く異なる機能を持ったタンパク質集合体の構築への展開が期待される。実際に,電子伝達タンパク質 cyt b_{562} の他にも,ミオグロビンの自己組織化集合体の構築も達成している[14]。

ヘムタンパク質のヘム-タンパク質マトリクス間の相互作用により,自律凝集的に階層化したタンパク質集合構造を電極基板上に組み上げることも可能である[17~19]。例えば,我々の研究グループでは,光電変換の特性を電極に組み込むために,亜鉛プロトポルフィリン(ZnPP)を含むタンパク質階層構造の構築を試みた(図2下)。電子伝達タンパク質 cyt b_{562} の表面に ZnPP を結合したタンパク質をユニットとして,集積構造を金電極の表面に調製し,このタンパク質メゾスコピック界面の構造を詳細に調べると同時に,光電変換特性の検討を行った。QCM,交流インピーダンス測定により評価を行った結果,ZnPP 修飾基板上に約7ユニットのタンパク質オリゴマーが積層していることを確認した。また,タンパク質積層界面の構造を調べるために,液中での原子間力顕微鏡観察を行ったところ,ほぼ垂直にタンパク質が積層した平均 20 nm 程度のナノ構造が構築されたことが明らかとなった。このタンパク質階層化電極の光照射時のカソード電流は,積層化によって光電流量が 13 nA・cm^{-2} から 60 nA・cm^{-2} に大幅に増加しており,タンパク質階層プログラミングにより電極界面特性の向上を達成した興味深い例である。

元素ブロック材料の創出と応用展開

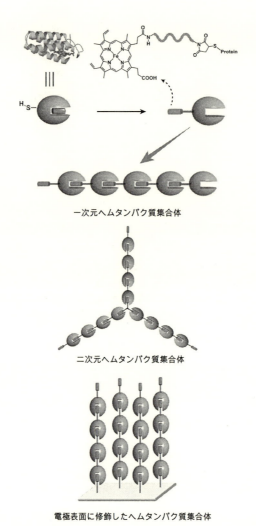

図2　ヘムを表面修飾したヘムタンパク質ユニットとその集合体

3.3　ヘムタンパク質と金ナノ粒子とのハイブリッド形成[20]

　金属ナノ粒子はナノメートルサイズの材料で，バルクの金属とは異なる特徴的な電子，磁気，光学物性を示す[21]。この物性を活用してセンサー等の機能性ナノバイオ材料に応用するために，生体分子との金属ナノ粒子複合体が精力的に研究されている[22~24]。我々は次のターゲットとして，ヘムタンパク質と金属ナノ粒子の異種の要素からなるハイブリッド型のタンパク質超分子集合体の構築を試みた。ヘムタンパク質は，すでに述べたように電子伝達・センサー，触媒等の多彩な機能を有しており，金属ナノ粒子と複合化することで，機能性バイオマテリアルの素材となる点が興味深い[25~27]。そこで，具体的には金ナノ粒子（AuNP）の表面にヘム分子を固定化したユニットと，ヘム－ヘムポケットの超分子相互作用を介した集合体構築の手法を用いて，安定な

金ナノ粒子との様々なハイブリッド形成を実施した（図3）。

　我々のグループでは，ヘム−ヘムポケットの相互作用を活用した自己組織化可能なユニットを作製するために，ヘムを表面修飾したAuNPの合成を行った。まず，ジスルフィド部分をもつヘム二量体**1**を合成し，クエン酸で保護されており置換活性な表面を有するAuNPと，**1**およびリポ酸（［**1**］：［リポ酸］＝1：16）をジメチルスルホキシド溶媒中で混合後に精製することによって，ヘムを金ナノ粒子表面にチオール基を介して修飾したheme@AuNPを得た。水への溶解性を維持し，かつ，アポタンパク質との相互作用も容易にするために，ヘム分子の修飾率が低い金ナノ粒子を調製してアポタンパク質との複合化に使用した。金ナノ粒子の吸光係数（ε_{520}＝2.7×10^6 $M^{-1}\cdot cm^{-1}$）は非常に大きいので，表面のヘム分子（ε_{546}＝9.2×10^3 $M^{-1}\cdot cm^{-1}$）の濃度を直接見積もるために，KCNを加えて金ナノ粒子を分解して［$Au^{III}(CN)_4^-$］−へと変換した後にビスシアニド配位のヘムを定量した。その結果，一つの金ナノ粒子におよそ30分子のヘムが結合しており，表面の8％程度がヘムで修飾されていることが明らかになった。得られた金ナノ粒子は透過型電子顕微鏡（TEM）から直径が14.8±0.86 nmであること，また，金ナノ粒子に特有のプラズモン共鳴の極大が519 nmであることから，そのサイズは，ヘム修飾前の15 nmと変化がないことを確認した。

　この金ナノ粒子ユニットheme@AuNPと，ヘムが結合していないアポタンパク質のユニットを組み合わせて，ヘムタンパク質−金ナノ粒子のハイブリッドの調製を実施した（図3）。ヘム−ヘムポケットの相互作用による目的のハイブリッド集合体の形成については，アガロース電気泳動により評価した（図4）。ヘムが修飾されていないAuNPは，リポ酸によって表面が負電荷を持つために，アノード側へスムーズに泳動される（図4，レーン1）。ヘム修飾したheme@AuNPも泳動度は同じであるが，二量体，三量体と考えられるバンドも観測された。これは，ヘム−ヘム間の疎水性相互作用によって，会合した粒子のバンドである（図4，レーン2）。AuNPにcyt b_{562}のホロ体を加えた場合は，タンパク質と金ナノ粒子間での非特異的相互作用による複合体を形成しているが，バンドのシフトが小さい（図4，レーン3）。これに対して，ヘムポケットのあるアポ体を加えた場合では大きなシフトが観測された（図4，レーン4）。このバンドのシフトは，複合化に伴う粒子径が増加したためである。したがって，設計通りに金ナノ粒子表面のヘムとタンパク質のポケットの相互作用によって，ヘムタンパク質−金ナノ粒子のハイブリッドcyt b_{562}@AuNPが形成したと考えられる。cyt b_{562}@AuNPでは，heme@AuNPに比べて，プラズモン共鳴の極大波長が6 nmレッドシフトして観測されたことからも，アポタンパク質の結合が強く示唆される。アポ体の添加量を変化させてバンドのシフトを調べたところ，金ナノ粒子一つあたりおよそ20個のタンパク質が再構成されて粒子表面に固定化されていることが明らかとなった。同様に，末端ユニットにヘムポケットを持つヘムタンパク質ポリマー（poly-cyt b_{562}）を加えた場合には，バンドはさらに大きくシフトしており，タンパク質ポリマーを固定化した金ナノ粒子が形成したことが明らかとなった（図4，レーン5）。これらの金ナノ粒子とヘムタンパク質の複合体形成を動的光散乱の実験からも粒子径を見積もったところ，heme@

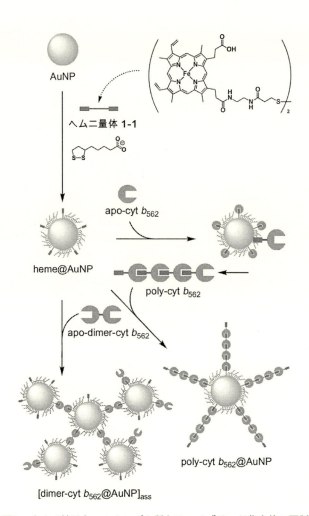

図3 金ナノ粒子とヘムタンパク質とのハイブリッド集合体の調製

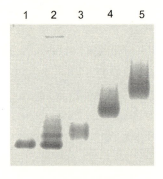

図4 AuNPとヘムタンパク質集合体のアガロース電気泳動の結果

レーン1：リポ酸修飾AuNP．レーン2：heme@AuNP．レーン3：リポ酸修飾AuNP + cyt b_{562}（[AuNP]：[cyt b_{562}] = 1：15）．レーン4：cyt b_{562}@AuNP（[AuNP]：[apo-cyt b_{562}] = 1：15）．レーン5：poly-cyt b_{562}@AuNP（[AuNP]：[apo-poly-cyt b_{562}] = 1：500）．ゲル濃度1.5%，Tris/Borate/EDTAバッファー．

第 5 章　スマート機能材料

AuNP は 24.4 nm，cyt b_{562}@AuNP は 31.7 nm であった。poly-cyt b_{562}@AuNP の粒子径は 130 nm であるので，タンパク質が 10 以上つながった集合体が固定化されたと推察された。

　これらの複合体ではヘムタンパク質を固定化しても粒子径には変化がないことを，TEM 観察により確認した（図 5）。heme@AuNP は会合した粒子が多く観察され（図 5a），この結果は電気泳動の結果とも合致する。一方で，アポ体を加えた cyt b_{562}@AuNP の場合は，ナノ粒子間の会合は極端に押さえられている（図 5b）。つまり，ナノ粒子表面のヘムがタンパク質ポケットに入ることによって，ヘム-ヘム間の相互作用による会合が抑制されたためと考えられる。ヘムタンパク質ポリマーを固定化した poly-cyt b_{562}@AuNP では，さらにナノ粒子間が分散された状態であり，金ナノ粒子表面にタンパク質ポリマーが存在することを強く示唆する結果である（図 5c）。

　次に，ヘムタンパク質と金ナノ粒子がヘム-ヘムポケットの相互作用によって，多量体として複合化した系を構築するために，ヘムを持つ金ナノ粒子 heme@AuNP とシトクロム b_{562} アポ体の二量体 apo-dimer-cyt b_{562} との反応を行った（図 3）。apo-dimer-cyt b_{562} は，システインを導入した cyt b_{562} をジフルフィドで二量化したタンパク質である。調製した複合体のプラズモン共鳴の極大波長は 536 nm であり，cyt b_{562}@AuNP と比べて 11 nm レッドシフトしていることから，金ナノ粒子の集合化が示唆される。調製したナノ粒子の会合体をアガロースゲル電気泳動で調べたところ，全くバンドが移動しなかった。つまり，巨大な集合体を形成したと考えられ

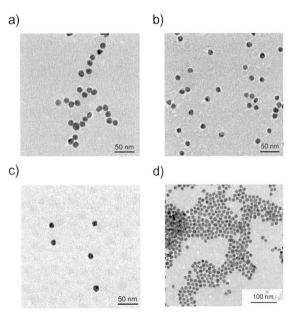

図 5　(a) heme@AuNP, (b) cyt b_{562}@AuNP, (c) poly-cyt b_{562}@AuNP の TEM 像
カーボングリッド上に滴下，乾燥後に，洗浄してサンプルを調製した．平均粒径：heme@AuNP, 14.8±0.86 nm; cyt b_{562}@AuNP, 13.8±0.79 nm; poly-cyt b_{562}@AuNP, 14.7±1.08 nm．（d）[dimer-cyt b_{562}@AuNP]$_{ass}$ の TEM 像．

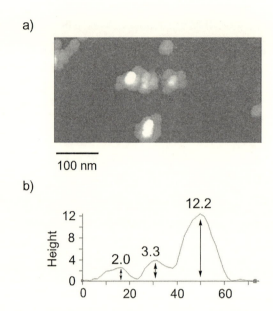

図6 (a) [dimer-cyt b_{562}@AuNP]$_{ass}$ の液中 AFM 像 (b) 実線部分の高さプロファイル
測定条件：50 mM トリス塩酸バッファー (pH 7.3), 50 mM NaCl.

る。この複合体 [dimer-cyt b_{562}@AuNP]$_{ass}$ の TEM 観察において，金ナノ粒子が基板上に二次元状に集合した構造体を形成していることが示された。注目すべきは，金ナノ粒子間の間隔が 2 nm 程度の距離をもって集合している点であり，cyt b_{562} が介在してナノ粒子が近接していると考えられる。一方で，heme@AuNP の場合はヘム－ヘムの疎水的な相互作用によって，ナノ粒子同士がより近接して会合している。以上のことから，[dimer-cyt b_{562}@AuNP]$_{ass}$ はヘム-ヘムポケットの相互作用によって，金ナノ粒子の集合体を形成していることが明らかとなった（図5d）。

ナノ粒子の集合状態を溶液中で確認するために，液中で原子間力顕微鏡の観察を試みた（図6）。劈開した HOPG（高配向性熱分解グラファイト）に，[dimer-cyt b_{562}@AuNP]$_{ass}$ 溶液をのせ，ノンコンタクト（AC）モードで測定を行った。図6に示すように，約 15 nm の球状粒子が観測され，TEM の結果とも合致する。[dimer-cyt b_{562}@AuNP]$_{ass}$ は，溶液中では塊状集合体を形成していることが明らかとなった。興味深い事に，金ナノ粒子の表面には 2 から 3 nm 程度のタンパク質と考えられる粒子を検出しており，AFM 観察からもヘムタンパク質を介して金ナノ粒子の集合体が形成していることが判明した。以上，ヘム－ヘムポケットの相互作用を活用することによって，ヘムタンパク質を含む多彩な金ナノ粒子集合構造を構築可能であることを実証した。

第5章　スマート機能材料

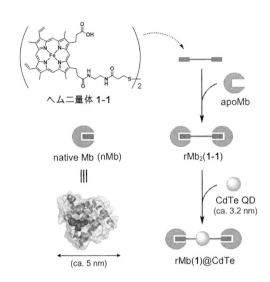

図7　CdTe半導体ナノ粒子とヘムタンパク質のハイブリッド集合体の調製

3.4　ヘムタンパク質とCdTe半導体ナノ粒子とのハイブリッド形成[28]

　半導体ナノ粒子（QD）は，広範な光吸収と狭い帯域幅の発光を示す材料であり，その発光特性はサイズや表面加工により制御できるため非常に魅力的である。したがって，QDを使った様々な機能分子や材料とのハイブリッド材料に関心が集まっている[29,30]。その一例として，半導体ナノ粒子と金属酵素の組み合わせを基盤とし，光応答性を付与した酵素反応をめざしたハイブリッドの構築が研究されている[31~34]。我々は，これまでにヘムタンパク質を標的として，ハイブリッド型の光バイオ触媒構築に取り組んできた（図7）。具体的には，QDの中でも特に光還元力が高いCdTe QD，そして酸素分子の貯蔵・運搬を行う代表的なヘムタンパク質であるミオグロビン（Mb）を選択し，これらの複合体の調製とMbのヘム鉄が光還元を受けた際の気体分子結合能を評価した。

　ヘム二量体をアポミオグロビン二量体に挿入し，ヘムのリンカーがジスルフィドで連結したミオグロビン二量体 rMb_2（**1-1**）を調製した。また，チオグリコール酸で表面保護した水溶性CdTe QDを合成した。吸収極大波長の538 nmから見積もられる粒子直径は約3.2 nm，発光極大波長は580 nm，また，その絶対発光量子収率は16.4%であった。このCdTe QDに（rMb）$_2$（**1-1**）を添加してrMb（**1**）@CdTe複合体を調製し，その複合体形成はアガロース電気泳動により確認した（図8）。CdTe QDに対してMbの混合量を2.8当量まで増加すると，Mbが結合していないCdTe QDのバンドは消失し，複合体形成に伴うバンドのシフトが確認された。泳動後のゲルをクマシーブリリアントブルーによりタンパク質染色を施すと，複合体のシフトしたバンドのみが染色されるので，Mb部位を含む複合体形成に由来するバンドであることが判明した。Mbを2当量添加した時点でフリーのCdTe QDのバンドが消失しており，すべてのCdTe QDがMbで修飾されていることが示された（図8a）。一方で，チオール基を導入していない天

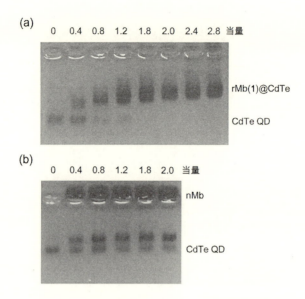

図8 (a) rMb (1) とCdTe QDの複合化を示すアガロース電気泳動の結果。(b) CdTe QDに対してnMbを加えた際の電気泳動の結果。
泳動後のゲルをCBBで染色．ゲル濃度0.5%，Tris/Borate/EDTAバッファー

然ミオグロビン（nMb）を添加した場合には，同様のシフトバンドは観測されず，ほとんどのnMbが結合していないことからも，rMb$_2$（**1-1**）がCdTe QDと強い結合を形成していることは明らかである（図8b）。

CdTe QDからMbへの電子移動特性を，CdTe QD複合体の発光強度により評価した。複合体rMb（**1**）@CdTeではCdTe QDの580 nmの発光強度は30%程度まで大幅に減少していることから，CdTe QDからMbへの効率的な電子移動が起こると推察される。一方，CdTe QDに対しnMbを複合化せずに，2当量加えた場合では，非特異吸着により発光強度は，70%程度に減少する結果であった。したがって，MbとCdTe QDの直接的な複合体形成によって，CdTe QDからMbへの電子移動効率が向上したと示唆された。

次に，CdTe QDとMbを単純に混合したCdTe QD，複合化したCdTe QDのそれぞれの発光寿命測定を行い，電子移動効率を比較した（図9）。粒子径5 nm以下のCdTe QDは多成分の発光寿命を有することが知られており，3成分にて解析した。CdTe QDに比べ，Mbを単純に混合したCdTe QDでは発光寿命は短くなるものの，いずれも約20 nsの寿命成分が約60%程度を占めていた。これに対して，複合体のMb@CdTeにおいては，約2 nsの短寿命成分が約60%存在する。すなわち，rMb（**1**）@CdTe複合体中での電子移動速度の向上が明らかとなった。

そこで，複合体中のMbにおける光還元挙動を検証するために，CO雰囲気下において可視光照射実験を行った。CO雰囲気下，Fe（Ⅲ）のmet-Mbは一電子還元を受けた後に，Fe（Ⅱ）CO錯体のCO-Mbに変換される（図10a）。可視光照射後300 sで吸収スペクトルは顕著な変

第 5 章　スマート機能材料

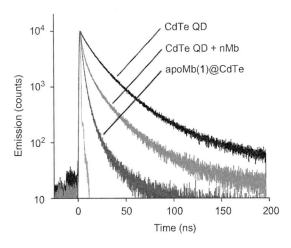

図 9　(a) rMb (1) @CdTe ハイブリッドにおける蛍光寿命測定の結果
CdTe QD，CdTe QD と nMb を混合した際の結果も示す

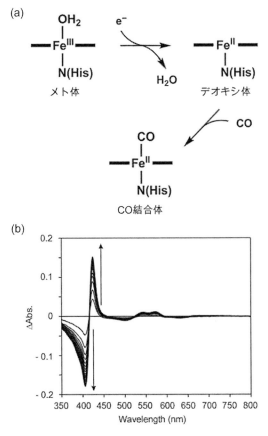

図 10　(a) rMb (1) @CdTe ハイブリッドにおける CdTe QD による Mb の光還元と CO 結合 Mb の生成　(b) 光照射時 (410-770 nm) における Mb の吸収変化

化を示し，406 nm における吸収減少と 424 nm における吸収増大は met-Mb が CO-Mb に変換されたことを示す（図 10b）。したがって，rMb（**1**）@CdTe においては，光照射により CdTe QD からの Mb への電子移動を伴う Mb の一電子還元を経て CO 分子が結合したことが明らかとなった。つまり，半導体ナノ粒子複合体において Mb が機能を保持したことを示唆する。rMb（**1**）@CdTe における CO-Mb の生成速度は，複合化していない系と比較して見かけの反応速度定数が 6.3 倍であった。CdTe 半導体ナノ粒子とヘムタンパク質を，チオール基の CdTe への配位を利用して複合化することによって，半導体ナノ粒子から Mb の鉄中心への光還元における電子移動効率を向上することに成功した。

3.5 超分子相互作用を介したヘムタンパク質と CdTe 半導体ナノ粒子とのハイブリッド形成[35]

ヘムタンパク質は，ヘムのプロピオン酸側鎖を化学修飾した補欠分子族をヘムに代わって，アポタンパク質に挿入することが可能である[36]。そこで，このヘム再構成手法を活用して，ヘムタンパク質と CdTe QD を超分子相互作用により複合化したハイブリッドの構築を行った（図11）。複合化には，β-シクロデキストリン（β-CD）の疎水空孔とアダマンチル基との強固な超分子相互作用を利用した。アダマンチル基と β-CD のホスト–ゲスト相互作用は選択的かつ強固であり，安定な複合体構築が期待できる。アダマンチル基修飾 Mb と，β-CD 部位を導入した CdTe QD を調製し，超分子相互作用による複合体形成とその光反応特性について評価を行った。

アダマンチル基が結合したヘム分子（heme-ADM）をアポ Mb に挿入することによって，アダマンタン修飾再構成 Mb（ADM-heme@apoMb）を調製し，その後，ゲル濾過クロマトグラ

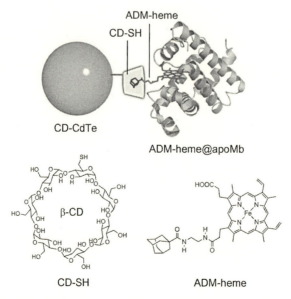

図11 β-CD 修飾 CdTe QD とアダマンチル基をヘム側鎖に修飾した Mb のホスト–ゲスト相互作用によるハイブリッド形成

第5章 スマート機能材料

フィーにより精製した。ADM-heme@apoMb が 408 nm に Soret 帯，503 nm と 630 nm に Q 帯の特徴的吸収をもつことは，修飾ヘムがアポ Mb のヘムポケット内に挿入したことを示している。次に，チオール化した β-CD（CD-SH）とチオグリコール酸の 1:19 混合物を表面保護剤として CdTe QD 合成時に添加し，β-CD 修飾 CdTe QD（CD-CdTe）を調製した。CD-CdTe 粒子は 533 nm に吸収極大波長を持つことから，その直径は約 3.0 nm であると推察された。精製後の CD-CdTe 粒子は，MALDI-TOF MS 測定において，表面保護剤の CD-SH が観測されたため，CD-CdTe の表面は，CD-SH で保護修飾されたことが示唆された。さらに，CD-CdTe を 5,5'-ジチオビス（2-ニトロ安息香酸）で処理した後に，還元脱離した CD-SH を HPLC により定量したところ，平均 3 分子の CD-SH が 1 粒子の CdTe QD に修飾されていることが判明した。

　CD-CdTe から ADM-heme@apoMb への電子移動反応効率を評価するために CD-CdTe の消光実験を行った。CD-CdTe に対して ADM-heme@apoMb を 2 当量まで添加すると，CdTe QD の発光強度は減少した（図 12）。発光強度の変化を Stern-Volmer プロットにより比較すると，CD-CdTe に対して nMb を添加した系に比べて，CD-CdTe と ADM-heme@apoMb を複合化した際に顕著な消光が起こることが明らかとなった（図 12, inset）。また，CD-CdTe と ADM-heme@apoMb 間の超分子相互作用の解離定数 K_d を水晶振動子マイクロバランス（QCM）測定により決定したところ，1.67 μM の値が算出された。一方，アダマンチル基を持たない nMb を添加した場合には CD-SH との相互作用は認められなかった。すなわち，ADM-heme@apoMb と CD-SH 間には，強い特異的相互作用が働いていることが明らかとなった。

　一酸化炭素雰囲気下で光照射実験を行い，複合体における電子移動反応効率を評価した。犠牲

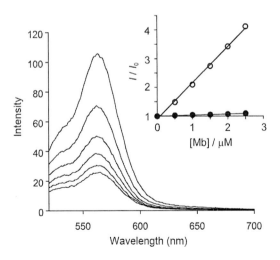

図12　β-CD とアダマンチル部位間のホスト-ゲスト相互作用に伴う CdTe QD の発光強度の減少
ADM-heme@apoMb の添加により β-CD 修飾 CdTe QD の発光強度は減少するが（○），nMb では強度は僅かに減少のみである（●）

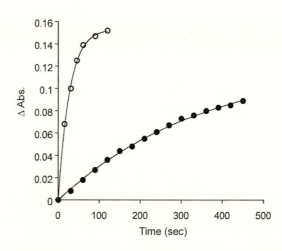

図13 CdTe QDへの光照射 (410-770 nm) によるMbメト体からCO結合体の生成速度を吸収変化による追跡した結果

nMb (●) の場合に比べ，β-CDとアダマンチル部位間のホスト-ゲスト相互作用を形成可能なADM-heme@apoMb (○) においては生成速度が加速した

試薬存在下で，CD-CdTeに対して2当量のADM-heme@apoMbを添加し，Xe光の照射によるMbの光還元を行った。405 nmの吸収減少と424 nmの吸収増加により，MbのCO結合体形成を確認した（図13）。424 nmにおける吸収の経時変化から，ADM-heme@apoMbを用いた系ではnMbを添加した系と比較して約13倍のCO結合体形成速度が得られた（図13）。すなわち，ADMとCD間の超分子相互作用による複合体形成の結果，QDからMbへの電子移動反応速度が向上していることが示された。

以上より，アダマンチル基を導入したADM-heme@apoMbおよび，β-CDで表面修飾したCD-CdTeを利用することにより，超分子相互作用によるヘムタンパク質のハイブリッドを構築し，本系がCdTe半導体ナノ粒子からヘム中心への電子移動効率を大きく向上であることを実証した。

3.6 まとめ

本稿では，ヘムタンパク質におけるヘム-ヘムポケットの相互作用を活用したヘムタンパク質と金ナノ粒子あるいはCdTe半導体ナノ粒子とのハイブリッド形成について紹介した。この手法は，ヘムタンパク質を含む様々なハイブリッド集合体をプログラム化して構築できる点で極めて有用である。また，タンパク質マトリクスを選択することで，電子伝達，センサー，そして，触媒といった多彩な機能をもつタンパク質ユニットをハイブリッド化することが可能であるので，様々な金属ナノ材料との協働的な機能を備えたナノバイオ材料の創製につながるものと期待している。

第5章 スマート機能材料

文　　献

1) D. Grueninger et al., *Science*, **319**, 206（2008）
2) K. Channon et al., *Curr. Opin. Struct. Biol.*, **18**, 491（2008）
3) S. Biswas et al., *J. Am. Chem. Soc.*, **131**, 7556（2009）
4) M. G. Warner et al., *Nat. Mater.*, **2**, 272（2003）
5) T. O. Yeates et al., *Curr. Opin. Struct. Biol.*, **12**, 464（2002）
6) M. Zhou et al., *J. Am. Chem. Soc.*, **126**, 734（2004）
7) K. Matsuura et al., *J. Am. Chem. Soc.*, **127**, 10148（2005）
8) J. C. Carlson et al., *J. Am. Chem. Soc.*, **128**, 7630（2006）
9) S. Burazerovic et al., *Angew. Chem. Int. Ed.*, **46**, 5510（2007）
10) K. Oohora et al., *Chem. Comm.*, **48**, 11714（2012）
11) H. Kitagishi et al., *J. Am. Chem. Soc.*, **129**, 10326（2007）
12) H. Kitagishi et al., *Angew. Chem. Int. Ed.*, **48**, 1271（2009）
13) H. Kitagishi et al., *Biopolymers*, **91**, 194（2009）
14) K. Oohora et al., *Chem. Sci.*, **2**, 1033（2011）
15) K. Oohora et al., *Angew. Chem. Int. Ed.*, **51**, 3818（2012）
16) A. Onoda et al., *Chem. Biodev.*, **9**, 1684（2012）
17) A. Onoda et al., *Angew.Chem. Int. Ed.*, **51**, 2628（2012）
18) A. Onoda et al., *Dalton Trans.*, **42**, 16102（2013）
19) Y. Kakikura et al., *J. Inorg. Organomet. Polym. Mater.*, **23**, 172（2013）
20) A. Onoda et al., *Chem. Commun.*, **46**, 9107（2010）
21) U. Simon, in *Nanoparticles: From Theory to Application*（Ed.: G. Schmid）, Wiley-VCH, Weinhein（2004）
22) A. P. Alivisatos et al., *Nature*, **382**, 609（1996）
23) D. Nykypanchuk et al., *Nature*, **451**, 549（2008）
24) J. Sharma et al., *Science*, **323**, 112（2009）
25) I. Willner et al., *J. Am. Chem. Soc.*, **121**, 6455（1999）
26) A. Das et al., *J. Inorg. Biochem.*, **101**, 1820（2007）
27) L. Fruk et al., *Angew. Chem. Int. Ed.*, **44**, 2603（2005）
28) A. Onoda et al., *Chem. Comm.*, **48**, 8054（2012）
29) M. Nirmal et al., *Acc. Chem. Res.*, **32**, 407（1999）
30) W. C. Chan et al., *Science*, **281**, 2016（1998）
31) E. Katz et al., *Chem. Comm.*, 1395（2006）
32) B. I. Ipe et al., *Angew. Chem. Int. Ed.*, **45**, 504（2006）
33) L. Fruk et al., *ChemBioChem*, **8**, 2195（2007）
34) V. Rajendran et al., *Small*, **6**, 2035（2010）
35) T. Himiyama et al., *Chem. Lett.*, **43**, 1152（2014）
36) T. Hayashi et al., *Acc. Chem. Res.*, **35**, 35（2002）

4 元素ブロック高分子材料を用いる光腫瘍イメージング

三木康嗣[*1]，大江浩一[*2]

4.1 はじめに

分子イメージングを用いる微小腫瘍の可視化は，がんの早期発見，早期治療による寛解の可能性を高める有効な技術として，今日多くの科学者，医学者により活発に研究されている。がんの可視化に適した様々な撮像法が開発され臨床利用されるに従い，多種多様な造影剤が開発され，報告されている[1]。しかし，腫瘍へ特異的に集積する性質を持つ造影剤はほとんどなく，一般的には造影剤を化学修飾することにより腫瘍への集積能を付与しなければならない。近年，造影剤としての機能を持つ様々な元素ブロックが開発されており，これらを効率よく腫瘍へと送達する技術は益々必要とされている。

近赤外光を照射し，造影剤が発する蛍光発光を像として得る光イメージングが注目されている。この手法は低侵襲であり，また撮像装置が安価であることから，従来の高価な装置を必要とする撮像法と相補的な役割を果たすと期待されている（図1）。造影剤としては，生体透過性の高い近赤外光（700～900 nm）を吸収する色素が適している。インドシアニングリーン（ICG，図2）[2]は市販の臨床用血管造影剤として古くから活用されている。蛍光量子収率は，5～10％程

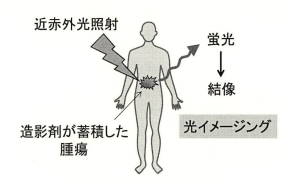

図1 光イメージングの概略

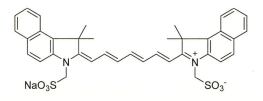

図2 光イメージング用血管造影剤：インドシアニングリーン

---

*1 Koji Miki 京都大学 大学院工学研究科 物質エネルギー化学専攻 准教授
*2 Kouichi Ohe 京都大学 大学院工学研究科 物質エネルギー化学専攻 教授

第5章　スマート機能材料

度であり[3]，それほど高くないものの，生体内物質による影響を受けにくい近赤外領域で吸発光するため感度良く検出される。しかし，ICG は腫瘍集積性を示さないことから，腫瘍造影剤として用いるためには体内動態を制御し，腫瘍へと送達する技術の開拓が喫緊の課題である。

　造影剤を腫瘍部位に効率よく蓄積させるにはどのようにすればよいだろうか。現在，受動的腫瘍ターゲティング法（passive tumor targeting）[4,5]と能動的腫瘍ターゲティング法（active tumor targeting）[4,6]が，造影剤に腫瘍特異性を付与するための主な手法として知られている（図3）。前者は，腫瘍組織周辺の血管の状態に起因する特殊な環境を利用する手法である。腫瘍組織は正常組織と比較し活発に生長しているため，血管新生もまた活発である。そのため，正常組織の血管壁では透過できない数十ナノメートルから数百ナノメートルの粒子がこの脆弱な血管壁を透過し，腫瘍組織内に到達できる。また，排泄を担うリンパ管も未発達であり，蓄積した粒子は排泄されにくい。この特異な腫瘍組織の環境は，the enhanced permeability and retention effect（EPR 効果）[7]と呼ばれ，腫瘍ドラッグデリバリーシステム（DDS）において重要な考え方のひとつとなっている。後者は，腫瘍組織や腫瘍細胞特異的に発現している受容体を認識する分子を用いて腫瘍特異性を向上させる手法である。陽電子放射断層撮影法用造影剤であるフルオロデオキシグルコース（^{18}F-FDG）は，腫瘍の活発な生長に不可欠な栄養素 グルコースを取り込むために過剰発現したグルコーストランスポーターを認識し，腫瘍に集積する[8]。それゆえ，グルコース類縁体を修飾した造影剤は，能動的腫瘍ターゲティング能を示す。その他にも，血管新生に関わる表面インテグリン $α_v β_3$ を認識するペプチド配列 RGD を持つオリゴペプチドも腫瘍集積性を高める[9]。

　これらを背景に，腫瘍ターゲティング分子で修飾された高分子自己集合体が，抗がん剤を運搬するキャリアーとして注目され，実用化されているものもある[4a,10]。一方，高分子自己集合体型の造影剤の開発も活発であり，特に，元素ブロック高分子材料の一つである色素を結合した両親

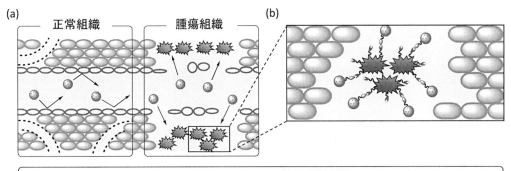

図3　(a)受動的腫瘍ターゲティング法と (b)能動的腫瘍ターゲティング法の概念図

媒性高分子が光腫瘍造影剤として注目されている。本項では，著者らの研究を中心に，多糖類縁高分子を母体とする光造影剤についてまとめた[11]。

4.2 アルキル鎖を持つ多糖類縁高分子を用いる光腫瘍イメージング

本項で紹介する色素を結合させた多糖類縁高分子は，開環メタセシス重合（ring-opening metathesis polymerization：ROMP）とジヒドロキシル化反応を組み合わせる著者ら独自の手法により合成した[12]。両親媒性ブロック型多糖類縁高分子の合成概略を図4に示す。まず，第三世代Grubbs触媒を用いる開環メタセシス重合によりノルボルナジエンモノマーを重合し，三成分ブロック共重合体を合成する。得られたブロック共重合体に，親水性ポリエチレングリコール（PEG），ICG色素，腫瘍ターゲティング分子をグラフトすると共に，主鎖の二重結合をジヒドロキシル化することでICGを結合した多糖類縁高分子が得られる。

図4の手法に基づき，ペンチルオキシペンチル基を疎水性基として持つ両親媒性多糖類縁高分子 **1-3** を合成した（図5）[12,13]。なお，**2** および **3** には腫瘍ターゲティング分子である葉酸（FA）を結合させている[14]。また，主鎖のヒドロキシ基の効果を比較するため，ヒドロキシ基を持たない高分子 **3** も合成した。これらはいずれも水中で球状自己集合体を形成し，その粒径は動的光散乱法により 90〜210 nm と見積もられた。また，**1** および **2** が形成する自己集合体の臨界凝集濃度（critical aggregation concentration：cac）は $4.4 \times 10^{-4} \sim 7.6 \times 10^{-4}$ g/L であり，低濃度の水溶液中でも安定であることがわかった。なお，安定な造影剤とは本項ではcacの値が小さく，希薄溶液中でユニマーへと分解しない自己集合体を指す。一方，主鎖にヒドロキシ基を持たない高分子 **3** では，cacは 1.5×10^{-3} g/L とやや大きな値となった。これは，二重結合が多

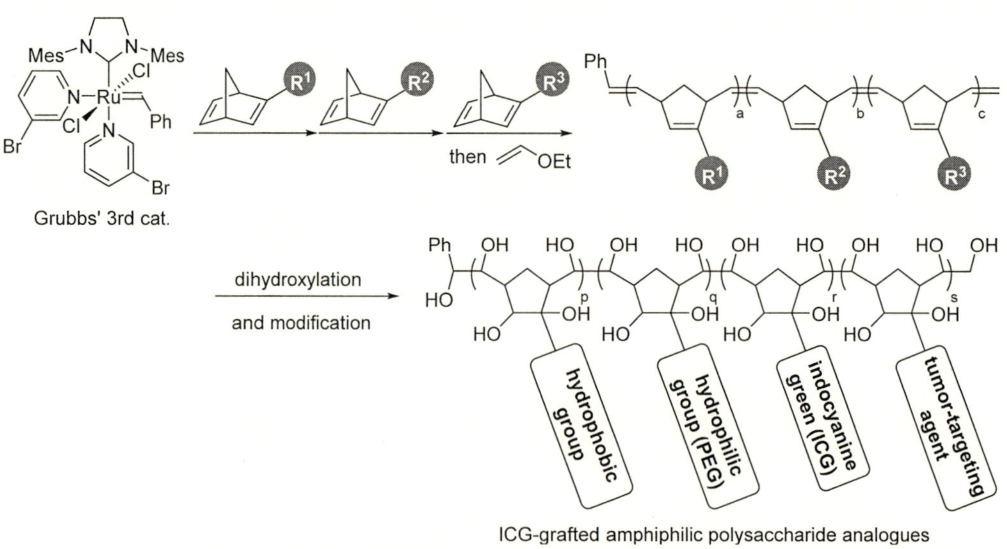

図4 ICGを持つ両親媒性多糖類縁高分子の合成法概略。Mes：2,4,6-trimethylphenyl

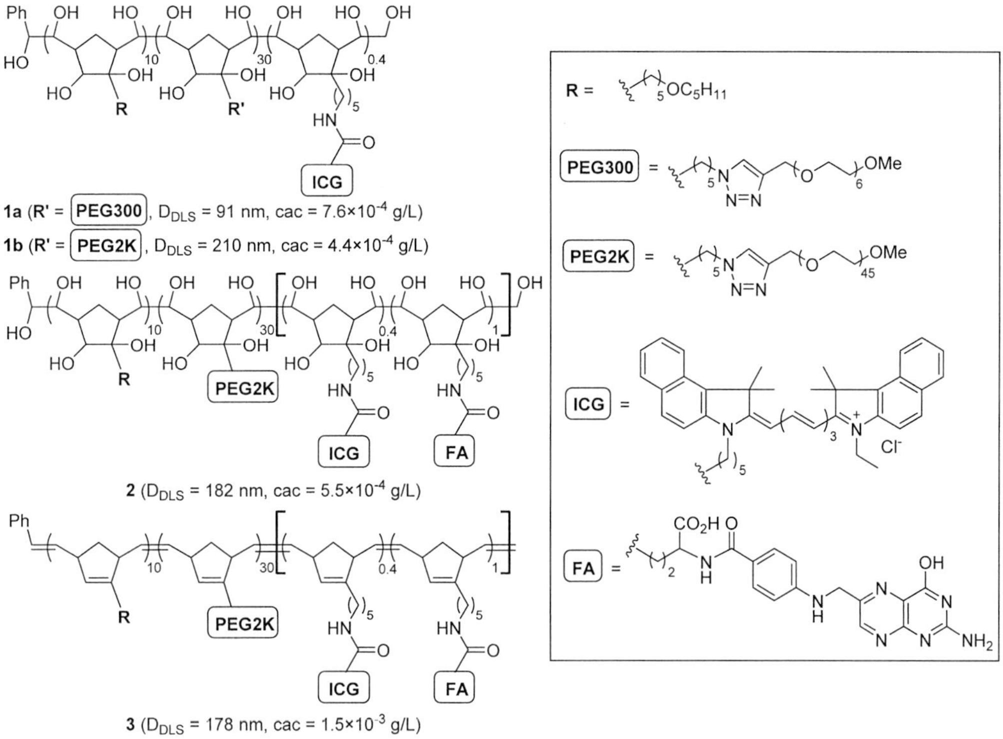

第5章 スマート機能材料

図5 ICG や FA を持つ両親媒性多糖類縁高分子
鍵括弧は ICG と FA がランダムに結合していることを示す

いため柔軟性が乏しく，密に詰まった自己集合体を形成しにくいこと，および主鎖のジオール構造が無いためそれに起因する水素結合による安定化が望めないこと，の二点が原因であると考えている。

次に，得られた自己集合体を造影剤として用いる光腫瘍イメージングを検討した。右後ろ脚に腫瘍（HeLa 細胞）を移植したマウスに造影剤を投与し，24 時間後の造影剤の集積を光イメージング装置で可視化したところ，いずれも腫瘍部位への集積が確認された（図 6a-d）。なお，腫瘍集積性を示さない市販のインドシアニングリーンは投与直後にマウス体内の隅々まで行き渡るものの，その後急激に濃度が低下し，検出されなくなる（図 6e）。特に，長い PEG を側鎖に有し，腫瘍ターゲティング剤である葉酸を結合させた **2** は，他の三つと比べて効果的に腫瘍に集積した（図 6f および 6g）。このことは，PEG によるステルス効果，能動的腫瘍ターゲティング効果，主鎖のジヒドロキシル化の効果，これらすべてが相乗的に寄与し，腫瘍集積性を高めていることを示唆している。このように，多糖類縁高分子を機能化することで，光腫瘍造影剤が開発できることを示した。しかし，正常組織からの信号も検出され，小さな腫瘍の検出には十分な性能であるとは言えない。

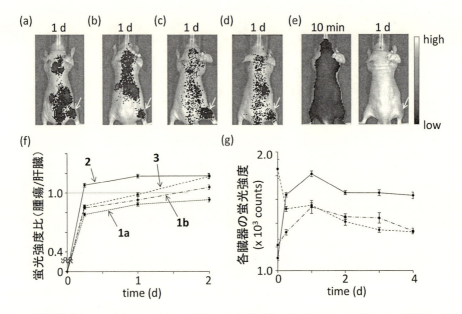

図6 造影剤 (a) **1a**, (b) **1b**, (c) **2**, (d) **3** および (e) インドシアニングリーン（市販）を投与した担がんマウスの光イメージング画像。腫瘍は右後ろ脚に移植。(f) 腫瘍と肝臓の蛍光強度比。(g) 造影剤 **2** を投与された担癌マウスの腫瘍（実線），肝臓および腎臓（点線），および肺（一点破線）の蛍光強度。（文献13より引用，改変）

4.3 ポリメタクリレートを側鎖に持つ多糖類縁高分子を用いる光腫瘍イメージング

前節で示した多糖類縁高分子を母体とする光腫瘍造影剤を改良し，コントラストの良い像を得るためには以下の三点が重要である。

(1) 高い安定性を持つ造影剤
(2) 強い発光性を示す造影剤
(3) 高い腫瘍特異性を示す造影剤

著者らはまず，高い安定性を持つ造影剤の開発を目指した。疎水性基としてアルキル鎖を持つ場合，疎水性相互作用によりミセル状の集合体を形成する（図7a）。一方，疎水性側鎖としてポリメタクリレート（PMA）を持つ場合，主鎖が疎水性コアと親水性シェルの界面で擬似的に架橋構造を形成すると考えられる（図7b）。そのため，後者は前者より安定な自己集合体を形成できると考えた[15]。疎水性基としてPMAを持つ両親媒性高分子はいずれも低いcacを示した（図8）。実際に，PMAを持つ高分子が形成する自己集合体を造影剤として用いた場合，アルキル鎖を持つものより，EPR効果による腫瘍への集積に有効であることがわかった。なお，架橋構造を持たなくとも，疎水性側鎖として疎水性オリゴペプチドを用いると，疎水性コア内での水素結合ネットワークの形成により自己集合体は安定化され，腫瘍集積性が高まることも明らかにしている[16]。

次に発光性について検討した。疎水性ICGは，疎水性環境において強く発光することが知ら

第 5 章 スマート機能材料

れている．そのため，疎水性 ICG が疎水性コアに到達すれば強く発光すると考えた[15]．造影剤 **4** と **5** では，後者の方が主鎖と ICG の間のリンカーが長いため，ICG が疎水性コアに到達しやすくなる．そのため，造影剤 **5** を溶解させた水溶液の蛍光は造影剤 **4** よりも強い．光腫瘍イメージングにおいてもこの傾向は見られ，造影剤 **5** の方が明らかに強い蛍光を発した（図 9a および 9b）．リンカーの長さを伸ばせば，蛍光が強くなるが，ある長さを超えれば疎水性コア内部での色素同士のスタッキングが可能となり，消光することも見出している．このように，高分子造影剤に強い発光性を持たせるためには，適度な長さのリンカーで色素と主鎖を結合させる必要がある．

最後に腫瘍集積性について検討した．上述のように，造影剤 **4** と **5** の比較では，後者が強い蛍光を発することはわかった．しかし，これらの光腫瘍イメージングの結果からは，後者が有効な造影剤ではないことがわかる（図 9a および 9b）．これは，腫瘍ターゲティング剤である FA

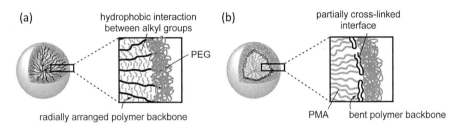

図 7　疎水性基として（a）アルキル鎖および（b）PMA を結合した多糖類縁高分子が形成する自己集合体

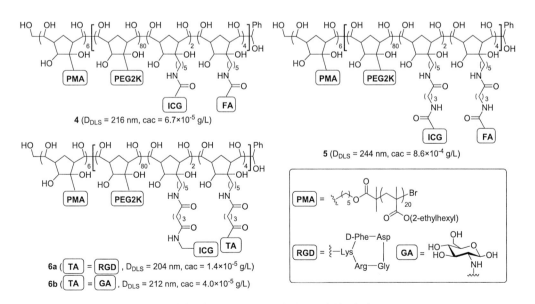

図 8　疎水性基として PMA を結合した多糖類縁高分子

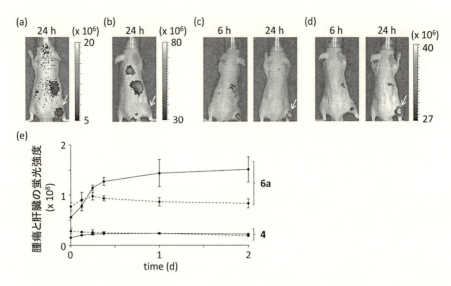

図9 造影剤 (a) **4**, (b) **5**, (c) **6a** および (d) **6b** を投与した担がんマウスの光イメージング画像。腫瘍は右後ろ脚に移植。(e) 造影剤 **4** および **6a** を投与したマウスの腫瘍と肝臓の蛍光強度。腫瘍（実線）および肝臓（点線）。（文献15より引用，改変）

の能動的腫瘍ターゲティング能が損なわれていることを示す。FAは水溶性ビタミンとして知られているが，水への溶解度は1.6 mg/L（298 K）であり[17]，わずかに溶解するという程度である。造影剤 **5** において，ICGと主鎖との間のリンカーの長さを伸ばしたため，FAと主鎖との間のリンカーも長くなっている。そのため，水溶性に乏しいFAはICGと同様に疎水性コアに潜り込んでしまい，腫瘍ターゲティング剤としての機能を発揮できなかったと考えられる。この問題を解決するため，水溶性の腫瘍ターゲティング分子である環状RGDペプチドとグルコサミンを結合させた造影剤 **6a** および **6b** を合成した。期待通り，これらはいずれも強い発光性を示し，また高い腫瘍集積性を示した（図9cおよび9d）。また，造影剤 **4** と **6a** を投与したマウスの腫瘍と肝臓の発光量を比べると，**4** では腫瘍のみを可視化するための閾値を設定しにくいが，**6a** では投与6時間後からはっきりとその蛍光量の差が識別できるため，容易に閾値を設定できる（図9e）。このように，多糖類縁高分子に結合させる腫瘍ターゲティング分子の種類やその分子と主鎖の間のリンカーの長さを調節することで，高コントラストな像を与える造影剤の開発に成功した。

4. 4 Janus型多糖類縁高分子を用いる光腫瘍イメージング

高分子主鎖の繰り返し単位1ユニットに疎水性基と親水性基を結合したJanus型両親媒性高分子は，高分子主鎖が自己集合体の疎水性コアと親水性シェルの間で架橋部位として働くため，希薄溶液中でも分解しにくい自己集合体を形成する（図10）[18]。親水性側鎖としてPEGを，疎水性側鎖として様々なアルキル鎖もしくはPMAを結合したJanus型両親媒性多糖類縁高分子

第 5 章　スマート機能材料

を合成した（図 11）。得られた高分子は，水に溶解させると粒径 20 nm 程度の小さな自己集合体と粒径 100～250 nm の大きな自己集合体の混合状態となる。興味深いことに，ここに超音波を照射すると，どちらか一方の粒子のみを与えることを見出した。ペンチル基やペンチルオキシペンチル基を持つ高分子 **7a** および **7b** は超音波照射により大きな粒子のみを，テトラデシルオキシペンチル基を持つ高分子 **7e** は小さな粒子のみを形成した。なお，その間のオクチルオキシペンチル基やウンデシルオキシペンチル基を持つ高分子 **7c** や **7d** は長時間超音波照射を行っても二種類の粒子の混合物のままであり，このわずか約 2 nm のアルキル鎖の長さの違いがどちらの大きさの粒子に偏るかの分岐点である。なお，片方の大きさの粒子のみを含む水溶液を放置すると，24～48 時間後には超音波照射前に存在したもう一方の粒子が観測され始める。このことは，大小どちらかの粒子に偏った状態は準安定状態であり，二種類の粒子が混ざっている状態が

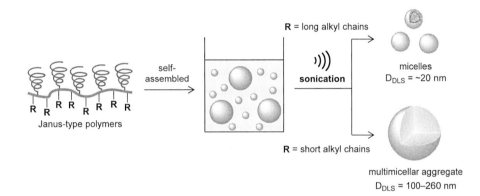

図 10　Janus 型多糖類縁高分子が形成する自己集合体と超音波による粒径制御

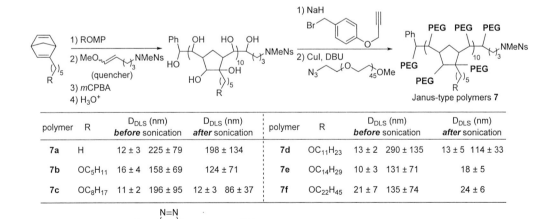

図 11　Janus 型両親倍成功分子の合成と超音波照射前後の自己集合体の粒径

最安定状態であることを示している。これらを踏まえ，小さな粒子はミセル，大きな粒子はマルチミセル集合体もしくは多層ベシクルであると推測している。

　大きさの異なる粒子を形成する Janus 型両親媒性高分子に ICG 色素を結合させ，光腫瘍造影剤を合成した（図 12a）。高分子主鎖末端と ICG 色素間のリンカー長は，前節で述べたように蛍光発光強度に影響を与えるため，発光強度が最大になるよう調整した。得られた Janus 型高分子 **8a** および **8b** は超音波照射後それぞれ粒径 21 nm および 130 nm の粒子を形成した。Janus 型高分子 **8c** は，超音波照射せずとも粒径 170 nm の粒子を形成した cac はいずれも小さな値となり，希薄水溶液中でも分解しにくい自己集合体を形成することがわかった。粒径の異なるこれらの造影剤を担がんマウスに投与したところ，いずれも 3 時間以内に腫瘍に蓄積した（図 12b-d）。特に，粒径 21 nm の自己集合体を形成する **8a** は投与 10 分後でも腫瘍がはっきりと視認できる像を与えた。粒径 21 nm の自己集合体は，腫瘍集積性が高く，正常組織に蓄積しにくい特徴を持つと同時に血中滞留性が低いため，コントラストの良い像が得られたと考えられる（図 11e-g）。このように EPR 効果を利用した受動的腫瘍ターゲティングに適したサイズに造影剤の粒径を制御することで，迅速な腫瘍の可視化が可能である[19]。

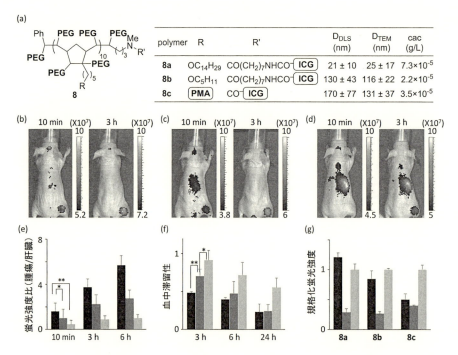

図 12　(a) Janus 型造影剤 **8a-c** および (b) **8a**, (c) **8b**, (d) **8c** を用いた光腫瘍イメージング。造影剤 **8a**（黒色），**8b**（濃灰色），**8c**（淡灰色）の (e) 腫瘍集積性および (f) 血中滞留性。(g) 摘出した腫瘍（黒色），肝臓（濃灰色），腎臓（淡灰色）への各造影剤の蓄積量。腫瘍は右後ろ脚に移植（文献 18 より引用，改変）

第5章 スマート機能材料

4.5 おわりに

本項では，多糖類縁高分子に機能性元素ブロックである近赤外色素 ICG や腫瘍ターゲティング分子を結合させた光腫瘍造影剤についてまとめた。コントラストの良い像を与える造影剤を開発するためには，高分子主鎖構造，側鎖の長さ，疎水性側鎖や腫瘍ターゲティング分子の種類など，様々な項目において高分子を精密に設計することが重要であることを示した。多糖類縁高分子の機能化を基にした造影剤の開発で得られた知見は，多糖を母体とする造影剤の開発にも直結し，著者らはヒアルロン酸を母体とする造影剤の開発にも成功している[20]。また，本項で示した高分子造影剤の開発に関する知見は，腫瘍への効率良い抗がん剤の運搬を目指すドラッグデリバリーシステム用高分子キャリアーの開発においても活用できると考えられる。今後さらに，機能性元素ブロックの性能を活かした腫瘍造影剤の開発が進むと期待される。

文　献

1) (a) England, C. G. Hernandez, R. Eddine, S. B. Z. Cai, W. *Mol. Pharm.*, **13**, 8（2016）；(b) Yu, M. Zheng, J. *ACS Nano*, **9**, 6655（2015）；(c) Hussain, T. Nguyen, Q. T. *Adv. Drug Deliv. Rev.*, **66**, 90（2014）；(d) Xing, Y. Zhao, J. Conti, P. S. Chen, K. *Theranostics*, **4**, 290（2014）
2) (a) Alander, J. T. Kaartinen, I. Laakso, A. Patila, T. Spillmann, T. Tuchin, V. V. Venermo, M. Valisuo, P. *Int. J. Biomed. Imaging* 940585（2012）；(b) Schaafsma, B. E. Mieog, J. S. D. Hutteman, M. van der Vorst, J. R. Kuppen, P. J. K. Löwik, C. W. G. M. Frangioni, J. V. van de Velde, C. J. H. Vahrmeijer, A. L. *J. Surg. Oncol.* **104**, 323（2011）
3) (a) Rurack, K. Spieles, M. *Anal. Chem.* **83**, 1232（2011）；(b) Benson, R. C. Kues, H. A. *J. Chem. Eng. Data* **22**, 379（1977）
4) (a) Sun, T. Zhang, Y. S. Pang, B. Hyun, D. C. Yang, M. Xia, Y. *Angew. Chem. Int. Ed.*, **53**, 12320（2014）；(b) Danhier, F. Feron, O, Préat, V. *J. Controlled Release*, **148**, 135（2010）
5) (a) Kobayashi, H. Turkbey, B. Watanabe, R. Choyke, P. L. *Bioconjugate Chem.*, **25**, 2093（2014）；(b) Chen, F. Cai, W. *Small*, **10**, 1887（2014）；(c) Zhong, Y. Meng, F. Deng, C. Zhong, Z. *Biomacromolecules*, **15**, 1955（2014）；(d) Azzopardi, E. A. Ferguson, E. L. Thomas, D. W. *J. Antimicrob. Chemother.*, **68**, 257（2013）；(e) Taurin, S. Nehoff, H. Greish, K. *J. Controlled Release*, **164**, 265（2012）；(f) M. Yokoyama, *J. Exp. Clin. Med.*, **3**, 151,（2011）；(g) Cabral, H. Kataoka, K. *Sci. Technol. Adv. Mater.*, **11**, 014109（2010）
6) (a) Zhong, Y. Meng, F. Deng, C. Zhong, Z, *Biomacromolecules*, **15**, 1955（2014）；(b) Allen, T. M. *Nat. Rev. Cancer*, **2**, 750（2002）

7) (a) Matsumura, Y. Maeda, H. *Cancer Res.*, **46**, 6387 (1986); (b) Maseda, H. Nakamura, H. Fang, *J. Adv. Drug Deliv. Rev.* **65**, 71 (2013); (c) Maeda, H. *J. Controlled Release*, **164**, 138 (2012); (d) Matsumura, Y. Kataoka, K. *Cancer Sci.*, **100**, 572 (2009)
8) (a) Bohnen, N. I. Djang, D. S. W. Herholz, K. Anzai, Y. Minoshima, S. *J. Nucl. Med.*, **53**, 59 (2012); (b) Bertagna, F. Treglia, G. Piccardo, A. Giubbini, R. *J. Clin. Endocrinol. Metab.*, **97**, 3866 (2012)
9) (a) Arap, W. Pasqualini, R. Ruoslahti, E. *Science*, **279**, 377 (1998); (b) Liu, S. *Bioconjugate Chem.*, **26**, 1413 (2015); (c) Chakravarty, R. Chakraborty, S. Dash, A. *Mini Rev. Med. Chem.*, **15**, 1073 (2015)
10) (a) Wang, X. Guo, Z, *Chem. Soc. Rev.*, **42**, 202 (2013); (b) Wang, A. Z. Langer, R. Farokhzad, O. C. *Annu. Rev. Med.*, **63**, 185 (2012); (e) Rapoport, N. *Prog. Polym. Sci.*, **32**, 962 (2007)
11) 三木康嗣，有機合成化学協会誌，**73**, 580 (2015)
12) Miki, K. Kuramochi, Y. Oride, K. Inoue, S. Harada, H. Hiraoka, M. Ohe, K. *Bioconjugate Chem.*, **20**, 511 (2008)
13) Miki, K. Oride, K. Kuramochi, Y. Nayak, R. R. Matsuoka, H. Harada, H. Hiraoka, M. Ohe, K. *Biomaterials*, **31**, 934 (2010)
14) Low, P. S. Henne, W. A. Doorneweerd, D. D. *Acc. Chem. Res.* **41**, 120 (2008)
15) (a) Miki, K. Kimura, A. Oride, K. Kuramochi, Y. Matsuoka, H. Harada, H. Hiraoka, M. Ohe, K. *Angew. Chem. In.t Ed.*, **50**, 6567 (2011); (b) Miki, K. Oride, K. Kimura, A. Kuramochi, Y. Matsuoka, H. Harada, H. Hiraoka, M. Ohe, K. *Small*, **7**, 3536 (2011)
16) Miki, K. Nakano, K. Matsuoka, H. Yeom, C. J. Harada, H. Hiraoka, M. Ohe, K. *Bull. Chem. Soc. Jpn.*, **85**, 1277 (2012)
17) Z. Wu, X. Li, C. Hou, Y. Qian, *J. Chem. Eng. Data*, **55**, 3958 (2010)
18) Miki, K. Hashimoto, H. Inoue, T. Matsuoka, H. Harada, H. Hiraoka, M. Ohe, K. *Small*, **10**, 3119 (2014)
19) EPR効果と粒径の関係は他の研究者からも報告されている。例えば，(a) Cabral, H. Matsumoto, Y. Mizuno, K. Chen, Q. Murakami, M. Kimura, M. Terada, Y. Kano, M. R. Miyazono, K. Uesaka, M. Nishiyama, N. Kataoka, K. *Nat. Nanotechnol.*, **6**, 815 (2011); (b) Anraku, Y. Kishimura, A. Kobayashi, A. Oda, M. Kataoka, K. *Chem. Commun.*, **47**, 6054 (2011); (c) Toy, R. Hayden, E. Camann, A. Berman, Z. Vicente, P. Tran, E. Meyers, J. Pansky, J. Peiris, P. M. Wu, H. Exner, A. Wilson, D. Ghaghada, K. B. Karathanasis, E. *ACS Nano*, **7**, 3118 (2013)
20) Miki, K. Inoue, T. Kobayashi, Y. Nakano, K. Matsuoka, H. Yamauchi, F. Yano, T. Ohe, K. *Biomacromolecules*, **16**, 219 (2015)

第6章　元素ブロック材料の将来展望

中條善樹*

1　はじめに

　有機ポリマーなどの有機材料とガラスやセラミックスなどに代表される無機材料を分子レベルで融合させた物質を有機－無機ハイブリッド材料と呼び，プラスチックスの機能性や軽量性，易成型性と，セラミックスの耐久性や機械的特性など，各々の成分の長所を併せ持った材料を得ることができる。これまでのハイブリッド材料に関する研究では有機ポリマーの耐熱性向上や機械的特性の改質に主として焦点が当てられることが多く，ハイブリッド化による相乗効果や新機能発現についてはまだまだ開拓の余地が残っていると思われる。その原因として，既存のハイブリッド材料ではポリスチレン等の汎用ポリマーの利用がほとんどで，近年盛んに研究が行われている共役系高分子などの光・電子物性を有する機能性高分子はあまり使われていない。また，無機成分もシリカに代表される金属酸化物が主であり，優れた光・電子・磁性材料の利用は少ない。さらに，材料作成にはゾル－ゲル法や加熱溶融法など，厳しい反応条件や制約が多い手法がとられることが多く，新材料創出の課題となっている。

　そこで，無機元素から成る機能単位ユニットを抽出し，機能性高分子と「混合」する各種の手法を見出すことでハイブリッド材料とし，上記の全ての問題を解決することのみならず，さらには，「新しいハイブリッド」でしか実現できない新奇機能の導出を目指すことが提案された。これが「元素ブロック材料」の概念である。これらの材料により，既存の材料開発の限界線となっているトレードオフの高レベルでの両立，さらには，有機・無機それぞれの分野でのみ発達してきたマテリアルズインテグレーションをハイブリッド化し，ブレイクスルーをもたらす先端的新材料を次々と開発することで，持続成長可能な社会の実現と日本のグローバルリーダーシップの獲得に大きく貢献することができると考えられる。

2　有機－無機ナノハイブリッド材料

　一般的に有機材料と無機材料は，その特徴の多くが補完的関係にあり，例えば有機高分子は無機材料と比べて耐久性に劣り，逆に無機材料はデザイン性が低い。この問題を克服するために，分子レベルあるいはナノレベルで有機高分子と無機成分を融合させた「有機－無機ナノハイブリッド」が創出された。本来混ざり合わない構成要素をハイブリッド化するためには，それぞれ

＊　Yoshiki Chujo　京都大学　大学院工学研究科　教授

の材料間の相互作用の精密な設計と構造・界面・配列制御といったナノレベルでの技術について研究が進められてきた。その結果，有機高分子の機能はそのままで耐熱性，耐油性，または難燃性に優れたものが合成され，様々な分野で利用されている。無機材料に関しては，最近の微細構造解析技術の発展にともなって，低次元ナノ構造を有するシリカ材料やナノ粒子の適用に注目が集まり，従来の無機材料では考えられない特性がハイブリッド材料から得られつつある。しかし，素材の選択幅が狭いことや，各成分のナノ構造の設計自由度は依然低く，有機高分子と無機材料の補完的な各々の優れた性能や機能を同時に高度なレベルで両立する材料創製は未だ困難である。また，ハイブリッド材料の光学，電子，磁性材料への応用は開明期であり，物性と構造の相関などの基礎研究についても進展の余地が多分にある。さらに，薬学・医学のバイオテクノロジーへの展開については，元々の素材が人工物であり，毒性や生体適合性の観点から，既存の材料に対して有機－無機ハイブリッド材料の優位性が示される例は少ないのが現状である。加えて，ハイブリッド材料の機能の理論的予測や材料設計指針の提示などは未だほとんど確立されていない。理論と実際の機能間の関係性に関する情報を蓄積することで，将来的に所望の機能を有する素材や素子を開発するまでの時間を大きく短縮できるようになると期待される。

3 元素ブロック材料の考え方

有機成分と無機成分を単純に組み合わせることによって，それぞれの特徴を相補的に機能させて新しい材料開発につなげようという従来型のハイブリッド材料の研究は，1990年以前から現在も世界中で盛んに行われている。また，元素の特徴をフルに活かした分子設計によって，新機能開発に導くという元素科学の概念が1990年代後半から，機能材料化学の研究者の間に浸透してきており，大規模プロジェクトの中にも「元素」というキーワードがよく見られるようになってきた。最近ではケイ素以外の無機元素を含む有機－無機ハイブリッド材料にも関心が高まり，無機元素の特性を最大限に活用した新しい高分子材料の創製が期待される状況にある。一方，最先端の機能性高分子や無機材料をハイブリッド材料に取り入れることは少なく，また，用いる元素の多様性・構造制御という観点からは，材料作成法の開発を含め十分に成熟しているとは言えない。このような状況にブレイクスルーをもたらすきっかけが「元素ブロック材料」の考え方であり，高機能材料創出のための新しい概念・技術の創出としての展開が十分期待できる。

多様な材料が求められている中で，現在，有機物と無機物のそれぞれの特徴を複合的に活かした有機－無機ハイブリッド材料や，分子構造のレベルで有機高分子材料に種々の無機元素を組み込んだハイブリッド高分子の考え方に基づく材料が開発され，電子材料を含めた様々な分野で利用されている。このようなハイブリッド化による材料開発を各種の元素のブロックに対して適用する新しい試みが提案されている。図1にその概念を有機ポリマーの合成と比較して模式的に示す。すなわち，有機化学の手法と無機元素ブロック作製技術を巧みに利用した革新的合成プロセスにより，多彩な元素群で構成される「元素ブロック」を開拓し，その精密結合法の開発に

第 6 章　元素ブロック材料の将来展望

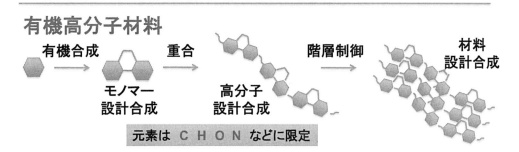

図 1　有機高分子材料の合成と対比させた元素ブロック高分子材料の創出過程

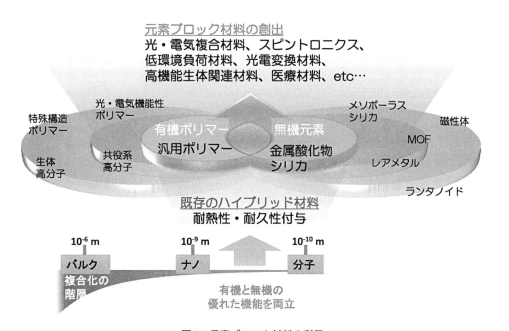

図 2　元素ブロック材料の利用

よって「元素ブロック高分子」を合成する。さらに，非共有結合による相互作用や異種高分子成分のナノ相分離などを利用した固体状態での材料の高次構造の制御を行う。このようにして，革新的なアイデアに基づく「元素ブロック材料」を創出することができる。

図2に示すように，「元素ブロック材料」という新しい概念に基づく考え方を発展させることにより，従来の有機高分子材料・無機材料および有機-無機ハイブリッド材料などでは達成できないような機能を有する材料の合成が可能になる。例えば，電子・光学・磁気機能などを有する新奇な材料合成の設計指針・合成手法を提供し，材料開発の分野に新展開をもたらすと期待できる。

4 元素ブロック材料への期待

ゾル-ゲル法により作成される既存のハイブリッド材料の適用限界を打破することにより，最先端電子材料としても応用可能な高機能性ハイブリッド材料の創出が可能となる。特に，喫緊の社会的要請に応えるために，共役系高分子と無機成分の両方の物性を利用した次世代高耐久性ハイブリッドEL素子が創出できる。具体的な戦略として，例えば図3に示すように，無機元素の機能単位ユニットに相互作用部位を導入することや共役系高分子を中心とした有機材料の合成を行い，両者に電子的相互作用を発現させる各種の混合方法を見出すことが考えられる。得られたハイブリッド材料から，高耐久性のみならず次世代素子としての電子物性発現が期待できる。

元素ブロック材料では，既存の有機光電変換素子の耐久性の低さを克服することのみならず，無機材料の優れた光学・電気的性質，磁性などの特性をハイブリッド材料でも実現することで，有機成分のデザイン性を利用して物性の調節可能な多機能性材料を構築できると考えられる。これらを実現するために，新奇の機能性無機構造体の合成，シリカ以外の無機成分の導入やハイブリッド内部でのナノ構造構築のための新たな手法の開拓が望まれる。また，従来のハイブリッド作成で多用されているゾル-ゲル法を用いない新たな汎用的な材料作成法の開発も重要である。さらに，全く新しい機能材料創出を目指して，スピンやラジカルなどの活性化学種や，電荷移動錯体，反応の中間体や準安定構造を材料内部に保存する手法の探索も必要である。これらの不安定状態や短寿命成分に由来する新規物性の発見とそれらの理解のための学術的シーズの創出や，次世代素子を生み出し機能材料開発の分野にイノベーションを引き起こすことが強く期待される。特に，有機・無機各方面での考え方をハイブリッド材料の分野でも推進するために，理論的予測から，実際の材料による機能発現と，それらの機構解析までを繰り返し，情報を蓄積することが重要となる。素子特性の予測精度を上げることで，材料開発に要する時間短縮ができる。

元素ブロック材料の研究の裾野となる基礎研究において確固たる基盤を構築し，その上で理論的な分子設計に基づき有機-無機ハイブリッド材料を開発し，それらの新機能探索を総合的に推進することが重要である。有機化学と無機化学を軸にした構成要素となる物質の「合成」，「構造機能解析」，「シミュレーション」，さらには元素ブロック材料内部で階層構造制御により生み出

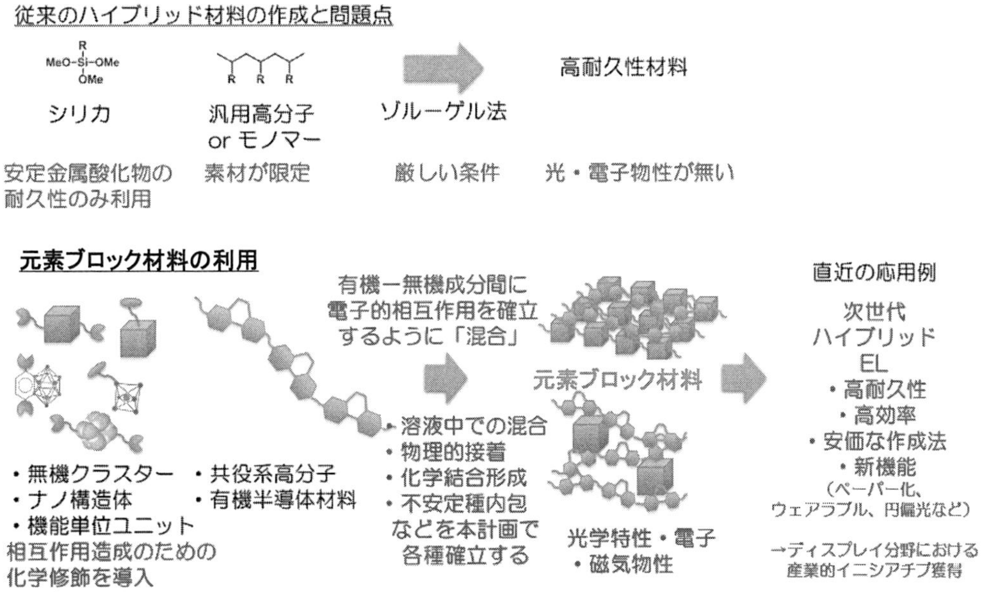

第6章 元素ブロック材料の将来展望

図3 ハイブリッド材料の新しい概念としての「元素ブロック材料」の創出

された「材料特性評価」の各々の部分を密に連携させることが特に重要であると考えられる。このためには，高分子化学をはじめ，有機化学，無機化学，材料科学，理論化学，化学工学，機械工学など，様々な分野の研究者を結集し，効率的に共同研究体制を構築することが不可欠である。従って，多様な研究グループ，特に「智の結集」がキーポイントである。

このような内容を遂行するためには，先ず機能単位ユニットやナノ構造体の合成，連結，集積化，素子化，物性解析，理論的考察までの各ステップにおいて，研究者を結集してグループ化し，図4に示したような各研究グループでの問題解決のための体制を確立することが求められる。さらに，既存の有機共役系分子と無機ナノ構造体に電子的相互作用を起こすためのユニットをあらかじめ導入し，実際にハイブリッド化から材料や素子化まで行うことで，今後の研究推進のために新しい元素ブロック材料創出の一例を提示することも重要である。

さらに，有機合成，高分子化学または無機材料化学を基盤とはするが，既成の概念にとらわれず，要素技術の確立と連携研究を推進するように心がける必要もある。光学・電子的・磁性の機能を有する無機ナノ構造体を単位ユニットとし，共役系高分子中に分散させ，電子的相互作用を発現させる。また，不安定化学種を材料内部で発生させ固定化する実験手法の確立や，有機成分と無機材料との電子的相互作用を増強し複合的機能を発現させること，及びそれらの無機元素含有材料の量子計算法の確立など，共同研究を含めて課題抽出と解決のための研究を推進することにより，真に新しい材料を次々に創出するといういわゆるブレイクスルーとなる。これらによって，真の実用化に向けた革新的機能を発現する元素ブロック材料の創出を目指すことができる。

図4 元素ブロック材料の研究体制

その結果として，未来に向けて持続成長可能な社会が実現できると期待できる。

5 未来を元気にする「元素ブロック材料」

これまでにハイブリッド材料は，有機材料，無機材料，それぞれの単独では示すことのできない新たな特性が得られると期待され，大学はもちろん各企業において研究が盛んに行われている。ただし，現在の開発研究状況を見ると，明確な方法論を確立するだけの基盤研究が未だ充分でなく，絨毯爆撃的な試行錯誤を繰り返さざるを得ないのが現状である。そのため，研究を進めるリスクは極めて大きく，せっかくの開発研究の結果が将来の材料開発につながっていない，と言わざるを得ない。このような現状を鑑みると，材料設計における理論的な機能予測と物質合成法の多様性の確保，機能発現と解析までの基礎研究のより一層の充実が必須であり，特に分子レベル，ナノレベルで組織化，複合化された高分子を基盤とした新しいハイブリッド材料の開発技術の確立が求められている。「元素ブロック材料」の考え方は，それに対する解答の一つであろう。これらの知見は電子材料や光学材料への利用，特に情報家電や自動車産業等の高度な要求を満たす透明導電膜，パワーデバイス，燃料電池，および高度情報通信に不可欠な光学材料，太陽電池等の分野での応用が期待され，当該分野での知的財産権確保を含む我が国の国際競争力強化に大きく貢献することができる。日本発の「元素ブロック材料」によって，人類の未来が元気になることを強く願っている。

第 6 章　元素ブロック材料の将来展望

文　　献

1) （有機－無機ナノハイブリッド材料についての成書）「有機－無機ナノハイブリッド材料の新展開」中條善樹監修，シーエムシー出版（2009 年）（普及版 2015 年）
2) （元素ブロック高分子についての成書）「元素ブロック高分子：有機－無機ハイブリッド材料の新概念」中條善樹監修，シーエムシー出版（2015 年）
3) （元素ブロック材料についての総説）Yoshiki Chujo, Kazuo Tanaka, *Bull. Chem. Soc. Jpn.*, **88**, 633（2015）

元素ブロック材料の創出と応用展開

2016年6月13日　第1刷発行

監　　修	中條善樹	（T1007）
発 行 者	辻　賢司	
発 行 所	株式会社シーエムシー出版	
	東京都千代田区神田錦町1-17-1	
	電話 03(3293)7066	
	大阪市中央区内平野町1-3-12	
	電話 06(4794)8234	
	http://www.cmcbooks.co.jp/	
編集担当	伊藤雅英／廣澤　文	

〔印刷　日本ハイコム株式会社〕　　　　　　　　© Y. Chujo, 2016

落丁・乱丁本はお取替えいたします。

本書の内容の一部あるいは全部を無断で複写（コピー）することは，法律で認められた場合を除き，著作者および出版社の権利の侵害になります。

ISBN978-4-7813-1160-9　C3058　¥66000E